科学出版社"十四五"普通高等教育本科规划教材
普通高等教育智能制造系列教材

# 复合材料智能加工技术

刘书暖 骆 彬 主 编

科学出版社
北 京

## 内 容 简 介

本书立足材料发展，讲授复合材料的成型、切削、连接、检测等加工方法与理论实践，包括复合材料基础知识、复合材料制备技术、复合材料构件成型技术、复合材料构件切削与连接技术、复合材料构件无损检测技术，对现有专业讲授传统机械制造工艺补充复合材料加工知识。

本书可作为机械类、航空航天类等相关专业本科生及研究生的教材，也可为从事复合材料加工和机械制造的相关工程师和技术人员提供参考。

---

图书在版编目（CIP）数据

复合材料智能加工技术 / 刘书暖，骆彬主编. --北京：科学出版社，2025.3

科学出版社"十四五"普通高等教育本科规划教材　普通高等教育智能制造系列教材

ISBN 978-7-03-078279-3

Ⅰ.①复… Ⅱ.①刘… ②骆… Ⅲ.①数字技术－应用－复合材料－研制－高等学校－教材　Ⅳ.①TB33-39

中国国家版本馆 CIP 数据核字（2024）第 057007 号

责任编辑：朱晓颖 / 责任校对：王　瑞
责任印制：师艳茹 / 封面设计：马晓敏

---

科学出版社 出版
北京东黄城根北街 16 号
邮政编码：100717
http://www.sciencep.com

三河市骏杰印刷有限公司印刷
科学出版社发行　各地新华书店经销

＊

2025 年 3 月第 一 版　开本：787×1092　1/16
2025 年 3 月第一次印刷　印张：12 3/4
字数：321 000

**定价：59.00 元**
（如有印装质量问题，我社负责调换）

# 前　言

自20世纪60年代以来，复合材料因具备高比强度、耐腐蚀等优点，在航空航天、汽车工业等领域逐步获得了广泛应用。尤其是在对重量极为敏感的航空工业，复合材料构件已应用于机翼、机身、垂尾、平尾、整流罩、部分舱门和发动机机匣等重要部位。迄今为止，复合材料在战斗机中的重量占比已达40%，波音公司B787、空中客车公司（简称空客公司）A350W的复合材料用量已达到结构重量的50%，复合材料结构加工已成为影响航空装备性能的关键之一。

复合材料作为航空工业、航天工艺、汽车工业发展的关键新材料，其最新发展往往推动着航空工业领域的进一步发展。当前，在机械类专业讲授制造理论时，以传授金属制造知识为主，机械制造工艺方面的教材也是面向金属材料的，讲授复合材料切削加工方面的教材较少。因此，作者结合自身一线教学过程中的实践经验，整合现有课程资源，以复合材料加工为主题编写本书，旨在通过对复合材料的基础知识和复合材料应用现状的阐述，使读者熟悉复合材料的加工技术，了解复合材料加工技术的发展现状。

全书共5章，第1章为概述，主要介绍复合材料的通用性概念及基础知识，包括复合材料的定义、组成和分类，对复合材料的发展历程和应用现状进行阐述，同时对复合材料的加工技术及其智能化应用现状进行总述。第2~5章为本书的主体章节，内容涵盖航空复合材料的制备、成型、切削、连接、检测等技术，并构建航空复合材料从制备到交付使用的技术路线完整链条。其中，第2章介绍纤维增强复合材料、金属基和陶瓷基复合材料等制备技术；第3章介绍复合材料热压罐成型、模压成型和纤维缠绕成型等成型技术；第4章介绍航空复合材料的常见加工技术方法，如切边、制孔和连接工艺；第5章介绍复合材料构件的超声检测、射线检测和红外检测等无损检测技术。

本书由西北工业大学刘书暖、骆彬担任主编。此外，在编写过程中，本书借鉴了有关的参考资料。在此，对主审、参考资料作者，以及科学出版社一并致以诚挚的谢意。

由于作者水平有限，书中难免有疏漏和不妥之处，恳请使用本书的教师和同学，以及广大读者给予批评指正和帮助。

作　者<br>
2024年12月

# 目　　录

## 第1章　概述 ··· 1
### 1.1　复合材料的基础知识 ··· 1
#### 1.1.1　复合材料的定义 ··· 1
#### 1.1.2　复合材料的组成 ··· 2
#### 1.1.3　复合材料的分类 ··· 5
#### 1.1.4　复合材料的特性与优势 ··· 6
#### 1.1.5　复合材料的发展 ··· 7
#### 1.1.6　复合材料的应用现状 ··· 8
### 1.2　复合材料加工技术概述 ··· 9
#### 1.2.1　复合材料的制备工艺 ··· 9
#### 1.2.2　复合材料构件的成型工艺 ··· 13
#### 1.2.3　复合材料构件的切削与连接工艺 ··· 13
#### 1.2.4　复合材料构件的无损检测技术 ··· 15
### 1.3　复合材料智能加工技术的发展 ··· 16
#### 1.3.1　复合材料的智能制备技术 ··· 16
#### 1.3.2　复合材料构件的智能成型技术 ··· 16
#### 1.3.3　复合材料构件的智能切削与连接技术 ··· 17
#### 1.3.4　复合材料构件的智能无损检测技术 ··· 18
### 1.4　本章小结 ··· 19
### 习题 ··· 19

## 第2章　复合材料的制备技术 ··· 20
### 2.1　纤维增强复合材料的制备工艺 ··· 20
#### 2.1.1　纤维制备工艺 ··· 20
#### 2.1.2　预浸料制备工艺 ··· 28
#### 2.1.3　复合材料自动铺放工艺 ··· 30
#### 2.1.4　复合材料编织工艺 ··· 34
### 2.2　金属基复合材料的制备工艺 ··· 37
#### 2.2.1　固态制造技术 ··· 37
#### 2.2.2　液态制造技术 ··· 38
#### 2.2.3　原位生长技术 ··· 41
#### 2.2.4　梯度复合技术 ··· 43
### 2.3　陶瓷基复合材料的制备工艺 ··· 44
#### 2.3.1　粉末冶金法 ··· 45

  2.3.2 浆体法 ·········· 45
  2.3.3 反应烧结法 ·········· 45
  2.3.4 液态浸渍法 ·········· 46
  2.3.5 化学气相渗透法 ·········· 46
  2.3.6 其他方法 ·········· 47
 2.4 复合材料的智能化制备工艺 ·········· 48
  2.4.1 智能化制备监控技术 ·········· 48
  2.4.2 智能化制备控制技术 ·········· 51
 2.5 本章小结 ·········· 52
习题 ·········· 53

# 第3章 复合材料构件的成型技术 ·········· 54

 3.1 热压罐成型工艺 ·········· 54
  3.1.1 热压罐成型工艺过程 ·········· 55
  3.1.2 热压罐成型系统组成 ·········· 56
  3.1.3 热压罐成型技术要点 ·········· 57
 3.2 模压成型工艺 ·········· 58
  3.2.1 片状模压料模压成型技术 ·········· 59
  3.2.2 块状模压料模压成型技术 ·········· 60
  3.2.3 层压模压成型技术 ·········· 62
 3.3 纤维缠绕成型工艺 ·········· 63
  3.3.1 纤维缠绕成型工艺过程 ·········· 65
  3.3.2 纤维缠绕制品及其成型设备 ·········· 67
  3.3.3 纤维缠绕成型的工作原理 ·········· 69
  3.3.4 纤维缠绕成型的技术要点 ·········· 69
 3.4 拉挤成型工艺 ·········· 70
  3.4.1 拉挤成型的工艺流程 ·········· 71
  3.4.2 拉挤成型的设备 ·········· 72
  3.4.3 拉挤成型的技术要点 ·········· 74
 3.5 液体成型工艺 ·········· 75
  3.5.1 树脂传递模塑成型技术 ·········· 75
  3.5.2 真空辅助树脂注射成型技术 ·········· 79
  3.5.3 树脂膜熔渗成型技术 ·········· 82
 3.6 整体成型工艺 ·········· 84
  3.6.1 整体成型工艺的流程 ·········· 85
  3.6.2 整体成型的设备 ·········· 85
  3.6.3 整体成型的技术要点 ·········· 90
 3.7 增材成型工艺 ·········· 95
  3.7.1 纤维增强热塑性复合材料激光粉末床熔融成型技术 ·········· 96
  3.7.2 纤维增强热塑性复合材料挤出成型技术 ·········· 97

## 3.8 构件智能成型技术 ... 99
### 3.8.1 工艺仿真技术 ... 99
### 3.8.2 实时监测技术 ... 100
### 3.8.3 参数优化技术 ... 102
## 3.9 本章小结 ... 103
习题 ... 104

# 第4章 复合材料构件的切削与连接技术 ... 105
## 4.1 复合材料的切边工艺 ... 105
### 4.1.1 铣边工艺 ... 105
### 4.1.2 激光切割工艺 ... 107
## 4.2 复合材料的制孔工艺 ... 110
### 4.2.1 钻孔工艺 ... 110
### 4.2.2 超声振动辅助钻孔工艺 ... 121
### 4.2.3 螺旋铣孔工艺 ... 122
## 4.3 复合材料的连接工艺 ... 123
### 4.3.1 胶接工艺 ... 123
### 4.3.2 机械连接工艺 ... 132
### 4.3.3 混合连接工艺 ... 136
## 4.4 复合材料的切削与连接装备 ... 137
### 4.4.1 激光切割装备 ... 137
### 4.4.2 自动钻孔装备 ... 138
### 4.4.3 螺旋铣孔装备 ... 140
### 4.4.4 自动钻铆装备 ... 141
## 4.5 复合材料构件加工过程智能技术及应用 ... 143
### 4.5.1 智能刀具技术 ... 143
### 4.5.2 过程监测技术 ... 144
### 4.5.3 参数优化技术 ... 145
### 4.5.4 切削仿真技术 ... 145
## 4.6 本章小结 ... 146
习题 ... 147

# 第5章 复合材料构件的无损检测技术 ... 148
## 5.1 无损检测技术概述 ... 148
### 5.1.1 典型缺陷及损伤 ... 149
### 5.1.2 无损检测的特征 ... 151
### 5.1.3 无损检测技术的内涵 ... 151
### 5.1.4 无损检测的主要手段 ... 152
## 5.2 声振检测技术 ... 154
### 5.2.1 声振检测的基本原理 ... 154

|   |   | 5.2.2 | 声振检测方法 ················································································ 156 |
|---|---|---|---|

   5.2.2 声振检测方法 ················································································ 156
   5.2.3 声振检测仪器及工艺 ······································································· 158
 5.3 超声检测技术 ································································································ 161
   5.3.1 超声检测概述 ···················································································· 161
   5.3.2 超声检测原理 ···················································································· 161
   5.3.3 超声检测设备及应用 ······································································· 162
 5.4 射线检测技术 ································································································ 166
   5.4.1 射线检测概述 ···················································································· 166
   5.4.2 射线检测原理 ···················································································· 167
   5.4.3 X射线检测设备及应用 ···································································· 168
 5.5 红外检测技术 ································································································ 171
   5.5.1 红外检测概述 ···················································································· 171
   5.5.2 红外检测原理 ···················································································· 172
   5.5.3 红外检测设备及应用 ······································································· 173
 5.6 激光干涉检测技术 ······················································································· 175
   5.6.1 激光干涉检测概述 ·········································································· 175
   5.6.2 激光电子散斑检测 ·········································································· 176
   5.6.3 激光电子剪切成像检测 ·································································· 177
 5.7 复合材料智能检测技术 ··············································································· 178
   5.7.1 超声无损检测三维可视化成像 ······················································ 178
   5.7.2 超声无损检测数据自动化处理 ······················································ 182
   5.7.3 基于双机械手的自动化超声无损检测技术 ·································· 185
 5.8 本章小结 ········································································································ 190
 习题 ························································································································· 190
**参考文献** ················································································································· 192

# 第1章 概 述

材料作为人类制造各种产品的基础,对社会进步和科技发展起着重要的作用。随着现代高科技的发展,人们对新材料的要求也越来越高,然而传统的单一材料无法满足多样化需求。复合材料的出现是材料科学的重要里程碑,它在材料设计上取得了重大突破,推动了人类物质文明的进步。随着复合材料的广泛应用,对其的数量需求和质量要求也日益增加,生产加工方式也从手工向自动化和智能化转变。

复合材料由两种或两种以上不同性质的材料组成,通过它们的结合能够实现优异的性能。基于复合材料的组元成分和功能用途可以将复合材料划分为许多种类,例如,根据增强体的类型进行分类,常见的复合材料类型包括纤维增强复合材料(如碳纤维复合材料和玻璃纤维复合材料)、颗粒增强复合材料和层合板材料等。得益于复合材料优异的性能,其在航空航天、汽车、建筑、体育器材等领域都有广泛的应用。在工程应用中,需要对复合材料进行多个环节的加工才能将其应用在实际中,包括基体和增强体的制备、构件成型、切削与连接和无损检测。随着数字化和智能化技术的发展,众多复合材料生产厂家希望能够将智能化技术应用在复合材料加工的各个环节,实现降本增效,提高产品质量的稳定性,以适应市场需求的激增。本章将从复合材料的定义开始,向读者介绍复合材料的基础知识、加工技术和智能加工技术的发展,让读者能够对复合材料的整体现状有初步的了解。

## 1.1 复合材料的基础知识

复合材料不同于传统的金属、合金等材料,它具有一些独特的性质,生产制造工艺也完全不同。在学习复合材料的加工技术之前,有必要先了解复合材料的基础知识,明白什么是复合材料,了解其组成、分类、特性与优势等。

### 1.1.1 复合材料的定义

复合材料是由两种或两种以上具有不同性质的材料,借助物理或化学的方法在宏观(微观)上组成的具有新性能的多相材料。复合材料的定义包括以下四个含义。

(1)复合材料必须是人造的,是人们根据需要设计制造的材料。

(2)复合材料是由两种或两种以上不同性质的组元组成的具有宏观或微观等不同结构尺度的一种新型材料,组元之间存在明显界面。

(3)复合材料中各组元不但保持着各自的固有特性,而且可最大限度地发挥各组元的特性,并赋予单一组元所不具备的优良特殊性能。

(4)根据性能和功能要求,复合材料具有可设计性。

可见,金属、陶瓷、高分子等单质材料的材料科学与工程学基础也是复合材料科学与工程学的重要基础。复合材料的最典型特征是具有多尺度、多层次结构,且各尺度、各层次结构与复合材料微观、细观和宏观性能之间有丰富的关联。

## 1.1.2 复合材料的组成

复合材料是由不同组分结合而成的多相材料,各组分在复合材料中的存在形式通常有两种,一种是连续分布的相,常称为基体相;另一种为不连续分布的分散相。与连续相相比,分散相具有某些独特的性能,会使复合材料性能显著增强,常称为增强相或增强体。除此之外基体相和增强相之间会形成界面,称为界面相。因此复合材料由增强相、基体相和界面相组成。

**1. 增强相**

在不同基体材料中加入不同性能的增强体,可获得性能更优异的复合材料。性能的提高主要可分为两大类,一是力学性能,如强度、弹性模量、韧性和磨损性能等;二是物理性能,如电性能、磁性能、光性能和声性能等。复合材料所用的增强相主要有三种,即纤维及其织物、晶须和颗粒。

**1) 纤维及其织物**

纤维是具有较大长径比的材料,与块状材料相比可以较好地发挥其固有强度,是较早应用的增强相。此外,因柱状材料的柔曲性正比于 $1/(E^{\pi}d^{4})$,而纤维直径小,一般在微米级,因而纤维具有良好的柔曲性,但纤维强度的分散性较大。纤维根据其性质又可分为无机纤维和有机纤维两大类。常见的几种纤维性能对比如图1-1所示。

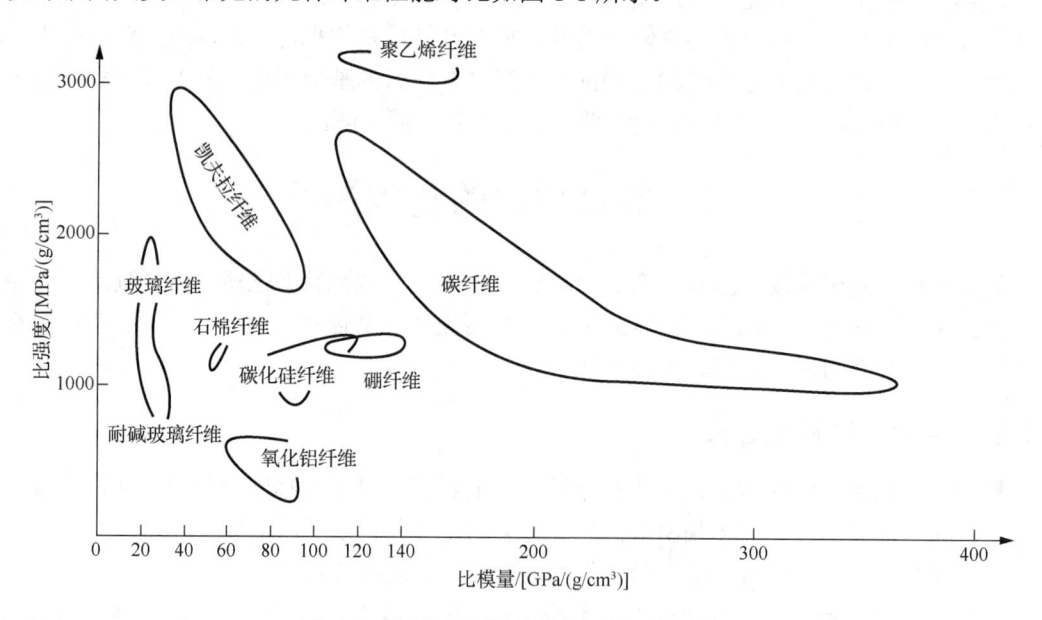

图1-1 常见的几种纤维的比强度和比模量

**2) 晶须**

晶须是以单晶结构生长的形状类似短纤维,而尺寸远小于短纤维的针状单晶体。晶须的直径一般小于 $3\mu m$,长度为几十到几百微米,长径比一般大于10。晶须中缺陷少,原子排列高度有序,是一种力学性能十分优异的复合材料增强体材料。几种常见晶须的性能见表1-1。

表 1-1 常见晶须的性能

| 晶体种类 | 熔点/℃ | 密度/(g/cm³) | 拉伸强度/GPa | 比强度/[GPa/(g/cm³)] | 弹性模量/10²GPa | 比模量/[GPa/(g/cm³)] |
| --- | --- | --- | --- | --- | --- | --- |
| $Al_2O_3$ | 2040 | 3.96 | 14~28 | 5.3 | 4.3 | 1.1 |
| BeO | 2570 | 2.85 | 13 | 4.6 | 3.5 | 1.2 |
| $B_4C$ | 2450 | 2.52 | 14 | 5.6 | 4.9 | 1.9 |
| α-SiC | 2316 | 3.15 | 21 | 6.7 | 4.823 | 1.5 |
| β-SiC | 2316 | 3.15 | 21 | 6.7 | 5.512~8.279 | 2.1 |
| $Si_3N_4$ | 1960 | 3.18 | 14 | 4.4 | 3.8 | 1.2 |
| 石墨 | 3650 | 1.66 | 20 | 12 | 7.1 | 4.3 |
| TiN | 2950 | 5.2 | 7 | 1.3 | 2~3 | 0.5 |
| AlN | 2199 | 3.3 | 14.21 | 4.3 | 3.445 | 1.04 |

**3）颗粒**

颗粒是指用于改善复合材料的力学性能，提高断裂韧性、耐磨性和硬度，以及增强耐腐蚀性能的颗粒状材料。颗粒可以通过三种机制产生增韧效果：①当材料受到破坏应力时，裂纹尖端处的颗粒发生显著的物理变化（如晶型转变、体积改变、微裂纹产生与增殖等），它们均能消耗能量，从而提高了复合材料的韧性；②复合材料中的第二相颗粒使裂纹扩展路径发生改变（如裂纹偏转、弯曲、分叉、裂纹桥接或裂纹钉扎等），从而产生增韧效果；③以上两种机制同时发生，此时称为"复合增韧"。常用的颗粒的性能见表1-2。

表 1-2 常用的颗粒的性能

| 颗粒 | 密度/(g/cm³) | 熔点/℃ | 热膨胀系数/(10⁻⁶/℃) | 导热系数/[W/(m·K)] | 硬度/MPa | 弯曲强度/MPa | 弹性模量/GPa |
| --- | --- | --- | --- | --- | --- | --- | --- |
| 碳化硼 | 2.52 | 2450 | 5.73 | 400 | 27000 | 300~500 | 360~460 |
| 碳化钛 | 4.92 | 3300 | 7.4 | 17.2 | 26000 | 500 | 470 |
| 氧化铝 | 3.9 | 2050 | 9 | 10 | HRA80~90 | 460 | 400 |
| 氮化硅 | 3.2~3.35 | 2100 | 2.5~3.2 | 17.44 | HRA89~93 | 900 | 330 |
| 莫来石 | 3.17 | 1850 | 4.2 | 13.8 | 32500 | 1200 | 14.7 |
| 硼化钛 | 4.5 | 2980 | 8.1 | 25 | 34000 | 131.3 | 550 |
| 碳化硅 | 3.21 | 2700 | 4.0 | 83.6 | 27000 | 400~500 | 500 |

**2. 基体相**

基体材料是复合材料中作为连续相的材料，在复合材料中占很大的体积分数。在连续纤维增强金属基复合材料中，基体占体积的50%~70%，一般以60%左右为最佳，在颗粒增强金属基复合材料中根据不同的性能要求，基体含量为40%~90%，多数占80%~90%。

在复合材料中基体的作用主要包括：①通过界面将纤维敛集黏附在一起，以形成复合材料；②分配纤维间的载荷，基体材料以剪应力的形式向纤维传递载荷，支撑增强纤维的受力，并在承受压缩载荷时防止由于纤维微屈曲造成过早的破坏；③对纤维的保护，基体还像隔膜一样将纤维彼此隔开，即使个别纤维断裂，裂纹也不会迅速从单根纤维扩展到其他纤维，起一定的保护作用。基体材料主要分为金属基体材料、聚合物基体材料和陶瓷基体材料。

**1）金属基体材料**

目前用作金属基复合材料的金属有铝及铝合金、镁合金、钛合金、镍合金、钛铝和镍铝金属间化合物等。金属基体的选择对复合材料的性能有决定性的作用，金属基体的密度、强度、塑性、导热性、导电性、耐热性和抗腐蚀性等均将影响复合材料的比强度、比刚度、耐高温、导热性和导电性等性能。因此在设计和制备复合材料时，需要充分了解和考虑金属基体的化学、物理特性以及与增强物的相容性等，以便正确合理地选择基体材料和制备方法。

**2）聚合物基体材料**

按热加工特性可将聚合物基体分为热固性树脂与热塑性树脂两大类。其中热固性树脂包括不饱和树脂、聚酯树脂、环氧树脂、酚醛树脂、聚氨酯树脂、呋喃树脂等。而热塑性树脂包括聚丙烯树脂、聚酰胺树脂、聚碳酸酯树脂、聚醚酮树脂等。聚合物基体的选择原则包括满足使用性能、对增强体有良好的润湿性和黏结性、合适的黏度和流动性、固化条件适当，即室温、中温、无压或低压下固化、制品脱模性好以及价格合理等。

**3）陶瓷基体材料**

陶瓷比金属具有更高的熔点和硬度，以及稳定的化学性质，拥有良好的耐热性和抗老化性。然而，由于基体脆性强、韧性差，陶瓷易于在细微缺陷处破碎，限制了其作为承载结构材料的应用。最近的研究表明，向陶瓷基体中添加其他成分，如碳化硅晶须，可以提高其韧性，增强其力学性能。当作基体材料使用的陶瓷一般具有优异的耐高温性质、与纤维或晶须之间有良好的界面相容性以及较好的工艺性能等。常用的陶瓷基体主要包括玻璃、玻璃陶瓷、氧化物陶瓷和非氧化物陶瓷等。

除此之外，基体很少是单一的聚合物，往往除了主要组分——聚合物，还包含其他辅助材料。在基体材料中，其他的组分还有固化剂、增韧剂、稀释剂和催化剂等。这些组分的加入，使复合材料具有各种各样的使用性能，并改进了工艺性，扩大了应用范围。

**3. 界面相**

复合材料中增强体与基体接触构成的界面，是一层具有一定厚度（纳米以上）、结构随基体和增强体而异的、与基体有明显差别的新相——界面相（界面层）。它是增强相和基体相连接的"纽带"，也是应力及其他信息传递的桥梁。界面是复合材料极为重要的微结构，其结构与性能直接影响着复合材料的性能。

**1）界面的种类**

（1）复合材料的界面按其微观特性分为共格、半共格和非共格三种。共格界面的界面能较低，是一种理想的原子配位（界面没有弹性变形，界面能接近于零）。

（2）界面按其宏观特性可分为：①机械结合界面，即靠增强相的粗糙表面与基体摩擦力结合的界面；②溶解与润湿结合界面，即界面发生原子扩散和溶解，溶质原子过渡带结合形成的界面；③反应结合界面，即界面发生了化学反应产生化合物结合形成的界面；④交换反应结合界面，即界面不仅发生化学反应生成化合物结合，还通过扩散发生元素交换形成固溶体；⑤混合结合界面，即以上几种方式组合的形式结合。

**2）界面的作用**

界面能够产生以下效应，这是任何单组分材料都不具备的特性，这对复合材料具有重要作用。

（1）传递效应：基体通过界面将载荷传递给增强体，界面起到载荷传递的桥梁作用。

（2）阻断效应：适当的界面可阻止基体中裂纹的扩展，中断材料破坏，减缓应力集中、位错运动等。

（3）不连续效应：在界面上产生物理性能如抗电性、电感应性、磁性等不连续性及界面摩擦等现象。

（4）散射和吸收效应：光波、声波、热弹性波、冲击波等在界面产生散射和吸收，出现透光性、隔热性、隔声性及耐机械冲击性等。

（5）诱导效应：一种物质的表面结构（增强体）使另一种物质的表面结构（基体）因诱导效应而发生改变，由此产生一些现象，如强的弹性、低的膨胀性、耐热性和耐冲击性等。

## 1.1.3 复合材料的分类

复合材料的分类方法很多，通常是按增强材料的形态、增强体、功能或基体材料不同进行分类的，如图1-2所示。

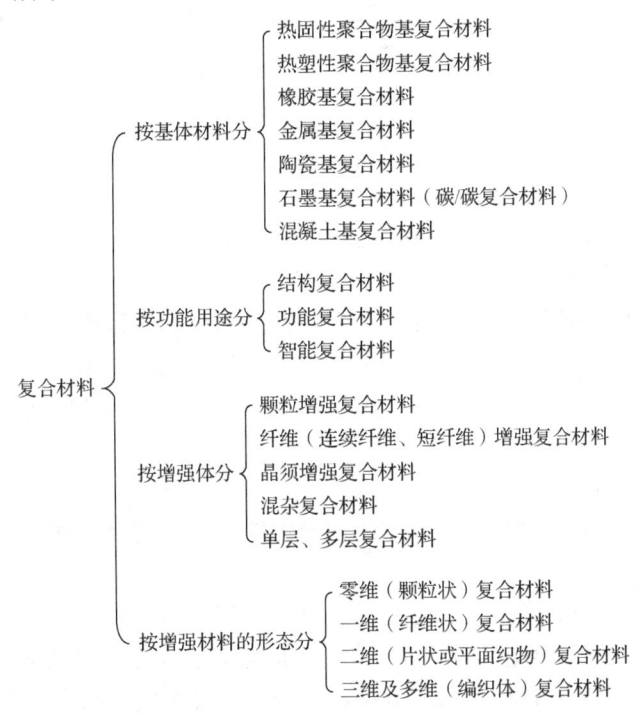

```
                    ┌ 热固性聚合物基复合材料
                    │ 热塑性聚合物基复合材料
                    │ 橡胶基复合材料
         按基体材料分 ┤ 金属基复合材料
                    │ 陶瓷基复合材料
                    │ 石墨基复合材料（碳/碳复合材料）
                    └ 混凝土基复合材料

                    ┌ 结构复合材料
         按功能用途分 ┤ 功能复合材料
                    └ 智能复合材料
复合材料 ┤
                    ┌ 颗粒增强复合材料
                    │ 纤维（连续纤维、短纤维）增强复合材料
         按增强体分   ┤ 晶须增强复合材料
                    │ 混杂复合材料
                    └ 单层、多层复合材料

                    ┌ 零维（颗粒状）复合材料
       按增强材料的形态分┤ 一维（纤维状）复合材料
                    │ 二维（片状或平面织物）复合材料
                    └ 三维及多维（编织体）复合材料
```

图1-2 复合材料的分类方法

按照复合材料的用途，将其分为结构复合材料、功能复合材料和智能复合材料三类。

结构复合材料（structure composites material，SCM）主要用作承力结构和次承力结构，因此对其主要要求是质量轻、强度高和刚度高，且能承受一定的温度，在某些情况下还要求热膨胀系数小、绝热性能好或耐介质腐蚀等。结构复合材料基本上由增强体和基体组成。前者是承受载荷的主要组元，后者起到使增强体黏结起来并传递应力、增韧的作用。

功能复合材料（functional composites material，FCM）是指除力以外提供其他物理性能的复合材料，即具有电学、磁学、光学、热学和声学性能等。功能复合材料主要由基体和功能体组成，或由两种及两种以上功能体组成。基体不仅起到黏结和赋形的作用，而且对复合材料的整体物理性能有影响。

智能复合材料（intelligent composites material，ICM）是机敏复合材料的高级形式。在机敏复合材料的自诊断、自适应和自愈合的基础上增加自决策、自修补功能，体现具有智能的高级形式，称为智能复合材料。有人把机敏复合材料统一包括在智能复合材料中。能检知环境变化，并通过改变自身一个或多个性能参数对环境变化做出响应，与变化后的环境相适应的复合材料或材料-器件的复合结构，称为机敏材料或机敏结构。

## 1.1.4 复合材料的特性与优势

### 1. 复合材料的特性

复合材料明显不同于金属材料。复合材料通常由不同组分或形态的材料复合而成，在复合材料中各组分保持各自的特性，互相不溶解或熔融在一起。它的主要特性如下。

**1）复合效果**

复合材料不仅能保持原组分的优点，而且能产生原组分不具备的新性能，这种效应即复合效果。例如，碳纤维增强树脂复合材料集高强度、高模量和良好的塑性于一体，这是单独的树脂或者碳纤维所不具备的。

**2）可设计性**

材料设计是指在材料科学的理论和已有经验的基础上，按预定性能要求，确定材料的组分和结构，并预测达到预定性能要求应选择的工艺手段和工艺参数。显而易见，复合材料包含诸多影响最终性能的、可调节的因素，这使得复合材料的性能具有可设计性。

**3）材料与构件制造的一致性**

确定复合材料组分和配比后，根据铺层设计的要求对其进行排列和配置，经复合以后，就可以得到复合材料的构件。复合材料与复合材料构件是同时成型的，即在采用某种方法把增强材料掺入基体形成复合材料的同时，通常也就形成了复合材料的构件，这称为复合材料与构件制造的一致性。

### 2. 复合材料的优势

相比于其他材料，复合材料具有很多的优异性能，这也是复合材料应用得越来越广泛的原因。

（1）轻质高强。玻璃纤维增强树脂基复合材料具有高强度和轻质化的优势，其密度只有普通碳钢的1/5~1/4，比铝合金还要轻1/3左右，但其力学强度却可以超过碳钢。按比强度计算，玻璃纤维增强树脂基复合材料远超碳钢，甚至可超过某些特殊合金钢。碳纤维复合材料和有机纤维复合材料则比玻璃纤维复合材料更具轻质化优势，其比强度和比模量更高。

（2）耐化学腐蚀。很多种复合材料都能耐酸碱腐蚀，例如，玻璃纤维增强酚醛树脂复合材料在含氯离子的酸性介质中能长期使用，可用来制造耐强酸、盐、酯和某些溶剂的化工管道、泵、阀、容器、搅拌器等设备；又如，用耐碱玻璃纤维或碳纤维与树脂基体复合，还能在强碱介质中使用。

（3）抗疲劳性能好。疲劳破坏是材料在变载荷作用下，由于裂缝的形成和扩展而形成的低应力破坏。纤维复合材料中纤维与基体的界面能阻止裂纹扩展,因此其疲劳破坏总是从纤维的薄弱环节开始,逐渐扩展到结合面上,破坏前有明显的预兆。大多数金属材料的疲劳极限是其拉伸强度的 40%～50%,而碳纤维聚酯树脂复合材料则达 70%～80%。

(4) 减振性能好。结构的自振频率除与结构本身形状有关外,还与材料比模量的平方根成正比。高的自振频率避免了工作状态下共振引起的早期破坏。同时,复合材料中纤维与基体界面具有吸振能力,因此其振动阻尼很高。

(5) 绝缘、导电性和导热性好。玻璃纤维增强塑料是一种优良的电气绝缘材料,可用于制造仪表、电机与电器中的绝缘零部件。这种材料还不受电磁作用,不反射无线电波,微波透过性良好,还具有耐烧蚀性、耐辐照性,可用于制造飞机、导弹和地面雷达罩。金属基复合材料具有良好的导电性和导热性,可以使局部的高温热源和集中电荷很快扩散消失,有利于解决热气流冲击和雷击问题。

(6) 耐热性好。碳纤维增强树脂复合材料的耐热性明显优于树脂基体,而金属基复合材料在耐热性方面的优越性更突出。碳化硅纤维、氧化铝纤维与陶瓷复合,在空气中能耐 1200～1400℃高温,要比所有超高温合金的耐热性高出 100℃以上。

## 1.1.5 复合材料的发展

近代的复合材料是以 1942 年制造成功的玻璃纤维增强塑料为起点的,它的主要特征是基体采用合成材料。随后相继开展了硼纤维、碳纤维、氧化铝纤维、金属基复合材料的研究。纵观复合材料的发展,可以划分为以下五个阶段。

**1) 第一阶段(1940～1960 年)**

材料科学家认为,从 1940 年到 1960 年,这 20 年是玻璃纤维增强塑料(简称 GFRP,俗称玻璃钢)时代。这种复合材料中玻璃纤维的用量为 30%～60%。玻璃钢的比强度(拉伸强度/密度)比钢还要高,而且耐腐蚀性能好。

**2) 第二阶段(1960～1980 年)**

从 1960 年到 1980 年,这 20 年是先进复合材料的发展时期,1960～1965 年英国研制出碳纤维,1971 年美国杜邦公司开发出 Kevlar-49,1975 年先进复合材料碳纤维增强环氧树脂复合材料及 Kevlar 纤维增强环氧树脂复合材料用于制造飞机、火箭的主承力件上。同期还开发了硼纤维和芳纶纤维。碳纤维、硼纤维和芳纶纤维均具有比玻璃纤维高得多的弹性模量和更低的密度,并且还具有更好的耐热性能,称为高级纤维。

**3) 第三阶段(1980～1990 年)**

1980～1990 年是纤维增强金属基、陶瓷基复合材料的时代。用金属做基体的复合材料的使用温度范围是 175～900℃。用陶瓷做基体的复合材料的使用温度范围是 1000～2000℃。除开发了耐热性能高的氧化铝纤维和碳化硅纤维外,还开发了各种晶须,使现代复合材料的性能向耐热、高韧性和多功能方向发展。

**4) 第四阶段(1990～2000 年)**

1990 年以后则被认为是复合材料发展的第四阶段,主要发展多功能复合材料,如梯度功能复合材料、机敏复合材料和智能复合材料等。其中,梯度功能复合材料通过控制构成材料的要素(组成、结构等)由一侧向另一侧呈连续梯度变化,使其内部界面消失,从而获得材料的性质和功能相应于组成和结构的变化而呈现梯度变化的非均质材料;机敏复合材料能感知环境变化,并通过改变自身一个或多个性能参数对环境变化及时作出响应,使之与变化后的环境相适应;而智能复合材料在机敏复合材料的基础上增加了自决策和自修补功能。这些多功能复合材料已在多个领域得到了应用,具有广阔的发展前景。

5）第五阶段（2000年至今）

自21世纪以来,纳米复合材料得到了广泛研究和应用,成为第五代复合材料的代表。纳米复合材料由基体材料（如树脂、橡胶、陶瓷和金属）和分散相（如纳米尺寸的金属、半导体、刚性粒子和其他无机粒子、纤维等）组成,通过适当的制备方法使分散相均匀地分散在基体材料中。纳米复合材料具有一般工程材料所不具备的优异性能,如分散相的纳米小尺寸效应、大的比表面积、强界面结合效应和客观量子隧道效应等特性。因此,纳米复合材料是一种全新的高新技术材料,具有广阔的应用前景和商业价值,也是21世纪最具发展前景的新材料之一。

## 1.1.6 复合材料的应用现状

由于复合材料具有很多优点,在各行各业都有应用,涵盖了航空航天、电能、交通运输、建筑、医疗、体育、娱乐等领域。目前全世界复合材料的年产量已达550多万吨,年产值达1300亿美元以上。

**1）航空航天领域**

复合材料在战斗机中的重量占比已达到40%,直升机和小型飞机中的复合材料用量达70%~80%。以典型的第四代战斗机F/A-22为例,复合材料主要应用部位为机翼、中机身蒙皮和隔框、尾翼等。我国在"风云二号"气象卫星及"神舟"系列飞船上均采用了碳纤维/环氧复合材料做主承力构件,大大减轻了整体的质量,降低了发射成本。

**2）电能领域**

复合材料在电能领域的应用主要在风力发电,碳纤维增强复合材料和玻璃纤维增强复合材料用于制造大型风机叶片,以满足高强度、轻量化和耐疲劳的要求。此外,复合材料的应用也逐渐扩展到塔筒和机舱结构。

**3）交通运输领域**

复合材料在汽车中的应用,可大大减轻车身质量,减少能耗,提高生产率,降低成本。目前复合材料可制造车身、驱动轴、操纵杆、转向盘、客舱隔板、底盘、结构梁、发动机机罩、散热器罩等部件。

**4）建筑领域**

复合材料已经应用于建筑物的建造与修复、耐腐蚀管道、混凝土方柱等。近年来,国外还在建筑领域采用碳纤维增强聚合物复合材料来修补加固钢筋混凝土桥板、桥墩等,例如,日本用碳纤维增强聚合物复合材料片修补加固了由阪神大地震损坏的钢筋混凝土桥板、桥墩。

**5）医疗领域**

生物复合材料已经用于人体器官修复的构件有树脂基复合材料呼吸器、碳纤维/环氧结构假肢、人造假牙和人造脑壳等。用碳纤维复合材料制成的心脏瓣膜成功植入人体已有几十年的历史,以尼龙为增强材料的人造器官也已投入使用。

**6）其他领域**

聚合物基复合材料在体育、娱乐等方面也得到较好的应用和发展。体育用品中如各种水上赛艇、帆板、高尔夫球杆、各种球拍等均可由聚合物基复合材料制成。在娱乐设施中，大多数公园及各类游乐场所的设施均已采用不同类型的树脂基复合材料取代传统材料。树脂基复合材料钓鱼竿是娱乐器材中的大宗产品，目前的玻璃钢钓鱼竿和碳纤维复合材料钓鱼竿的比模量大，具有足够的强度和刚度，且质量轻、可收缩、造型美观、携带方便。用树脂基复合材料制造的扬声器、小提琴和电吉他等，其音响效果良好，有发展前景。

## 1.2 复合材料加工技术概述

复合材料应用得越来越广泛，对它的需求也越来越大，质量要求也越来越高，因此如何提高复合材料制造效率以及构件质量成为进一步促进复合材料发展的关键。复合材料制造的主要工序包括材料制备、成型、装配、复合材料内部和外部质量检测，每一个环节都影响着构件的生产周期以及最终质量。

### 1.2.1 复合材料的制备工艺

复合材料按基体材料不同主要可以分为聚合物基复合材料、金属基复合材料和陶瓷基复合材料。不同的基体材料制备逻辑有着很大的差异，它们所对应的制备方式也截然不同。

**1. 增强材料的制备**

由于复合材料由基体、增强体和两者之间的界面组成，因此要制备复合材料，必须先制备增强材料。增强材料又分为纤维、晶须和颗粒，不同材料之间的制备方式也相差甚远。

**1）纤维的制备**

纤维种类特别多，每种纤维的特性都有差异，适用范围不同，制备工艺也不尽相同。常见的纤维及其制备方法包括：玻璃纤维（坩埚法、池窑法），碳纤维（气相生长法），硼纤维（化学气相沉积（chemical vapor deposition，CVD）法），碳化硅纤维（化学气相沉积法、先驱体法），氧化铝纤维（杜邦法、拉晶法、住友法、溶胶-凝胶法）。

**2）晶须的制备**

晶须的制备方法有多种，常用的有焦化法（制 SiC 晶须）、气液固法（制 SiC 及 C 晶须）、化学气相沉积法（制 SiC 晶须）、气相反应法（制碳及石墨晶须）、气固法（制石墨晶须）等。

**3）颗粒的制备**

根据颗粒产生的方式不同可分为外生型和内生型两大类。外生型颗粒的制备与基体材料无关，是通过一定的合成工艺制备而成的。而内生型颗粒则是选定的反应体系在基体材料中，在一定的条件下通过化学反应原位生成，基体可参与或不参与化学反应。

外生型颗粒的制备方法有多种，常见的有液相法、气相法。其中液相法包括沉淀法、溶胶-凝胶法、溶剂蒸发法和液相界面反应法，气相法根据加热方式的不同可分为等离子合成、激光合成、金属有机聚合物的热解等方法。

内生型颗粒是通过选定的反应体系在一定的条件下在基体中原位反应产生的，内生型颗粒与复合材料同时形成。常见的制备方法有自蔓延法、热爆反应法、接触反应法、气液固反应法、混合盐法、机械合金化法、微波反应合成法等。

## 2. 聚合物基复合材料的制备

**1) 预浸料/预混料制备**

预浸料和预混料是复合材料生产过程中由增强纤维与树脂系统、填料混合或浸渍而成的半成品形式，可由它们直接通过各种成型工艺制成最终构件或产品。

预浸料通常是指定向排列的连续纤维等浸渍树脂后形成的厚度均匀的薄片状半成品。预混料是指由不连续纤维浸渍树脂或与树脂混合后形成的较厚的片状、团状或颗粒状半成品，包括片状模塑料、团状模塑料和粒状模塑料。预浸料与预混料的对比如表1-3所示。

表1-3 预浸料与预混料的对比

| 项目 | | 预浸料 | | 预混料 | | |
|---|---|---|---|---|---|---|
| | | 单向织物 | 纱束 | 玻璃纤维热塑料 | 片状模塑料、团状模塑料 | 粒状模塑料 |
| 适用工艺 | | 袋压、层压、模压 | 缠绕拉挤 | 冲压、模压 | 模压 | 注射、挤出 |
| 适用结构 | | 高性能结构 | | | 普通结构 | 中小制品 |
| 常用纤维 | | 碳纤维、凯夫拉纤维、玻璃纤维 | | | 玻璃纤维 | 玻璃纤维、碳纤维 |
| 纤维长度 | | 连续 | | | 10~50mm | 3~6mm |
| 纤维含量 | $V_f$/% | 50~70 | | | | |
| | $w_f$/% | | | | 15~40 | 15~40 |
| 常用基体类型 | | 热固性：环氧树脂（EP）、聚乙烯树脂（PE）、双马来酰亚胺树脂（BMI）等热塑性：聚醚醚酮树脂（PEEK）、聚苯硫醚树脂（PPS）等 | | 聚丙烯树脂（PP）、聚碳酸酯（PC）、涤纶树脂（PET）等 | 不饱和聚酯树脂（UP）、酚醛树脂（PF）等 | 多数热塑性树脂（TP）、少数热固性树脂（TS） |

（1）预浸料制造。

① 热固性预浸料制备。

热固性纤维增强复合材料预浸料的制造方法，按照浸渍设备或制造方式分为轮毂缠绕法和阵列排铺法；按照浸渍树脂状态分为湿法（溶液预浸法）和干法（热熔预浸法）。

轮毂缠绕法是一种间歇式预浸料制造工艺，其浸渍用树脂系统通常要加入稀释剂以保证黏度足够低，因而它是一种湿法工艺。

阵列排铺法是一种连续生产单向或织物预浸料的制造工艺，分为湿法和干法两种。这种方法具有生产效率高、质量稳定性好、适合大规模生产等特点。湿法的原理是许多平行排列的纤维束（或织物）同时进入浸胶槽，浸渍树脂后由挤胶器去除多余胶液，经烘干炉去除溶剂后，加隔离纸并经辊压整平，最后收卷。干法是在热熔预浸机上进行的，其原理是熔融态树脂从漏斗流到隔离纸上，通过刮刀后在隔离纸上形成一层厚度均匀的胶膜，经导向辊与平行排列的纤维或织物叠合，通过热鼓时树脂熔融并浸渍纤维，再经压实辊辊压使树脂充分浸渍纤维，冷却后收卷。

② 热塑性预浸料制备。

热塑性纤维增强复合材料预浸料的制造方法，按照树脂状态分为预浸渍和后浸渍两大类。

预浸渍包括溶液预浸和熔融预浸两种，其特点是预浸料中树脂完全浸渍纤维。后浸渍包括薄膜层叠、粉末浸渍、纤维混杂或混编等，其特点是预浸料中树脂是以粉末、纤维或包层等的形式存在，要在复合材料成型过程中完成纤维的完全浸渍。

（2）预混料制造。

① 片状模塑料（sheet molding compound，SMC）及团状模塑料（bulk molding compound，BMC）制造。

片状模塑料及团状模塑料是可直接进行模压成型而不需要先进行固化、干燥等工序的一类纤维增强热固性（通常为不饱和聚酯树脂）模塑料。

片状模塑料的生产一般是在专用片状模塑料机组上进行的，生产时一般先把除增强纤维以外的其他组分配成树脂糊，再在片状模塑料机组上与增强纤维复合成片状模塑料。团状模塑料的生产方法很多，最常用的是捏合法，即在捏合机（桨叶式混合器）中，将短切纤维、填料与液态树脂或树脂溶液充分搅拌混匀，移出后即得产品。

② 玻璃纤维热塑料（glass mat reinforced thermoplastics，GMT）。

玻璃纤维热塑料是一种类似于热固性片状模塑料的复合材料半成品，具有生产过程无污染、成型周期短、废品及制品可回收利用等优点。

制造玻璃纤维热塑料的工艺有两类，即熔融浸渍法和悬浮浸渍法。熔融浸渍法是最普通的玻璃纤维热塑料制造工艺，其工艺原理为两层玻璃纤维毡与三层聚丙烯膜叠合在一起，在高温（树脂熔点以上）、高压下使树脂熔化并浸渍纤维，冷却后即得玻璃纤维热塑料。悬浮浸渍法也称造纸法，工艺原理为将玻璃纤维切成长度为 6～25mm 的短切纤维，分散在含树脂粉、乳胶的水中，添加絮凝剂时，各原材料呈悬浮状态，在筛网上凝聚，与水分离、烘干后，于高温、高压下使树脂熔融并浸渍纤维，冷却后即得玻璃纤维热塑料。

**2）自动铺放技术**

自动铺放技术（automated placement technology，APT）是实现大型复合材料构件生产的主要制造技术之一。APT 集数控机床技术、计算机辅助设计（computer aided design，CAD）/计算机辅助制造（computer aided manufacturing，CAM）软件技术和材料工艺技术于一体，是发达国家广泛应用的一种先进复合材料构件低成本、自动化、数字化制造技术，包括自动铺带技术和自动铺丝技术。这两种技术均采用预浸料带和丝束，突破了大型复合材料构件手工成型难以胜任的瓶颈，具有高效、高质、高精度和高可靠性的优点，适用于大型飞机、运载火箭等各类航空航天飞行器中多种结构部件的制造。

① 自动铺带技术。

自动铺带技术采用有隔离衬纸单向预浸带（75mm/150mm/300mm）、多轴机械臂（龙门或卧式）完成铺放位置定位，是集预浸带剪裁、定位、铺叠、压实等功能于一体，且具有控温和质量检测功能的复合材料集成化数控成型技术，其铺带头按一定的规律运动，并使带背衬的单向预浸带经铺带头传送、切割、加热等操作，在压辊的作用下直接铺敷于模具表面，实现复合材料铺叠自动化成型。自动铺带采用压实机构（压辊或压靴）提供成型压力，摆脱了缠绕成型线型轨迹的限制（不架桥、周期性），可以实现非规则负曲率型面铺层成型。

② 自动铺丝技术。

自动铺丝技术综合了自动铺带和纤维缠绕技术的优点，铺丝头将多束（最多可达 32 根）预浸丝束/分切的预浸窄带（3.175mm/6.35mm/12.7mm），分别独立输送、切断，由铺丝头将数根预浸丝束在压辊下集束成为一条宽度可变的预浸带（宽度通过控制预浸丝束根数调整）后铺放在芯模表面，加热软化预浸丝束并压实定型。自动铺丝技术将数根或数十根预浸丝束（或窄带）从各自的卷轴上张力退绕，通过预浸丝束输送系统输送到铺丝头，铺丝头按铺层设计要求生成的铺放轨迹，将预浸丝束加热软化后，在压实机构作用下铺放在模具表面或上一铺层。自动铺丝技术克服了缠绕技术"周期性、稳定性和不架桥"及自动铺带技术"自然路径"的限制，可实现连续变角度铺放和变带宽铺放。

### 3. 金属基复合材料的制备

要得到具有指定性能和与之相应的组织结构的金属基复合材料，复合手段和制备技术至关重要。制备技术的发展水平在很大程度上制约着金属基复合材料的功能发挥。在选择金属基复合材料的制备工艺时，必须注意以下三点：①使用工艺能使增强体均匀分布于基体中，能够满足复合材料结构和强度设计的要求，充分发挥增强体的增强功能；②尽可能避免在制造过程中，在界面处产生有害的化学反应；③设备投资少，工艺简单，便于规模化生产，尽可能制造出接近最终产品的形状、尺寸和结构，减少后续加工工序。

根据各种制备方法的基本特点，主要把金属基复合材料的制备工艺分为四类，即固态法、液态法、喷涂与喷射共沉积法、原位复合法。

固态法主要有粉末冶金法和固态扩散结合法。粉末冶金法适用于连续、短纤维、颗粒、晶须，如 $SiC_f/Al$、$SiC_w/Al$、$SiC_p/Al$；固态扩散结合法主要用于连续纤维，如 $B_f/Al$、$C_f/Al$、$Borsic/Ti$。液态法包括液态金属浸渗法和液态金属搅拌铸造法。液态金属浸渗法适用于短纤维、颗粒、晶须，如 $C/Al$、$C/Cu$、$C/Mg$；液态金属搅拌铸造法主要适用于短纤维、颗粒、晶须，如 $SiC_p/Al$、$Al_2O_3f/Al$。喷涂与喷射共沉积法包括喷涂共沉积法和喷射共沉积法。喷涂共沉积法适用于纤维、颗粒，如 $SiC_p/Al$、$Al_2O_3$/高温合金；喷射共沉积法主要适用于颗粒，如 $SiC_p/Al$。原位复合法主要适用于连续纤维、颗粒、晶须，如 $NbC_f/Ni$、$TiC_p/Al$。

### 4. 陶瓷基复合材料的制备

陶瓷基复合材料主要包括颗粒、纤维（晶须）和陶瓷层片增强陶瓷基复合材料。这三种材料的制备工艺一般均由以下几个环节组成：基体与增强体的粉体制备、成型和烧结。

粉体通常用于增韧增强体和基体中，制备方法可分为机械制粉和化学制粉两种。化学制粉可得到性能优良的高纯、超细、均匀的粉料，其粒径可达 $10\mu m$，但设备复杂、制备工艺要求高、成本较高。机械制备多组分粉体工艺简单、产量大，但组分分布不均匀且容易引入杂质。

有了良好的粉体，成型就成为获得高性能陶瓷复合材料的关键。坯体在成型中形成的缺陷会在烧成后显著地表现出来。一般成型后坯体的密度越高则烧成过程中的收缩越小，制品的尺寸精度越容易控制。陶瓷的成型方法主要有模压成型、等静压成型、热压铸成型、挤压成型、轧膜成型、注浆成型、流延法成型、注射成型、直接凝固成型和泥浆渗透法等。

烧结是指陶瓷坯料在表面能减少的推动力下通过扩散、晶粒长大、气孔和晶界逐渐减少而致密化的过程。烧结是一个复杂的物理、化学变化过程，是多种机制组合作用的结果。陶瓷材料常用的烧结方法有普通烧结法、热致密化方法、反应烧结法、微波烧结法及放电等离子烧结法等。

针对不同的增强材料，陶瓷基复合材料的制备工艺也不同。制备方法主要有：粉末冶金法（纤维、颗粒），浆体法（颗粒、短纤维、晶须），反应烧结法（纤维、晶须），液态浸渍法

（颗粒、晶须、纤维），直接氧化沉积法（颗粒、纤维），溶胶-凝胶法（颗粒、晶须、纤维），化学气相浸渍法（纤维），聚合物先驱体热解法（纤维），原位复合法（晶须），反应性熔体浸渍法（纤维），定向凝固法（纤维、晶须），自蔓延高温合成法（纤维、颗粒）。

## 1.2.2 复合材料构件的成型工艺

当基体与增强体确定后，复合材料的性能主要取决于成型工艺。成型工艺包括两方面的内容：一是成型，就是将预浸料根据产品的要求铺置成一定的形状，一般就是产品的形状；二是进行固化，就是使已铺成一定形状的叠层预浸料在温度、时间和压力等因素影响下使形状固定下来，并达到预计的性能要求。

随着复合材料在航空航天领域的使用量越来越多，质量要求也越来越高，相应的航空构件的制造技术也在不断地发展。目前常用的复合材料结构制造工艺有缠绕成型、拉挤成型、模压成型、热压罐成型、注射成型、树脂传递模塑成型、真空辅助树脂渗透成型、喷射成型和挤出成型等。

## 1.2.3 复合材料构件的切削与连接工艺

复合材料由于具有轻质、高比强度、高比模量等优异特性已广泛应用于多个领域，取代了金属材料。然而，由于硬度高、导热性差、非均质性、各向异性、层间强度低等特点，复合材料的加工难度很大，常常出现分层、表面剥离、毛刺、树脂熔化和纤维崩缺等问题。因此，切削加工技术水平的高低是影响复合材料构件制造质量的关键。加工方式可分为常规切削加工和特种加工两类。

1. **常规切削加工**

复合材料的常规机械加工技术主要包括切割、铣削、钻削和磨削。

**1）复合材料切割**

成型的复合材料板材、管材、棒材或层合板通常需按尺寸要求进行切割，满足设计需求。用机械切割复合材料时易产生毛边或分层现象，故在操作过程中应特别注意。

**2）复合材料铣削**

铣削是制造复合材料结构件最常用的加工方法之一。复合材料结构件为近净成型零件，后续铣削主要用于修边、去除毛刺以及实现轮廓形状精度。铣削时通常不止一个切削刃参与切削，这样增加了纤维方向、切屑尺寸和切削力随刀具旋转而连续变化的复杂性。

**3）复合材料钻削**

钻孔、扩孔和铰孔通常是复合材料结构件连接和装配必备的工艺过程。钻削过程中需要考虑的关键问题包括钻削热、刀具磨损和分层。纤维和基体的导热性差会使切削区域的热量积累，并且产生的大部分热量必须通过刀具传出。在某些情况下，可以使用经批准的冷却液，以降低切削温度并控制加工粉尘。此外，纤维和基体之间的不同热膨胀系数使得钻孔尺寸精度难以保证。钻孔后，孔可能会收缩，导致装配公差较大。

**4）复合材料磨削**

磨削加工可以用于去除复合材料表面的凹凸不平、划痕、毛刺以及其他不规则特征，从而提高制品的表面质量和尺寸精度。复合材料的硬度高、脆性强，容易产生热损伤和表面质量下降的问题。因此，在加工过程中需要注意磨削热的控制和冷却液的使用，以避免材料的热损伤和变形。此外，由于复合材料的异质性和纤维方向性，磨削加工可能会引起纤维层的剥离和断裂，因此需要采取适当的工艺控制和支撑手段，以保持制品的完整性和强度。

**2. 特种加工**

复合材料常规的切削加工会存在刀具磨损快和刀具费用高的缺点，此外易引起大的塑性变形和固化热应力，特别是环氧基复合材料。非接触式的材料加工工艺为复合材料的加工提供了新的可能。

特种加工就是应用物理（力、热、声、光、电）或化学的方法，对具有特殊要求（如高精度）或特殊加工的对象（如难切削加工的材料、形状复杂型面、尺寸特微小的零件、刚度极低的构件，如薄壁零件、弹性材料零件等）进行加工的手段。特种加工具备以下特点。

（1）不用机械能，与加工对象的力学性能无关。有些特种加工的方法，如激光加工、电火花加工、等离子弧加工、电化学加工等，是利用热能、化学能、电化学能。这些加工方法与工件的硬度、强度等力学性能无关，故可加工各种高强度、高硬度材料。

（2）非接触加工，不一定需要工具。有些特种加工不需要工具，有的虽使用工具，但不与工件接触。因此，工件不承受大的作用力，工具硬度可低于工件硬度，因此可以加工刚性极低的工件及弹性元件。

（3）微细加工，工件表面质量高。有些特种加工，如超声、电化学、水喷射、磨粒流、激光、电火花等，加工去除余量可以控制在很小的尺寸范围内。因此，不仅可以加工尺寸微小的孔或狭缝，还能获得高精度、极高光洁度的加工表面。

（4）进给运动简单。加工复杂型面工件，特种加工方法仅需简单的进给运动，即可加工出复杂型面，如电解加工、电火花成型加工。

目前各种特种加工方法已有数十种，包括电火花加工、电化学加工、超声波加工、激光加工、电子束加工、离子束加工、等离子束加工等。图 1-3 列出了常用的特种加工技术及其加工过程中的能量形式。

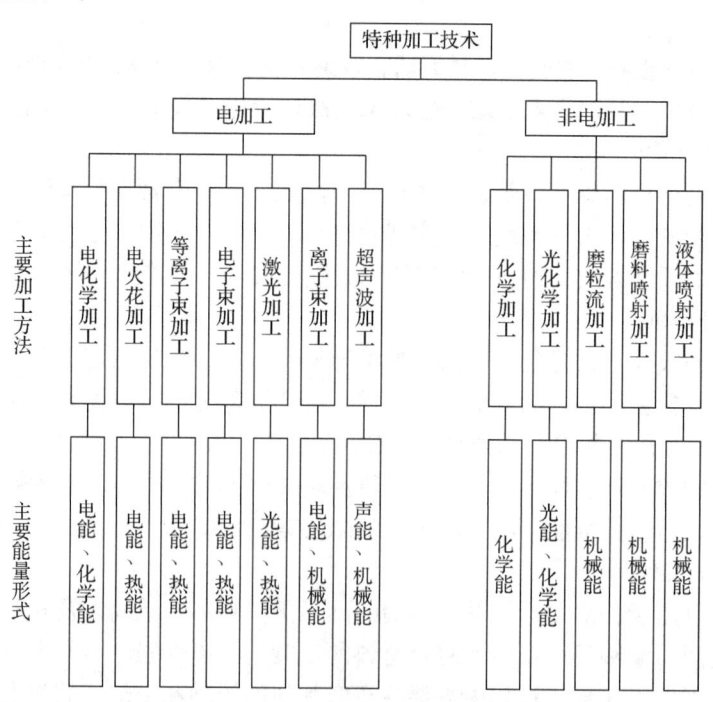

图 1-3 常用特种加工技术体系

### 3. 连接工艺

随着复合材料应用范围的扩大，越来越多的装配需要连接不同材料的部件。尽管有技术发展的趋势将一些构件做成整体以减少连接件的数量，但由于制造上的限制，连接仍然是必不可少的。复合材料结构通常采用胶接或机械连接。

胶接是连接复合材料结构件的一种方法，通常借助热固性聚合物胶黏剂将零件连接为不可拆卸的整体，从而减少机械紧固件所带来的成本和增重。

机械连接主要为螺栓连接和铆接，这是复合材料结构件装配的主要方法。而螺栓连接相较于铆接使用的范围更广一些。目前，在一些承力不大的飞机结构上会用到铆接。胶接工艺与机械连接工艺对比如表 1-4 所示。

表 1-4 胶接工艺与机械连接工艺对比

| 连接工艺 | 优点 | 缺点 | 典型实例 |
| --- | --- | --- | --- |
| 胶接工艺 | 避免因打连接孔而破坏纤维连续性，从而充分利用材料的全部强度，也较好地规避了复合材料各向异性严重、韧性差等问题。此外，胶接受力面大、承载力强、应力分布均匀、结构重量轻 | 拆卸极为不易，胶接接头的孔隙和脱黏可通过无损检测查出，胶黏剂材料容易变质，胶黏剂易受环境影响而产生性能退化 | 航空发动机复合材料叶片与深 V 形金属包边连接、宝马量产的 i3 纯电动汽车的碳纤维复合材料车身部件的连接 |
| 机械连接工艺 | 安全可靠、工艺简单且便于施工、传递大载荷、受环境影响小、可重复装配 | 连接效率低，破坏构件，连接紧固件增加重量 | 飞机的机翼 |

## 1.2.4 复合材料构件的无损检测技术

随着复合材料在各个领域的应用规模不断扩大，无损检测与评估变得越来越重要，特别是在要求产品质量和可靠性极高的航空航天等领域。无损检测针对复合材料的材料特性、成型工艺及其可能产生的缺陷与损伤行为，建立相应的检测和缺陷判别方法，采用适当的检测仪器设备，并建立专门的检测标准与规程，以检验制备过程和制造工艺的符合性，评定产品质量。无损检测具有非破坏性、可重复检测，以及可针对原材料、制造阶段和使用阶段的产品进行评价等优点，可以帮助降低复合材料研发与制造综合成本，确保产品质量和复合材料制件的安全运行。同时，对检出结果进行评估，如缺陷对性能或使用寿命的影响程度，帮助确定材料及结构与产品的损伤或安全使用阈值或者损伤容限，为结构修理、产品维护及系统运行提供信息输入。

通常，无损检测方法按照使用的物理量及其检测原理来划分，可分为如下几种。

（1）声学检测：超声检测、声发射检测、声振检测、声成像与声全息检测、声显微镜检测等。

（2）射线检测：X 射线照相检测、γ 射线照相检测、中子射线照相检测、康普顿背散射成像检测、射线计算机层析成像检测、质子射线照相检测、电子射线照相检测等。

（3）电磁检测：涡流检测、电位差和交流场检测、电流微扰检测、漏磁场检测、磁粉检测、巴克豪森（Barkhausen）噪声检测、磁声发射检测、核磁共振检测等。

（4）渗透检测：荧光渗透检测、着色渗透检测、滤出粒子检测等。

（5）光学检测：目视检测、激光全息干涉检测、错位散斑干涉检测等。

（6）热学检测：红外热像检测等。

## 1.3　复合材料智能加工技术的发展

复合材料在航空产品中扮演着重要角色，国内复合材料生产工厂数量正在快速增长。为了满足激增的需求，各工厂都致力于提高生产效率、降低成本和提高产品质量稳定性。数字化和智能化加工是解决这些问题的重要途径，各国也在这方面取得了许多进展。从原材料制备到成品质检，每个环节都对生产效率和产品质量产生影响，因此必须使每个环节都实现智能化，以提高生产效率和产品质量。复合材料加工技术的智能化发展旨在提高加工效率、精度和一致性，同时减少人为错误和浪费。通过集成传感器、自动化系统和智能算法，实现了复合材料加工过程的自动化、智能化和可控化。这些技术的应用可以提高加工效率、精度和一致性，推动复合材料行业的发展。因此，各工厂努力推动数字化和智能化加工的实施，以满足日益增长的需求，提高产品质量和竞争力。不断推进智能化加工技术，使复合材料行业能够更好地适应市场变化，实现可持续发展。

### 1.3.1　复合材料的智能制备技术

复合材料的智能制备技术是指运用先进的自动化、智能化技术和系统，实现复合材料制备过程的高效、精确和可控。随着科学技术的不断发展，复合材料智能制备技术也在不断演进和完善。

智能制备技术在复合材料的原材料处理和配比方面发挥着重要作用。通过智能化的材料配方和自动化的原材料处理过程，可以实现精确控制复合材料组分的比例和混合过程，确保材料性能的稳定性和一致性。

智能化的制备工艺控制是复合材料智能制备技术的核心。借助先进的传感器、控制系统和自动化设备，可以实时监测和调节制备过程中的温度、压力、湿度等参数，确保复合材料在制备过程中的质量和性能达到设计要求。

智能制备技术还包括先进的模具设计和成型工艺。通过采用计算机辅助设计（CAD）和计算机辅助制造（CAM）技术，可以实现复合材料制备过程中模具的精确设计和快速制造，提高制备效率和产品质量。

在智能制备技术的推动下，还出现了一些新的制备方法和工艺，如自动化纺丝、自动化层叠、自动化注射等。这些创新的制备方法使得复合材料的制备过程更加高效、可控和灵活，为复合材料的广泛应用提供了更多的可能性。

### 1.3.2　复合材料构件的智能成型技术

航空复合材料构件制造的趋势是数字化与智能化，很多成型工艺已经实现了智能化生产，同时很多国家也重点关注了一项新的技术——增材制造，使得近些年复合材料的增材制造技术得到了快速发展。

**1. 成型工艺的智能化**

在成型装备方面，树脂基体的混合注胶设备逐步向高压、高效、自清洁、多组分方向发展。大批量纤维预成型体制造装备逐渐向切割、自动喷洒定型、转移叠合、热压复合一体化制造方向发展。液体成型用液压机逐步向快速减压、精确定位、四角动平衡方向发展。液压机的工作台面也由固定式向可翻转或可移动式方向发展。大型制品模具设计及其制造技术逐步向高热效、低温差、高精度方向发展。中小型制品双刚面模具的制造逐步向高精度、高密封、自动化方向发展。各种成型装备（如预成型设备、注射机、液压机）以及各种辅助设备（如机械手、传送设备等）逐渐向专门化方向发展。

纤维缠绕技术正在向机械化、自动化和机器人操作等方面发展，以实现自动化缠绕成型。纤维缠绕软件的开发是自动化缠绕的必要条件，其中计算机辅助设计缠绕线型是自动化软件开发的基石。利用计算机辅助设计缠绕线型可以简化缠绕线型的优化设计，缩短产品的设计开发周期。将计算机辅助设计、计算机辅助工程（computer aided engineering，CAE）和计算机辅助制造有机结合是未来自动化缠绕的趋势。成熟的 CAD/CAM 软件可以实现轴对称回转体和异型件纤维缠绕线型和轨迹设计、可视化缠绕过程仿真、后置处理和缠绕制品力学性能分析等功能。计算机、数控、数字化、虚拟仿真等技术的应用使得纤维缠绕 CAD/CAM 软件的功能更加完善，从而优化纤维缠绕工艺、缠绕成型工艺过程仿真以及缠绕制品成型后性能分析。

**2. 复合材料的增材制造技术**

增材制造（additive manufacturing，AM）技术是根据 CAD 设计数据采用材料逐层累加方法制造实体零件的技术。相对于传统的材料去除（切削加工）技术，增材制造是一种"自下而上"的材料累加制造方法。这种加工制造方法不受零件复杂结构的限制，在定制化和个性化制造上有较大优势，同时可以在满足产品使用性能的前提下，降低原材料的使用，减少损耗，使生产速度大大提高。

增材制造的特性使得其能够在复合材料的原型制造、复杂结构制造、功能性结构制造及复合材料的修复等方面具有广泛的应用前景。在纤维增强复合材料方面，增材制造技术就发展了不同的工艺方法，如三维打印黏结成型、熔融沉积成型等，能够打印包括短纤维、纳米纤维、长纤维和连续纤维等。

2014 年美国硅谷 Arevo 实验室推出制造高强度碳复合材料最终产品的 3D 打印技术，利用该技术打印出了碳纤维增强尼龙基体的复合材料，尼龙基体是比 PEEK 更低端的聚合物树脂，与传统方法相比，3D 打印可更精确地控制碳纤维的取向，优化特定力学性能和热性能，而不是用传统的挤出或注塑方法来定型，且由于 3D 打印的复合材料零件一次只制造一层，每层可以实现任何所需的纤维取向，复合材料的增强相不仅可以用碳纤维，还可以用玻璃纤维，该技术主要针对航空航天、国防和医疗应用的零件产品，有望开发出更轻、更强、更持久的组件。

目前波音公司已经利用 3D 打印技术制造了大约 300 种不同的飞机零部件，包括将冷空气导入电子设备的导管。这些导管的形状比较复杂，以前需要用不同的零件来进行组装，这样会提高劳动成本。

## 1.3.3　复合材料构件的智能切削与连接技术

采用传统方法加工该类零件时，由于无法在线监测加工过程中力-热-变形场的分布特点，不能实时掌握加工中工况的时变规律，并针对工况变化即时决策，引起加工前后材料表面力学性能变化大，加工变形难以控制，质量一致性难以保证，导致零件服役性能差、寿命短，甚至引发安全事故。为了解决这一问题，可以在加工过程中采用智能加工工艺，对加工系统、时变工况进行在线监测，获取加工过程的状态信息。在此基础上，针对时变工况采用智能化方法对工艺过程进行自主学习及决策控制，实现高品质零件制造过程的智能决策和自主控制，提高加工质量、加工效率，减少或者避免不必要的损失，降低生产成本。

**1）系统状态监测**

在加工过程中，电动机的旋转、移动部件的移动和切削等都会产生热量，且温度分布不均匀，造成数控机床产生热变形，影响零件的加工精度。因此未来数控机床应具备热误差监测功能，以识别主轴、立柱和床身热变形的影响，提高机床的加工精度。刀具失效是引起加工过程中断的首要因素。实践表明，切削中实施刀具的有效监测可以减少机床故障停机，提高生产效率，提高机床利用率。实现刀具磨损和破损的自动监测是完善未来机床发展不可缺少的部分。智能化的加工过程应该借助先进的传感分析技术对机床与刀具状态进行实时监测，并将监测数据反馈给控制系统进行数据的分析与误差补偿。可定期通过测试设备与传感器测定设备的性能参数，并及时对系统性能参数库或知识库进行更新。

**2）时变工况监测**

在加工过程中，切削界面上的热力耦合效应与材料、结构、加工过程具有较强的相关性，导致传统方法难以建立精确的工艺模型。由模型不精确导致的工艺过程预测和控制误差对产品质量造成严重的影响。因此，未来机床需要将试切融入加工过程中，实时获取加工过程中的界面状态和交互行为信息，并对时变工况特征进行在线辨识，为加工过程的智能决策提供基础数据。时变工况在线监测可借助各种传感器、声音和视频系统对加工过程中的力、振动、噪声、温度、工件表面质量等进行实时监测。根据监测信号和预先建立的多个模型判定实际加工参数、工件变形、振动状态以及加工质量，为工艺模型的在线学习与切削参数优化、加工误差补偿等智能决策过程提供支持。

**3）在线学习与知识积累**

由于在强热力耦合的加工过程中，传统方法难以建立精确的工艺模型。因此，需要在监测识别加工过程的时变工况后，通过工艺知识在线学习的方法来精化局部的工艺过程模型。同时将获得的工艺知识存储于工艺知识库中，供工艺过程优化使用。在探明工艺系统界面的热力耦合作用与系统响应机制，建立时变工艺过程的多态演化模型的基础上，建立描述工况、耦合行为和工件品质映射关系的联想记忆知识模板，通过自主学习实现基于模板的知识积累和工艺模型的自适应进化，为未来机床智能决策单元提供理论支撑。

**4）智能决策与控制**

未来机床要在复杂的加工环境中、在无人干预的条件下自主有效地工作，这就需要控制系统具有类似于人类的信息处理能力，即面向实际工况的智能决策与工艺过程自适应调控。在加工过程中，加工系统对加工过程进行实时监测，控制系统根据监测得到的实际工况以及学习获得的工艺知识对工艺参数进行在线优化与反馈控制。同时根据建立的切削过程工艺系统演化模型，结合工件的加工状态实时调整夹具的装卡参数。

## 1.3.4 复合材料构件的智能无损检测技术

传统的方法主要是通过手工移动换能器，检测人员观察仪器的显示信号进行缺陷判别，受检测人员主观因素的影响，容易漏检，检测结果的重复性和稳定性差、人工成本高。有效的技术途径就是采用自动化无损检测技术。随着复合材料的规模化工程应用，采用自动化检测技术是未来复合材料结构无损检测的重要发展趋势。而实现复合材料结构的自动化检测，超声检测设备在其中占有难以替代的作用。采用超声自动化检测技术，特别是采用快速高效可靠的超声自动化检测技术，对获得稳定一致的检测结果，确保批量生产中复合材料装机件的质量，帮助稳定工艺，进一步降低复合材料结构的制造成本等有着非常重要的作用。

2009年我国自主研制成功的CUS-6000超大型工业级复合材料结构高效超声自动扫描检测技术及其设备的投入使用，使翼类航空复合材料结构超声自动化检测迈入工业级应用台阶，全面实现了复合材料副翼、尾翼、平尾、外翼等重要航空复合材料结构的工业级超声自动化扫描成像检测，其工程化检测规模、检测效益和检测效果非常显著。

未来的超声检测设备将会在以下几个方面有比较好的发展预期。

（1）大型复合材料结构的超声检测设备将得到广泛应用，尤其是高效的工业级超声检测设备。

（2）适用于解决复杂复合材料结构的无损检测问题的超声检测设备，将会有一定的技术需求，特别是对于那些结构较为复杂、难以访问的重要复合材料结构及其重要部位。

（3）先进的超声检测设备能够与复合材料结构制造数据、数模等无缝对接，在未来的复合材料结构智能制造和检测中将扮演重要的角色。

## 1.4 本章小结

本章简要介绍了关于复合材料的基础知识，包括复合材料的定义、组成和分类等，并对复合材料的发展历程和应用现状进行了阐述。同时，对复合材料的加工技术进行了总述，包括复合材料的制备、构件成型、切削与连接和无损检测技术，并分别对其智能化应用进行了概述。通过本章的叙述，读者可以对复合材料的整体现状有初步的认识，更多相关的加工技术细节将在后续章节进行介绍。

## 习 题

1. 简述复合材料的合金的不同点和相同点。
2. 复合材料的组成部分有哪些？
3. 复合材料按基体分类主要可以分成哪几类？
4. 复合材料增强体和基体的作用分别是什么？
5. 复合材料的优势有哪些？
6. 玻璃纤维的制备工艺有哪些？
7. 适合热固性复合材料的成型工艺有哪些？
8. 适合热塑性复合材料的成型工艺有哪些？
9. 无损检测的方法有哪些？

# 第 2 章　复合材料的制备技术

现代工业的快速发展使复合材料的应用受到越来越多人的重视，经过多年的研究和应用实践，复合材料及其相关技术日趋成熟，并且成本大大降低，制品性能优势突出。复合材料在众多领域逐渐取代传统材料，成为解决材料方案的一大趋势，而制备作为复合材料使用的重要一环，所扮演的角色也变得愈发重要。本章从纤维增强复合材料、金属基复合材料、陶瓷基复合材料以及复合材料智能化制备技术四个方面详细介绍不同类型的复合材料目前主流的制备工艺及技术，并且基于目前的智能化制备技术主要是结合制备装备的现状，从智能化制备监控技术、智能化制备控制技术两个方面介绍目前的复合材料智能化制备技术，形成了完整的复合材料制备知识体系框架。以复合材料制备技术为对象开展总结研究，促进复合材料制备技术的快速转化和工程应用，支撑复合材料产业的形成及发展，实现复合材料的高效和可靠应用。

## 2.1　纤维增强复合材料的制备工艺

在复合材料开发和应用快速发展的同时，增强体的材料开发也非常重要。增强体在复合材料中起着增加强度、改善性能的作用。复合材料用的增强体品种很多，其中已经广泛应用的纤维增强体品种有碳纤维、硼纤维、碳化硅、氧化铝等无机纤维，还有芳香族聚酰胺纤维、超高分子质量聚乙烯纤维等有机纤维。本节主要介绍以上几种无机纤维增强体的制备工艺。

### 2.1.1　纤维制备工艺

#### 1. 碳纤维的制备

碳纤维的制备方法主要分为有机先驱体纤维法和化学气相生长法。有机先驱体纤维法是由有机纤维经高温固相反应转变而成的，应用的有机纤维主要有黏胶基纤维、聚丙烯腈（polyacrylonitrile，PAN）基纤维和沥青基纤维三种，工艺流程示意图如图 2-1 所示。目前主要生产的是 PAN 基碳纤维和沥青基碳纤维。在强度上，PAN 基碳纤维要优于沥青基碳纤维，因此在碳纤维生产中占有绝对优势。

**1) 有机先驱体纤维法**

（1）聚丙烯腈基碳纤维。

聚丙烯腈（PAN）是一种主链为碳链的长链聚合物，链侧有氰基。制造 PAN 的基本原料是丙烯腈（$C_3H_3N$）。PAN 原丝大致经过预氧化、炭化、石墨化三步工艺过程后形成 PAN 基碳纤维。

① 原丝预氧化。由于 PAN 在分解前会软化熔融，因此需在空气中进行预氧化处理。预氧化使聚丙烯腈发生交联、环化、脱氢、氧化等反应，转化为耐热的类梯形高分子结构，以承受更高的炭化温度和提高炭化收率。预氧化时需给原丝纤维一定的张力，使纤维中分子链伸展，沿纤维轴取向。预氧丝中的氧含量一般控制为 8%～10%，氧与纤维反应形成各种含氧结构，炭化时大部分氧与氢结合生成 $H_2O$ 逸出，促进相邻链的交联，提高纤维的强度和模量。

但过高的氧含量会以 CO、$CO_2$ 的形式将碳链中的碳原子拉出，降低炭化收率，增加缺陷，使碳纤维力学性能下降。

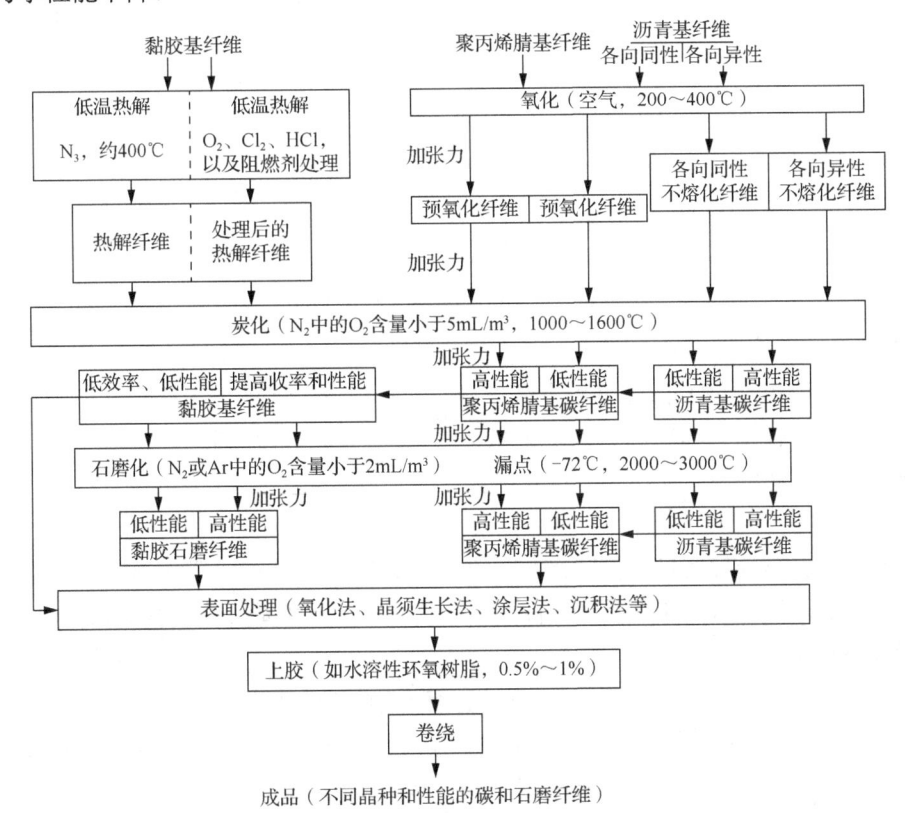

图 2-1 有机先驱体纤维法制备碳纤维的工艺流程

② 预氧丝炭化。在高纯度的惰性气体（Ar 或 $N_2$）的保护下，预氧丝于 1000～1600℃ 发生炭化反应。炭化过程中，进一步发生交联、环化、缩聚、芳构化等化学反应，非碳原子（H、O、N）等不断被裂解出去。最终，预氧化时形成的梯形大分子转变成稠环结构，碳含量从约 60% 提高到 90% 以上，形成一种由梯形六元环连接而成的乱层石墨片状结构。随着碳化温度的变化，纤维力学性能也发生明显变化。

③ 碳纤维石墨化。通常碳纤维是指热处理到 1000～1600℃ 的纤维，石墨纤维是指加热到 2000～3000℃ 的纤维。炭化过程中，随着非碳原子逐步被排除，碳含量逐步增加，形成碳纤维。石墨化过程中，聚合物中的芳构化碳转化成类似石墨层面的结构，内部紊乱的乱层石墨也向结晶态转化形成石墨纤维。石墨碳纤维有金属光泽，导电性好，杂质极少，碳含量在 99% 左右。此外，随着石墨化温度的升高，碳纤维中的位错逐渐消失，空隙率逐渐减小，从而使碳纤维密度不断增大，其抗拉模量逐渐升高，但抗拉强度逐渐降低。因此，石墨化过程中温度控制是影响碳纤维力学性能的关键。

（2）黏胶基碳纤维。

生产黏胶基碳纤维的工艺流程示意图如图 2-2 所示。

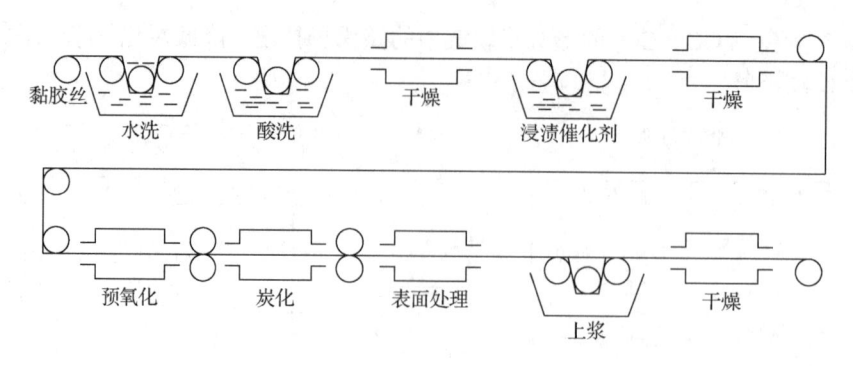

图 2-2 生产黏胶基碳纤维的工艺流程

① 黏胶基纤维的前处理。

水洗工序是用 40～60℃的去离子水洗掉黏胶基纤维表面的油剂。这些油剂大多为锭子油、仪表油、白油（矿物油）和表面活性剂聚氧乙烯化合物以及其他辅剂。纤维表面油剂的存在妨碍下一工序的催化浸渍。

② 催化处理。

黏胶基纤维在热处理之前需要浸渍催化剂，其目的是促进黏胶基纤维中的羟基脱水，尤其是活性高的伯羟基脱水，提高碳纤维性能及炭化收率。黏胶基纤维碳含量低、炭化收率低。

③ 黏胶基纤维的热解过程。

由热固性黏胶基纤维经过系列热处理转化为碳纤维的过程大体可分为四个阶段。第一阶段：25～150℃，主要是脱除物理吸附水；第二阶段：150～240℃，纤维素的羟基以水的形式脱除；第三阶段：240～400℃，链断裂，产生水、CO 和 $CO_2$，在 400℃时，纤维素破坏，形成新的 $C_4$ 残片；第四阶段：400～700℃，进行芳纶化生成碳的六元环，同时释放氢和甲烷等。

④ 黏胶基纤维的炭化。

有机热固性黏胶基纤维经过一系列的工序转化为无机碳纤维，原有的杂环直链结构被彻底破坏，建立起新的乱层石墨结构。黏胶基纤维经浸渍催化剂处理后单丝直径由 10μm 溶胀到 14.8μm；经热氧化处理后，直径又回落到原来的水平；再经过炭化处理，直径收缩到 7.2μm 左右。与此相应，预氧丝的强度最低，反映旧结构已被破坏，但新结构还未建立，处于过渡状态。

⑤ 黏胶基碳纤维的石墨化。

黏胶基碳纤维在 2200～3000℃石墨化可大幅度提高弹性模量和拉伸强度。这是利用其在 2200℃以上有塑性区，借助外力牵伸可使石墨层片沿轴向取向、重排而制得弹性模量高的黏胶基石墨纤维。

（3）沥青基碳纤维。

沥青基碳纤维的制备方法有以下几种：离心纺丝法；具有调控黏度的熔融纺丝法；具有凸柱体的喷丝板纺丝法；涡流纺丝法。

① 离心纺丝法是纺制通用极短纤维的常用方法，离心纺丝机的构造如图 2-3 所示。

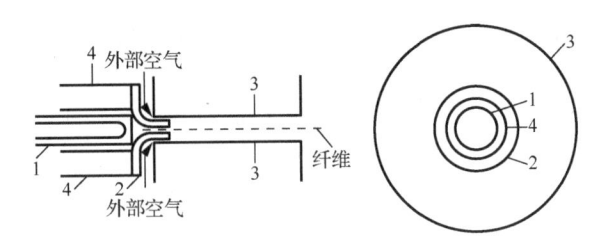

图 2-3 离心纺丝机的构造

1-旋转喷丝嘴；2-外部空气进入的导向盘；3-空气挡板；4-加热塞

软化点为 230℃的石油系中间相沥青在喷嘴温度为 350℃以下、转速为 3000r/min、空气流速为 40m/s 的条件下实施离心纺丝。得到的沥青短纤维，在空气中不熔化处理，在 1000℃炭化，制得的沥青基碳纤维的拉伸强度为 1.05～2.00GPa。

② 具有调控黏度的熔融纺丝法的流程图如图 2-4 所示。其特点是吹入空气量是单位体积沥青的 20～700 倍，吹喷到沥青上，使其聚合，聚合温度控制为 280～360℃，沥青聚合后的软化点为 250～290℃，纺丝温度较聚合温度低 2～10℃，纺丝头的冷却间温度为 250～300℃。其中，关键技术是调控空气的吹入量，使沥青聚合后的黏度控制为 10.0～40.0Pa·s。

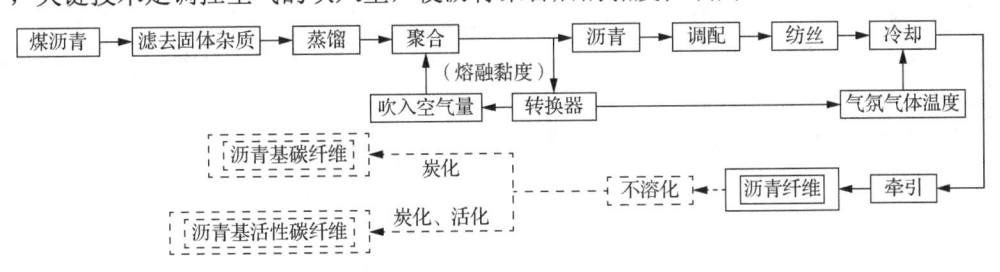

图 2-4 具有调控黏度的熔融纺丝法的流程图

③ 具有凸柱体的喷丝板纺丝法是指通过具有凸柱体的喷丝板进行纺丝，可以实现连续且稳定的纺丝过程。该喷丝板的喷嘴数目在 500 以上，喷丝孔以同心圆排布 3～20 列；喷丝孔的间距为 2～3mm，孔径为 0.07～0.15mm；喷丝板的中间设置圆柱形凸体，凸体下方与喷丝板之间的距离不小于 20mm；在喷丝板外围有两条以上吸引狭缝以调控吸引气体量及速度。原料沥青经氢化处理及一系列调制后，其软化点为 304℃左右，中间相含量为 95%，喷丝板表面温度为 320℃，纺丝速度为 350m/min，可连续纺制沥青基纤维。

④ 涡流纺丝法制备沥青基纤维的装置特点是在喷丝板组件外围设置至少 3 个热空气喷射嘴（内插直柄冲头状件）。熔融沥青通过一个螺旋圆通道进入喷嘴入口后，由喷嘴喷出，同时设置在喷丝板的旋流气体喷嘴以直线方式快速喷射出热空气流，可纺制细直径沥青基纤维。

**2）化学气相生长法**

气相生长碳纤维（vapor growth carbon fiber，VGCF）实际是一种以金属微细粒子为催化剂、氢氧为载体，在高温下直接由低碳烃（甲烷、一氧化碳、苯等）混合气体析出的非连续晶须类碳纤维。其制法主要包括基板法和气相流动法两种。

（1）基板法。将喷洒、涂有催化剂（如硝酸铁）的陶瓷或石墨基板置于石英反应管中，在 1100℃的条件下，通入低碳烃或单、双环芳烃类与氢气混合气体，在基板上将得到热解碳，生成的碳溶解在催化剂微粒中，促使原始纤维的生长，可得到直径为 1～100μm、长度为 300～500mm 的 VGCF。基板法为间断生产，收率很低。

（2）气相流动法。由低碳烃类，单、双环芳烃类，脂环烃类等原料与催化剂（Fe、Ni 等金属超细粒子）和氢气组成多元混合体系，在 1100～1400℃的高温下，Fe 或 Ni 等金属微粒被氢气还原为新生态熔融金属液滴，起催化作用。原料气热解生成的多环芳烃类在液滴周边合成固体碳，并托浮起催化剂液滴，在铁微粒催化剂液滴下形成直线形碳纤维，在镍微粒催化剂液滴下则形成螺旋状碳纤维。碳纤维的形成过程如图 2-5 所示，碳纤维的直径为 0.5～1.5μm，长度为毫米级。

(a) 载体表面的金属粒子（M）　　(b) 碳的最初沉析　　(c) 纤维依碳（C）的扩散面"生长"　　(d) 高温碳层使催化剂粒子外表面"中度"

图 2-5　碳纤维的形成示意图

**2. 硼纤维的制备**

硼纤维的制备按硼蒸气（原料）的来源可分为卤化法和有机金属法两种。

**1）卤化法**

将 BCl₃ 和 H₂ 加热到 1000℃以上，硼（B）还原到钨（W）丝或其他纤维状芯材上制得连续单丝，芯材的直径一般为 3.5～50μm。该方法工艺成熟，制得的硼纤维性能高，成本也高（因为钨丝价格贵，沉积温度高）。

（1）卤化法制备钨芯硼纤维。用作芯材的钨丝先在 NaOH 中用电化学方法进行表面清洗及减小直径处理，控制直径约为 13μm，然后进入清洗室清除表面存在的氧化物等，将其放入温度为 1120～1200℃的第一沉积室，使氢气和三氯化硼混合物按下式反应：

$$2BCl_3 + 3H_2 \longrightarrow 2B + 6HCl\uparrow$$

反应产物硼即沉积在钨丝上并向钨丝中扩散，与钨发生固态反应形成 $WB_4$、$W_2B$ 等硼化物。此阶段仅有少量硼沉积。此后将钨丝放入第二沉积室，温度控制为 1200～1300℃，硼的沉积速度加快，最后制得硼纤维。整个生产流程见图 2-6。

为避免硼纤维增强金属时发生不良的界面反应，通常在纤维表面覆以涂层，因此在第二沉积室后设有涂覆室，通入 $H_2$、$BCl_3$ 及 $CH_4$，反应生成的碳化硼（$B_4C$）沉积于纤维表面。反应式为

$$4BCl_3 + 4H_2 + CH_4 \longrightarrow B_4C + 12HCl$$

涂层厚度约为 3μm。由 CTI 公司开发的名为 Borsie 的纤维，是在硼纤维上包覆了碳化硅（SiC）。而由美国 AVCO 公司开发的纤维，通过在硼纤维表面形成约 7μm 厚的 $B_4C$ 层，极大地改善了硼纤维和金属间的反应性。

（2）卤化法制备碳芯硼纤维。制造碳芯硼纤维是将清洗室改为裂解石墨室，直径为 33μm 的煤沥青碳纤维通过裂解石墨室，在碳纤维上涂一层裂解石墨，然后进入硼沉积室在碳纤维表面沉积硼。制备碳芯硼纤维时，沉积速率提高 40%会使碳芯硼纤维成本降低。

**2）有机金属法**

有机金属法是将有机金属化合物如三乙基硼或硼烷系的化合物（$B_2H_6$ 或 $B_5H_9$）进行高温分解，使硼沉积到底丝上。因为沉积温度低于 600℃，可采用 Al 丝作为底丝，所以硼纤维的生产成本会大大降低，但使用温度和性能也随之降低。

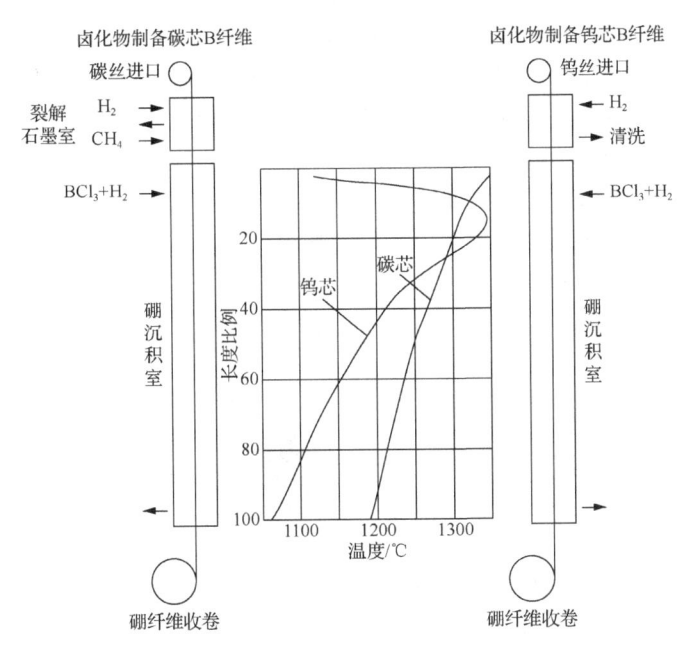

图 2-6 硼的沉积流程图与反应室的温度分布

### 3. 碳化硅纤维的制备
碳化硅的制备方法主要有两种：化学气相沉积法（CVD）和先驱体法。

#### 1）化学气相沉积法
化学气相沉积法是在底丝上沉积 SiC 形成的，其原理是将 W 丝或 C 丝作为芯丝，通 $H_2$ 清洗表面后送入柱形反应室（图 2-7）。反应室中通入 $H_2$（70%）和氯硅烷（30%）混合气体，芯丝被高频加热（60MHz）或直流加热（250mA），沉积室的温度在 1200℃ 以上，发生分解反应：

$$CH_3SiCl_3 \longrightarrow SiC + 3HCl$$

产生的 SiC 沉积在芯丝表面即可形成 SiC 纤维。先驱气体（原材料）氯硅烷包括甲基二氯硅烷、甲基三氯硅烷、乙基三氯硅烷、四氯硅烷（$SiCl_4$+烷烃）。甲基二氯硅烷的生产速率最高，沉积温度低，但表面粗糙，拉伸强度低，甲基三氯硅烷与乙基三氯硅烷制得的 SiC 纤维表面光滑，但沉积速度低。因此，通常采用混合先驱气体，沉积温度高，生产速率高，但粗晶强度降低，供丝速度快时纤维直径细。碳芯 SiC 纤维的结构如图 2-8 所示。

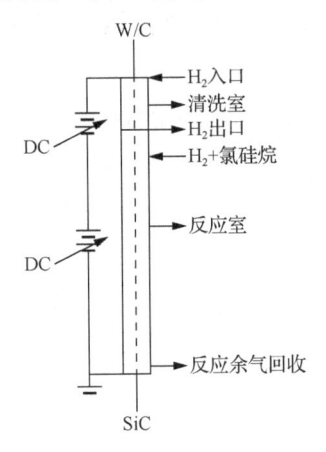

图 2-7 柱形反应室

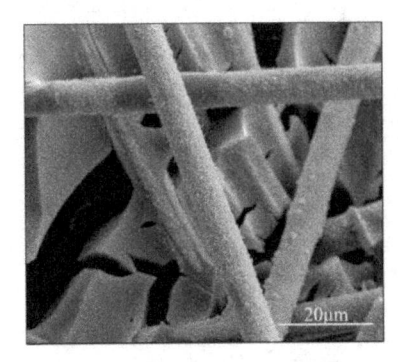

图 2-8 碳芯 SiC 纤维的结构

碳芯 SiC 纤维的横截面示意图如图 2-9 所示，共有 4 层。①芯：$d=33\mu m$，为 W 丝或碳丝；②内涂层（热解碳）：$1.5\mu m$，增加热传导，缓冲碳芯与沉积层间热膨胀系数不一致导致的不匹配；③SiC 沉积层：$50\mu m$，又包含 4 层（SiC-1，$6\mu m$（内）；SiC-2，$4.5\mu m$；SiC-3，$4.5\mu m$；SiC-4，$35\mu m$（外）），晶粒尺寸增加，取向不同，缺陷增加；④纤维表面涂层（热解碳）：$3\mu m$，又分为 3 个亚层（Ⅰ为最表层，富碳，易与金属基体反应结合；Ⅱ为缓冲层；Ⅲ为最里层，Si：C=1：1），能保持纤维强度，称为保护层。最外涂层的作用为：①弥合 SiC 表面的裂纹，提高强度；②为陶瓷基复合材料提供弱界面，提高韧性；③与金属基体反应，提高结合强度。

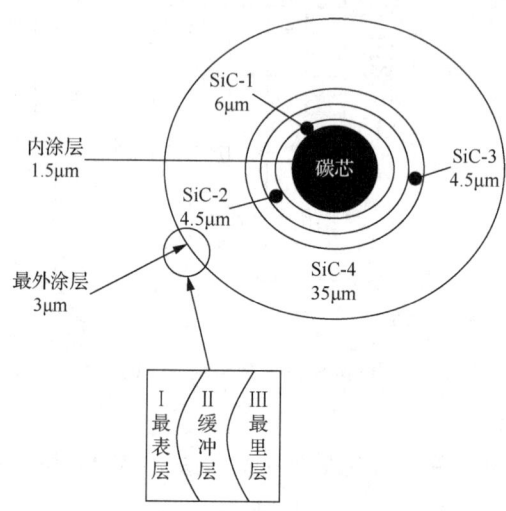

图 2-9  碳芯 SiC 纤维的横截面示意图

**2）先驱体法**

日本 Tohoku 大学的矢岛圣使（Yajima）于 1975 年率先应用先驱体法成功制备 SiC 纤维，1983 年由日本的公司生产，商品名为 Nicalon。此后，对其进行了一系列的改进，形成了多种不同的型号，主要有 3 类：Nicalon-SiC 纤维、超耐热型 SiC 纤维、低含氧量型 SiC 纤维。其中超耐热型又有 HL-200、Tyranno-LOXM（1200℃）、Hi-Nicalon、Tyranno-LOXE（1500℃）以及 Hi-Nicalon-S 和 Sylrenmic（1700℃）等多种。我国的国防科技大学也进行了该项研究，并取得了成功。

制备的整体路线是将有机硅聚合物，通过加添加剂、加热或光辐射缩聚反应生成以 Si-C 为主链的碳化硅高聚物，然后将其熔融纺丝，经预氧化和碳化处理制得 SiC 纤维。以典型 Nicalon-SiC 纤维为例，其工艺流程如图 2-10 所示。

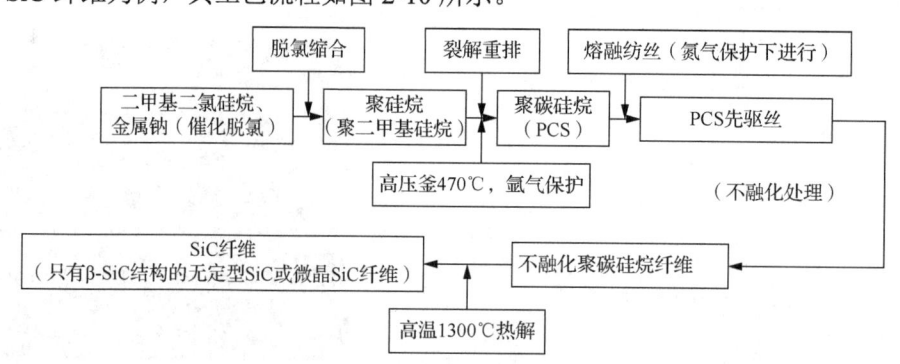

图 2-10  Nicalon-SiC 纤维制备工艺流程

制备过程分 4 个阶段：聚碳硅烷制备、熔融纺丝、不融化处理、高温烧成。

① 聚碳硅烷（poly carbosilane，PCS）制备。由原料二甲基二氯硅烷、金属钠在 $N_2$ 气氛中 130℃脱氯，制得聚二甲基硅烷。有 3 种方法获得 PCS：直接在氩气气氛高压釜中加热到 450~470℃聚合得到 PCS；在聚二甲基硅烷中加 1%~5%的二苯基二氯硅烷，引入苯环，制得 PCS，并使其强度提高近 3 倍；在聚二甲基硅烷中添加 3%~4%的聚硼二苯基硅氧烷（派松 Python），可直接在常压下 $N_2$ 气氛中 350℃加热 6h 转化为 PCS。

② 熔融纺丝。将 PCS 在 $N_2$ 中加热至 350℃熔融，不断搅拌，喷丝板纺丝得到 PCS 先驱丝。

③ 不融化处理。先驱丝在空气中加热或高能粒子辐照，使其表面生成不熔不溶的网状交联含氧聚碳硅烷，即不溶处理（预氧化处理或稳定化处理）。其目的是使 PCS 先驱丝在后续的工艺中不黏，保持原丝形状。此时先驱丝增重 13%~15%，靠空气中氧的作用使 PCS 表面的链交联固化，以防止在随后的高温中熔并。

④ 高温烧成。在惰性或真空气氛中烧成，有 3 个变化过程：室温升至 550℃，PCS 先驱丝从外到内逐步热交联，放出 CO、$CO_2$、$C_nH_{2n+2}$ 等气体；550~800℃，侧链有机团热分解，放出 $H_2$、$CH_4$ 等气体，纤维收缩，这是从有机物向无机物过渡的关键阶段；800~1250℃，无定型 SiC 向β-SiC 微晶转变，放出 $H_2$、$CH_4$ 等气体，并可适当牵引，使微晶取向和控制纤维收缩。

烧成过程中的关键点：①控制升温速率，一般以 100℃/h 为宜；②选择高温转化（热解）温度，一般为 1200~1300℃；③给先驱丝施加张力；④采用自然冷却方式降温。图 2-11 为 900~1500℃热解 SiC 纤维的 X 射线粉体衍射图谱。由图可见，当热解温度不超过 1000℃时，碳化硅纤维具有非晶结构，即不定型结构；当热解温度超过 1300℃时，纤维晶化，纤维强度也随之下降。

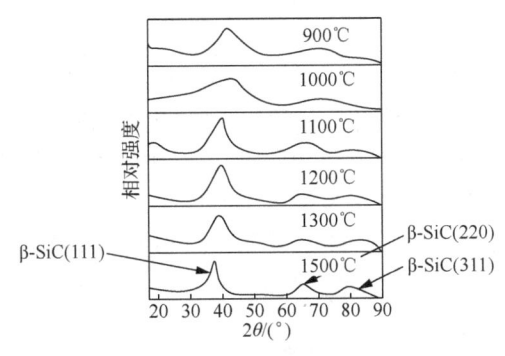

图 2-11 X 射线粉体衍射图谱

### 4. 氧化铝纤维的制备

氧化铝纤维是以 $Al_2O_3$ 为主要成分，并含有少量的 $SiO_2$、$B_2O_3$ 或 $ZrO_2$、MgO 等的陶瓷纤维。氧化铝纤维的制备方法有很多种，常见的有淤浆法、拉晶法、住友法、溶胶-凝胶法（sol-gel）等。

**1）淤浆法**

淤浆法由美国杜邦公司发明，也称杜邦法，其工艺流程如图 2-12 所示。制备过程中，$Al_2O_3$ 没有熔化，制得的 FP-$Al_2O_3$ 纤维为多晶结构，晶粒直径为 0.5μm 左右，表面粗糙，熔点为 2045℃，拉伸强度大于 1380MPa，弹性模量为 383GPa。

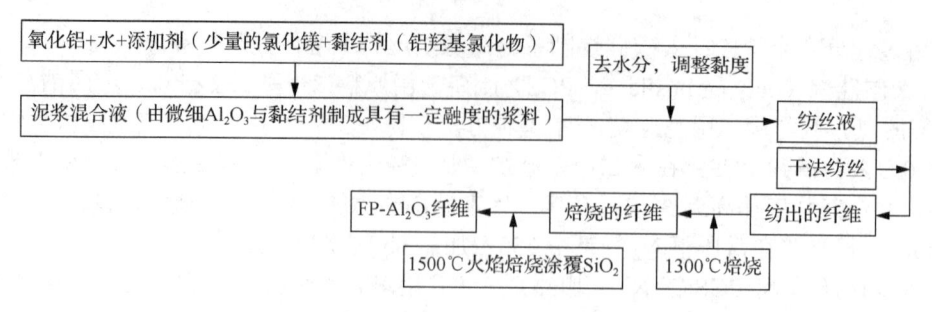

图 2-12 淤浆法工艺流程

**2）拉晶法（α-Al$_2$O$_3$熔化）**

拉晶法利用制造单晶的方法制备氧化铝纤维。将 Mo 制细管放入 α-Al$_2$O$_3$ 熔池中，利用毛细现象，使 α-Al$_2$O$_3$ 液升至 Mo 管顶部，在 Mo 管顶部放置一个 α-Al$_2$O$_3$ 晶核，以慢速向上提拉，提拉速度为 150mm/min，即可制得单晶 α-Al$_2$O$_3$ 纤维。拉晶法制得的氧化铝纤维为单晶，直径为 50~500μm，拉伸强度为 2350MPa，弹性模量为 450GPa，最高使用温度可达 2000℃，但在 1200℃时的强度仅为室温强度的 1/3。

**3）住友法**

住友法由日本住友化学公司发明，原料为有机铝化物（聚铝硅烷），加等量水，经水解，聚合得到聚合度为 100%的聚铝氧烷，将其溶入有机溶剂中，再加入提高耐热性的硅酸脂等辅助剂，制成黏稠液，经浓缩、脱气、纺丝得到先驱丝，再将先驱丝 600℃加热，使侧基团分解逸出，950~1000℃焙烧得到连续束丝 Al$_2$O$_3$ 纤维，主要成分为 γ-Al$_2$O$_3$（70%~90%）+SiO$_2$（0~30%），凝聚多晶结构，晶粒直径为 5nm 左右，每束 1000 根，每根 9μm，拉伸强度为 1900MPa，弹性模量为 210GPa，密度为 3.3g/cm$^3$，相比于 FP-Al$_2$O$_3$，拉伸强度、模量要低一点，这是烧成后有纺丝液残留所致。

**4）溶胶-凝胶法**

溶胶-凝胶法由美国 3M 公司（Minn Mining Man Co.）采用，是将含有纤维所需的金属和非金属元素的溶体，即金属醇盐化合物，包括有机铝化合物即含甲酸离子和乙酸离子的氧化铝溶胶、硅溶液（含 Si）、硼酸（含 B），用乙醇或酮作为溶剂制成溶胶，水解、聚合生成可纺丝的凝胶，然后纺丝，先驱丝在张力作用下 1000℃以上焙烧，得到 Al$_2$O$_3$ 无机纤维。Al$_2$O$_3$ 无机纤维的成分为混合多晶纤维，由 Al$_2$O$_3$（62%）、B$_2$O$_3$（14%）和 SiO$_2$（24%）组成，商品名为 Nextel312。

## 2.1.2 预浸料制备工艺

20 世纪 60 年代，随着高性能碳纤维、芳纶纤维的研制成功，人们开始着手其预浸料的研究。最初是在玻璃板上将一束一束纤维平行靠拢，随后设法倾注树脂基体，就成为预浸料。70 年代，连续高性能纤维工业化生产，湿法制造预浸料发展到机械化，其设备简单，操作方便，但存在溶剂挥发、树脂含量控制精度低等缺点。而后来研发的干法工艺因为制备过程中不需要溶剂溶解树脂，所以不存在溶剂挥发的问题，且树脂含量控制精度较高，因而逐渐替代了湿法工艺。以下就热固性树脂预浸料和热塑性树脂预浸料分别讨论其典型的制备方法。

**1. 热固性树脂预浸料制备工艺**

热固性树脂预浸料的制备方法可分为溶液法（又称为湿法）和热熔法（又称为干法）。

**1）溶液法预浸料制备工艺**

溶液法预浸料制备工艺又分为辊筒缠绕法和连续浸渍法。辊筒缠绕法是一种间歇性生产方法，设备简单、生产效率低、产品规格受限、批量小。

连续浸渍法是一种连续制备预浸料的方法，其生产效率高，适于大批量生产预浸料。图 2-13 是连续浸渍法制备预浸料的主要工艺流程，其基本过程是：丝束从纱架上分丝后，进入装有胶液的浸渍槽，经烘干和压实，最后收卷。

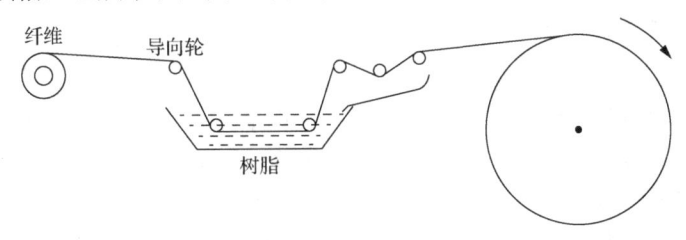

图 2-13　连续浸渍法主要工艺流程

溶液法预浸料制备工艺有增强纤维与树脂基体的比例难以精确控制，树脂基体材料的均匀分布不易实现，挥发分含量的控制较困难等缺点。同时，溶液法预浸料制备的过程中使用的溶剂挥发会造成环境污染，对人体健康也会造成一定危害。

**2）热熔法预浸料制备工艺**

热熔法预浸料制备工艺又分为熔融直接浸渍法（一步法）和胶膜法（两步法）。一步法是直接将纤维通过含有熔融树脂的胶槽浸胶，然后冷却收卷。两步法是先将熔融后的树脂均匀涂覆在离型纸上制成树脂膜，然后树脂膜和纤维以"三明治"结构复合，树脂在热压辊作用下熔融浸渍纤维形成预浸料。目前生产航空级高精度预浸料基本都是采用两步法。采用两步法制备预浸料的树脂须满足以下三个基本要求：①能在成膜温度下形成稳定的胶膜；②具有一定的黏性，以便于预浸料的铺叠；③熔融时的最低黏度不能太高，以便树脂浸渍纤维。两步法制备预浸料的工艺流程见图 2-14。

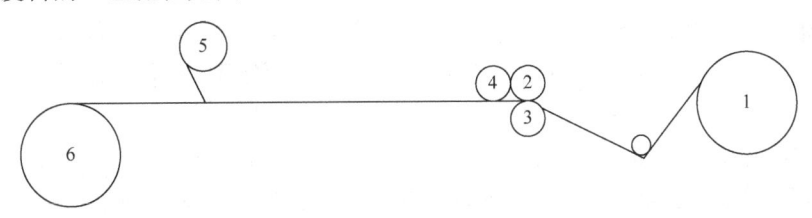

(a)制膜工艺流程示意图

1-离型纸放卷辊；2-上胶辊；3-下胶辊；4-调整辊；5-隔离膜放卷辊；6-收卷辊

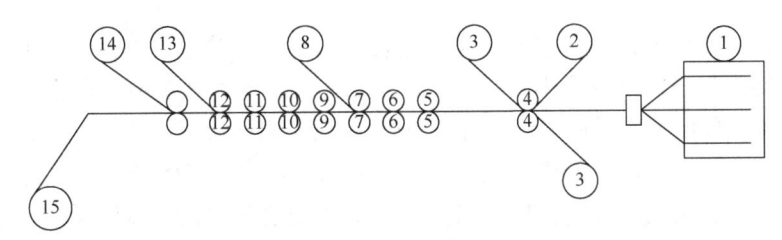

(b)树脂膜和纤维复合工艺流程示意图

1-碳纤维纱架；2-织物放卷辊；3-树脂膜放卷辊；4-开纤辊；5-1号热压辊；6-2号热压辊；7-1号牵引辊；8-离型纸收卷辊；9-3号热压辊；10-4号热压辊；11-5号热压辊；12-2号牵引辊；13-离型纸收卷辊；14-隔离膜放卷辊；15-收卷辊

图 2-14　两步法制备预浸料的工艺流程

热熔法预浸料制备工艺的优点是：工艺过程线速度大、效率高；预浸料树脂含量控制精度高，特别是胶膜法。由于在制膜阶段采用红外监控等手段可以精确控制树脂膜的密度，因此预浸料树脂含量精度可达到±2%；由于没有溶剂，预浸料挥发分含量低，减少了环境污染和对人体的危害。

**2. 热塑性树脂预浸料制备工艺**

工程用高性能热塑性树脂如 PEEK、PEI、PPS 等的熔点高、熔融黏度大，因此制备热塑性树脂预浸料的关键是解决热塑性树脂对增强纤维的浸渍问题。与热固性树脂预浸料制备工艺类似，热塑性树脂预浸料的制备方法也可采用溶液法和热熔法。

部分非结晶型树脂等可溶解在低沸点溶剂中，可用溶液法制备预浸料，但一般需要高温条件，以增加热塑性树脂在溶剂中的溶解度，提高预浸料的树脂含量。结晶型树脂由于没有合适的低沸点溶剂溶解，不宜使用溶液法制备预浸料。溶液法具有工艺简单、生产成本低等优点。

热熔法是将热塑性树脂加热熔融，纤维通过热熔随树脂而浸渍。热熔法的优点是预浸料的挥发分少，避免了由于溶剂的存在而引起高孔隙含量的内部缺陷，无溶剂污染，特别适于结晶型热塑性制备预浸料。但此工艺要求热塑性树脂在熔融状态下有较低的黏度，对纤维有较好的浸渍性，且树脂熔融状态下在长时间内具有较好的化学稳定性；树脂熔融过程中，需要较高的温度和压力来提供足够低的熔融黏度，能源消耗大。

除溶液法和热熔法外，热塑性树脂预浸料制备工艺主要还有粉末法、纤维混编法和薄膜层叠法等。粉末法是一种被广泛采用的热塑性树脂预浸料制备方法，它是将粉状树脂以各种不同的方式施加到纤维上，这种工艺生产效率高、工艺稳定且易于控制。根据工艺过程的不同及树脂和纤维结合状态的差异，粉末法又分为悬浮液浸渍法、流态化床浸渍工艺和静电流态化床浸渍工艺。

悬浮液浸渍法是将树脂粉末及其他添加剂配制成悬浮液，增强纤维经过浸胶槽中，经悬浮液充分浸渍后，进入加热炉中烘干。也可通过喷涂、刷涂等方法使树脂粉末均匀地分布在纤维中。经过加热处理后可制成连续纤维预浸料。纤维混编法是先将热塑性树脂纺成纤维，纤维再与增强纤维混编，编成带状、空心状、二维或三维等形状的织物，最后通过高温浸渍区，将树脂熔融成连续的基体。薄膜层叠法是先将热塑性树脂热熔融制成衬有脱模纸的薄膜，然后将纤维或织物与树脂膜交替层叠，再加热加压使纤维均匀地嵌在树脂薄膜当中。

## 2.1.3 复合材料自动铺放工艺

目前，复合材料智能化制备技术的典型代表是自动铺放技术，包括自动铺带技术和自动铺丝技术。自动铺带技术解决了小曲率机翼、尾翼等翼面类结构的制造问题，将飞机的复合材料用量提升到机体结构重量的 25%左右；自动铺丝技术解决了大曲率机头、中机身、后机身等复杂机身结构的制造问题，将飞机的复合材料用量提升到机体结构重量的 50%左右。以大型飞机为例，空客 A380、波音 787、空客 A350 的复合材料用量持续增加，自动铺放技术的发展与应用起到了决定性作用。

**1. 自动铺放技术**

**1）自动铺带技术**

自动铺带技术是一种复合材料铺层自动化制造技术，利用自动铺带机将一定宽度的预浸带，通过铺带头铺叠在模具上，完成复合材料铺层的自动化铺叠。其工作过程具体如下：自动铺带机启动并将预浸带端部切成与零件边界一致的形状，然后扔掉废料，铺带头移至铺放轨迹起点，送进预浸带，压辊将预浸带压实在铺放表面上，铺带头按轨迹线方向运动，料带铺叠完毕之前，超声切刀转动至特定角度，开始预浸带末端切制操作，末端切割完成后，继续铺带至轨迹线末端，该料带铺叠完毕（图 2-15）。铺叠过程中自动铺带机除了完成料带的定位、送进、辊压等功能，还要实现背衬纸的回收、预浸带的缺陷检测、辅助加热、模具型面偏差的自动补偿、张力控制等功能，可见自动铺带技术是一项高度集成的复合材料自动化制造技术。采用自动铺带技术，其铺层效果表面平整、位置准确、精度高、速度快、质量稳定性高，能有效解决大尺寸制件手工铺叠难实现，以及批量生产铺叠质量达不到一致性等问题，并能大大提高生产效率。

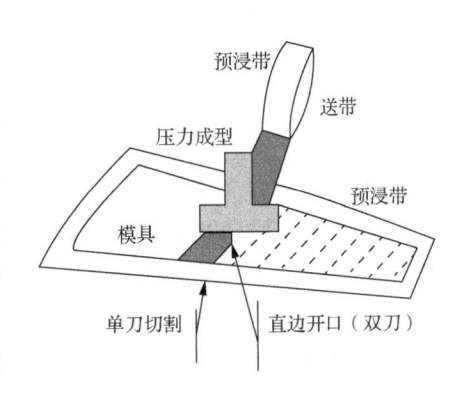

图 2-15 自动铺带机

**2）自动铺丝技术**

20 世纪 70 年代，美国航空制造业结合缠绕技术和自动铺带技术的特点开始研发复合材料自动丝束铺放技术。研究之初，主要为了满足复合材料机身制造的需求，针对缠绕技术的局限（纱线轨迹必须满足"周期性、稳定性、不架空"的缠绕规律，线型、厚度变化受限，因此仅适于凸回转体和特定的凹面）和自动铺带技术的不足（铺放轨迹必须遵守"自然线"、等带宽铺放，因此仅适于铺放小曲率壁板、机翼等）进行相应改进，融合缠绕技术和自动铺带技术各自的优点而创新出自动铺丝机，如图 2-16 所示。

图 2-16 自动铺丝机

自动丝束铺放成型与传统的机械加工成型有较多的相似之处，都是将加工点（切削点或铺放点）依照设计的轨迹完成运动，但在加工点上的运动方式不尽相同。机械加工成型时，刀具或切削点的运动轨迹是不断将原材料或毛坯切削到指定的形状及厚度，是将原材料不断减薄的过程；而自动丝束铺放成型的铺放点运动轨迹是根据指定的模具型面，将原材料（预浸丝束）按铺层设计层层堆砌（需要压实）到预定形状及厚度的过程，这与机械加工过程正好相反，而且各预浸丝束需要进行独立控制（输送或切断），因此，自动丝束铺放成型技术的硬件和软件要求与机械加工成型技术颇为不同。

正是由于这些特点，自动丝束铺放与机械加工一样，具有极强的加工（铺放）适应能力，可实现包括开口、加强等细节结构的复杂制件的精确铺放。事实上，若不计铺放时间，自动丝束铺放技术在理论上可实现与机械加工类似复杂的制件铺放。

自动铺丝技术是近些年来发展最快、最有效的复合材料智能化制造技术之一，可大大降低人工成本。

## 2. 自动铺放设备

### 1）自动铺带机

20世纪60年代初，在单向预浸料出现后不久，为加速铺层的工艺过程开始研制自动铺带机。美国率先研发自动铺带机，第一台数字控制的龙门式铺带机是由通用动力公司与康纳克公司合作开发的，于80年代正式用于航空复合材料构件的制造。之后西欧在90年代也开始研制和生产自动铺带机。

自动铺带机是高端复合材料成型设备，世界上只有少数几家公司掌握了自动铺带机设计制造的核心技术，目前制造自动铺带机的生产商有美国辛辛那提（Cincin-nati）公司、自动化动力（Automated Dynamics）公司，西班牙托里斯（M.Torres）公司，法国弗雷斯特-里内（Forest-line）公司，德国Dieffenbrcher公司等。

自动铺带机由台架系统和铺带头组成，根据台架数可分为单架式自动铺带机和双架式自动铺带机，双架式自动铺带机可以调整机身长度，适用于尺寸较长的零件铺放制造，如大尺寸机翼蒙皮。根据机床主体不同，自动铺带机可分为龙门式自动铺带机、卧式自动铺带机和立式自动铺带机。

（1）龙门式自动铺带机。

龙门式自动铺带机的台架系统由平行轨道、横梁、横滑板、垂滑枕组成。轨道方向为$X$轴，横梁在平行轨道上沿$X$轴移动，横滑板在横梁上沿着横梁做$Y$方向的直线运动，垂滑枕带动铺带头沿$Z$轴上下移动，铺带头是可旋转的。在计算机的控制下，平行轨道、横梁、横滑板、垂滑枕协同运动，带动铺带头在由$X$、$Y$、$Z$三个方向极限所构成的空间内运动。龙门式自动铺带机可根据场地调整$X$、$Y$、$Z$三个方向的运动极限，适用于大范围、长跨度的铺放。五轴联动台架系统除了包括传统数控机床的$X$、$Y$、$Z$三坐标定位，还增加了沿$Z$轴方向的转动轴$C$轴和沿$X$轴方向的摆动轴$A$轴，五轴联动可更好地自动完成曲面定位，满足曲面铺带的基本运动要求。图2-17为大型龙门式自动铺带机。

图2-17 大型龙门式自动铺带机

龙门式自动铺带机适用于小曲率壁板、翼面等回转体结构，早期主要是用于生产军用飞机航空构件，如F-16战斗机机翼和轰炸机B-1、B-2的部件。随着铺带设备和技术的成熟，龙门式自动铺带机也逐渐应用于民用飞机上，例如，波音777的尾翼和垂直安定面蒙皮以及空中客车A330/A340的水平安定面蒙皮等。

（2）卧式自动铺带机。

对于较大尺寸和质量的回转体，其模具的尺寸和质量也较大，采用龙门式自动铺带机会产生空间局限性和成本问题。所以在铺放大型回转体构件时，大多采用卧式自动铺带机，如筒形体构件，波音787机身47段就是通过卧式自动铺带机进行铺放的。

卧式自动铺带机可以分为主机机架和芯模支架两部分。主机机架部分主要靠底座支撑。滑动小车沿着底座导轨进行$X$方向运动，同时，立柱沿着小车上导轨进行$Y$方向运动。铺带头安装在立柱一侧，并可沿立柱导轨进行 Z 方向垂直运动，在小车、立柱、铺带头的协同运动下，可以完成工件各位置的铺放工作。铺带头和立柱之间依靠转动轴 C 轴连接，A 轴可以带动模具转动。卧式自动铺带机将滑动小车、立柱、铺带头都集中在同一底座上，优点是铺放设备占用较小空间。

（3）立式自动铺带机。

立式自动铺带机的基本架构包括主机部分和芯模旋转工作台。主机部分支撑在两根立柱上，横梁可以沿着立柱进行 Z 方向上下移动。在横梁上，方滑枕可以沿着导轨进行 Y 方向左右运动。X 方向的直线移动依靠方滑枕上的伸臂运动进行。同时，在铺带头与伸臂的连接处设有 3 个旋转轴：铺带头偏航 A 轴、铺带头俯仰 B 轴、铺带头旋转 C 轴。立式自动铺带机与龙门式自动铺带机的不同之处：前者主机依靠两根立柱支撑，X、Y、Z 三个方向的运动分别依靠伸臂、方滑枕和横梁运动完成；而后者主机支撑在两排立柱上，其 X、Y、Z 三个方向的运动依靠横梁、横滑板、垂滑枕进行。立式自动铺带机与卧式自动铺带机的不同之处：立式自动铺带机驱动芯模转动的是旋转工作台，卧式自动铺带机驱动芯模转动的是旋转轴。

**2）自动铺丝机**

自动铺丝机和自动铺带机相同，也可分为龙门式自动铺丝机、卧式自动铺丝机和立式自动铺丝机。美国辛辛那提（Cincin-nati）公司、Electroimpact（EI）公司，西班牙托里斯（M.Torres）公司，法国弗雷斯特-里内（Forest-line）公司，马其顿麦科罗（Mikrosam）公司等是目前主流的自动铺丝机供应商。

（1）龙门式自动铺丝机相对于龙门式自动铺带机的优势主要体现在铺丝头上，由于其铺丝头可随时由切断系统调整丝束数量，所以可以铺放曲率较大的构件和非回转曲面，例如，波音 747 和 767 客机发动机进气整流罩试验件、JSF 战斗机 S 形进气道等、A350 长机身曲板等结构件均采用龙门式自动铺丝机铺放而成。国内最早的龙门自动铺丝机的速度可以达到 30m/min，可进行的正曲面和负曲面最小曲率半径分别为 20mm 和 150mm。

（2）卧式自动铺丝机可以铺放的回转体种类更多。相比于龙门式自动铺丝机，卧式自动铺丝机可以设置更长的导轨，所以卧式自动铺丝机可以铺更长的构件，芯模长度可以不受限制。一些大型客机的机身和尾椎试验件均可使用卧式自动铺丝机。例如，M.Torres 公司设计的卧式自动铺丝机最高可以以 60m/min 的速度进行同时 16 根 6.35mm 丝束的铺放。

（3）立式自动铺丝机与卧式自动铺丝机的不同之处在于驱动芯模转动的旋转坐标轴不同，立式自动铺丝机使用的是芯模旋转工作台，卧式自动铺丝机为芯模旋转轴。立式自动铺丝机设备为机床结构，设备使用寿命长且铺放精度高，广泛应用于机身结构铺放。自动铺丝设备分为长传纱型铺丝机和直传纱型铺丝机。长传纱型铺丝机的预浸丝束卷放在纱架中，预浸丝束通过长距离传输到铺丝头上进行铺放，首先被研制使用。长传纱型铺丝机的纱架体积较大，可存放较多的预浸丝束卷，单次铺放长度较长，通常可达到 5000m，所以适合大型结构件的铺放。但是，长传纱型铺丝机长距离传输的缺点也很明显，如自重较大导致断纱、下料时间较长、材料浪费较大、人工维护成本较高。之后直传纱型铺丝机被开发，其料卷与铺丝头结合在一起，解决了长传纱型铺丝机丝束易断开的风险。但由于料卷的尺寸和数量受到限制，直传纱型铺丝机的铺放长度相对于长传纱型铺丝机较少，一般仅 1500m 左右。为了解决频繁上下料问题，Electroimpact（EI）公司开发了可更换铺丝头技术，用完料筒后可更换新的铺丝头继续工作，如图 2-18 所示。

与机床式铺丝机相比，机器人式自动铺丝机具有自由度大、成本低、空间活动范围大等特点，如图 2-19 所示。机器人式自动铺丝机采用机器人手臂和铺丝技术结合技术，保留了工业机器人的特点，提高了铺放自由度。配合横向导轨可扩大铺放范围，对芯模进行快速准确的铺放。机器人式自动铺丝机将剪切、夹紧、滚压、重送等装置集成在模块化铺丝头上，然后通过法兰盘与机械手臂进行连接。与机床式铺丝机相比，机器人式自动铺丝机的铺丝头体积较小、质量较轻，便于拆卸，机械手臂工作范围大，操作灵活，铺放姿态变化灵活，可铺放 S 形进气道等回转体和其他不规则曲面构件。

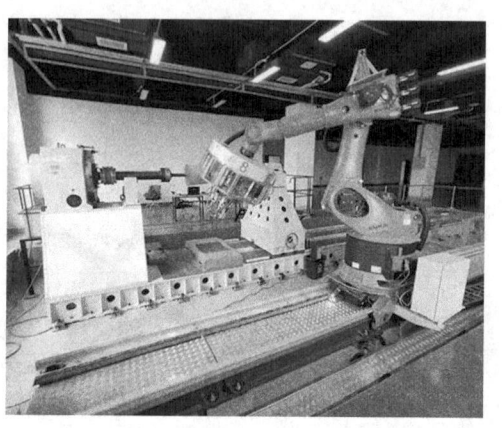

图 2-18　可更换铺丝头　　　　　图 2-19　机器人式自动铺丝机

## 2.1.4　复合材料编织工艺

**1. 编织工艺**

三维编织技术是应用最广泛的编织技术，是在传统二维编织技术上发展起来的一种高新纺织技术。它制成的预制件结构具有特殊的空间网状结构，纱线在编织物结构中连续不间断且伸直度较高，不仅在平面内相互交织，而且在厚度方向上也相互交织。采用此编织物结构作为复合材料的增强体，不仅提高了复合材料的比强度和比刚度，还使其具有优良的力学性能，例如，良好的抗冲击损伤性能、耐疲劳性能和耐烧蚀性能等，特别是层间连接强度远优于其他复合材料。

三维编织增强复合材料是三维编织技术与现代复合材料技术相结合的产物，是先进复合材料的主要代表之一。三维编织增强复合材料首先利用三维编织技术，将纤维束编织成所需的结构形状预制体，然后将预制体作为增强体结构，与树脂基体复合固化或陶瓷化制成三维编织预制体增强复合材料，其基体材料可以为树脂基、陶瓷基、金属基、碳基等。三维编织技术、三维编织复合材料制造及其应用研究一直是国内外三维复合材料的研究热点，特别是在以航空航天为代表的高新技术领域得到了重点发展和应用。

按编织类型，三维编织技术可以分为方形编织和圆形编织。方形编织是指编织纱线在机器底盘的排列方式为矩形，编织出横截面为矩形或矩形组合的织物；圆形编织是指编织纱线在机器底盘的排列方式为圆形，编织出横截面为圆形或圆形组合的织物。

按编织纱线运动方式的不同，三维编织技术可以分为角轮式编织和行列式编织。角轮式编织设备可以高速编织成型，而行列式编织设备结构紧凑、成本低、通用性好。

按编织物成型长度，三维编织技术可分为连续编织和定长编织。连续编织是指编织纱线为连续喂给；定长编织是指编织纱线为固定长度。

三维编织预制体作为复合材料的增强体结构，其力学性能对最终复合材料的力学性能起着决定性作用。根据完成一个编织循环中携纱器所需运动的步数不同，三维编织工艺可分为四步法三维编织、二步法三维编织和多步法三维编织（异形结构）。

四步法三维编织也称纵横步进式编织或行列式编织，始于 1982 年 Florentine 在其专利上所涉及的编织方法。四步法三维编织工艺可用于矩形截面构件（包括矩形及矩形组合构件）和圆形截面构件（包括圆管、锥套等构件）。在四步法三维编织工艺中，携纱器按照行和列的形式分布在编织机底盘上，预制体成型于上方，如图 2-20 所示。四步法指携纱器的一个运动循环分四步。在第一步中，相邻行的携纱器交替沿向左或向右的方向移动一个携纱器的位置。在第二步中，相邻列的携纱器交替沿向上或向下的方向移动一个携纱器的位置。第三步与第一步的运动方向相反，第四步与第二步的运动方向相反，由此完成一个循环。携纱器不断重复上述四个运动步骤，再加上相应的打紧操作和编织物输出运动，使编织纱线相互交织形成最终结构。四步法三维编织工艺是目前最常用的一种三维编织工艺。此外，四步法三维编织具有多种运动式样，如 1×1 式样、1×3 式样、3×1 式样等；第 1 个数字表示的是沿行方向每次携纱器移动的纱线位置数，第 2 个数字表示的是沿列方向每次携纱器移动的位置数。1×1 式样是最简单、应用最广泛的四步法三维编织式样。

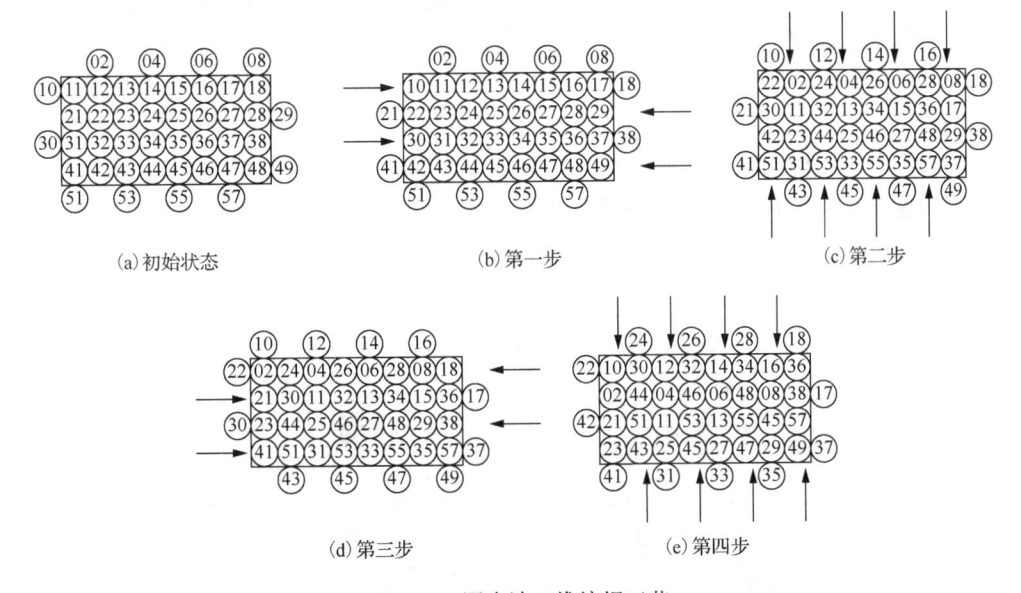

(a) 初始状态　　(b) 第一步　　(c) 第二步

(d) 第三步　　(e) 第四步

图 2-20　四步法三维编织工艺

多步法三维编织是针对异形构件成型编织采用的方法，如 T 形、工字形、回形等。针对这种矩形组合的异形构件，采用普通的四步法三维编织工艺不能进行正常编织，在一个编织循环中经过多步运动（超过四步），携纱器的排列才恢复到初始位置。其实质编织思路是将编织构件拆分为有限的矩形编织单元，然后分组编织。以工字形为例，八步法三维编织工艺如图 2-21 所示，第一步至第四步编织上下两个矩形，第五步至第八步编织中间的矩形，经过八步运动之后，纱线排列恢复到初始位置，完成一个编织循环；重复此操作，工字梁即可编织成型。因此，横截面越复杂，一个编织循环中的步数就越多。

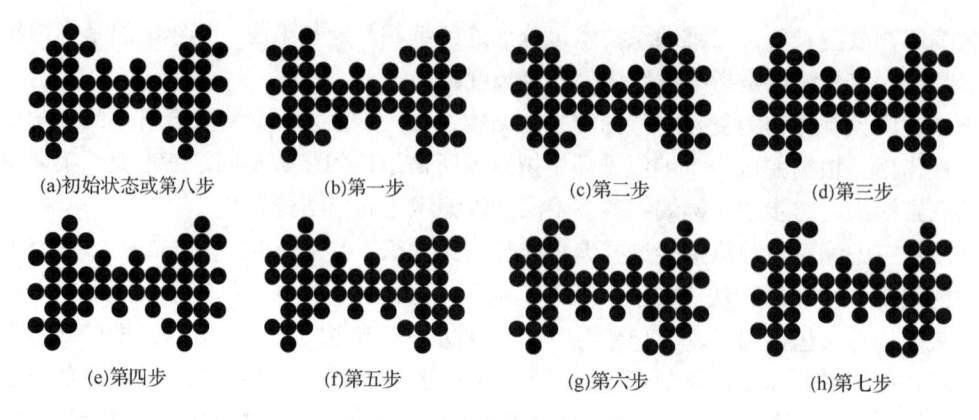

(a)初始状态或第八步　　(b)第一步　　(c)第二步　　(d)第三步

(e)第四步　　(f)第五步　　(g)第六步　　(h)第七步

图 2-21　八步法三维编织工艺

## 2. 编织设备

三维编织机分为四步法三维编织机、二步法三维编织机和旋转法编织机。按编织机形状可分为矩形三维编织机和圆形三维编织机。矩形三维编织机可用于编织矩形或矩形组合构件，也可将方形编织组合起来用于圆管或锥套构件编织；圆形三维编织机则只能用于圆形构件的编织。20 世纪 80 年代中期，美国航空航天局与美国多所大学联合启动了发展先进复合材料技术计划，其中就将三维编织的相关技术作为重点研究内容。美国大西洋研究公司研制出了一个携纱器数量为 64×194 的纵横步进式四步法三维编织机，编织形式是 1×1 的定长编织。1989 年，美国北卡罗来纳州立大学研制生产了四步法三维编织机，突出的优势是可以全自动连续喂纱，缺点是携纱器的数量比较少。1994 年，美国 Atlantic Research 公司生产了一种圆形三维编织机，携纱器数量可达 14000 个。旋转法编织机也可称为角轮式编织机，如图 2-22 所示，其运动方式与行列式编织机不同，纱锭安装在角轮缺口处，由电机驱动角轮按一定规律转动，同时带动纱锭沿"8"字形轨迹运动，纱线在一定牵引力作用下，相互交织形成三维整体织物。

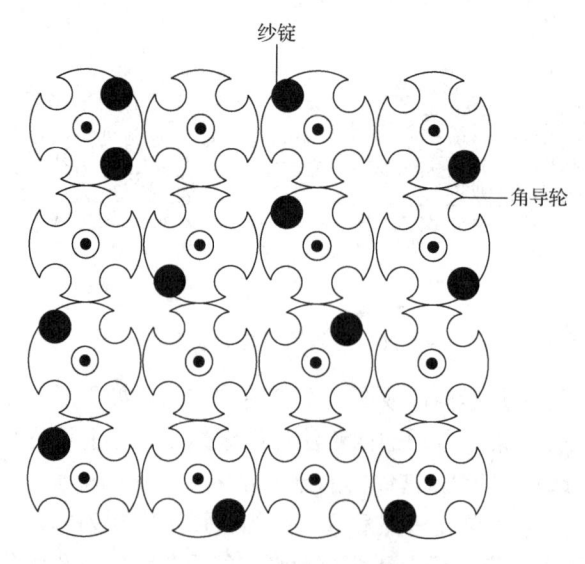

图 2-22　旋转法编织机

## 2.2 金属基复合材料的制备工艺

金属基复合材料是以金属为基体,以纤维、颗粒、晶须等为增强材料,并均匀地分散于基体材料中而形成的两相或多相组合的材料体系。用于制备这种复合材料的方法称为复合材料制备技术。金属基复合材料的性能、应用、成本等在很大程度上取决于材料的制备技术,因此研究和发展有效的制备技术一直是金属基复合材料研究中最重要的问题之一。本节主要对金属基复合材料的制备方法进行介绍。

### 2.2.1 固态制造技术

固态制造技术简称固态法,是指基体金属处于固态下来制造金属基复合材料的方法。固态法指在制备过程中把纤维、颗粒等与金属基体按照原始设计要求,通过低温、高压条件将二者复合黏结,最终形成金属基复合材料。固态法典型的特点是制备过程中温度较低,金属基体与增强相处于固态,可抑制金属与增强相之间的界面反应。固态法制备工艺包含以下三个方面。

**1)粉末冶金法**

粉末冶金法是指将金属基体与增强体粉末混合均匀后压制成型,利用原子扩散使金属基体与增强体粉末结合在一起制备复合材料的方法。粉末冶金法是最早开发用于制备金属基复合材料的工艺。其主要分为冷压、烧结和热压,主要步骤包括:①筛分粉末;②基体粉末与增强体粉末均匀混合;③通过预压把复合粉末制成生坯,一般要求预压坯密度为复合材料密度的70%~80%;④除气;⑤热压/烧结;⑥二次加工(挤压、锻造、轧制、超塑性成型等)。粉末冶金工艺结合二次加工不仅可获得完全致密的坯锭或制品,同时可满足所设计材料结构性能的需求,也可以直接将混合粉末进行高温塑性加工,在致密化的同时达到最终成型的目的。

**2)变形压力加工法**

变形压力加工法利用金属具有塑性成型的工艺特点,通过热轧、热拉拔、热挤压等塑性加工手段,使复合好的颗粒、晶须、短纤维增强金属基复合材料锭坯进一步加工成型。该工艺在固态下进行加工,速度快、纤维与基体作用时间短、纤维的损伤小,但是不一定能保证纤维与基体的良好结合,并且在加工过程中产生的高应力容易造成脆性纤维的破坏。

热轧是指将由金属箔和连续纤维组成的预制片制成复合材料板材,如铝箔与硼纤维、铝箔与碳纤维、铝箔与钢丝。由于增强纤维的塑性变形能力差,因而轧制过程主要是完成纤维与基体的精接。为了提高黏结强度,常在纤维表面涂上 Ni、Ag、Cu 等金属涂层,并且轧制时,为了防止高温氧化,常用钢板包覆。与金属材料的轧制相比,长纤维金属箔轧制时单次变形量小、轧制道次多。

热拉拔和热挤压主要用于颗粒、晶须、短纤维增强金属基复合材料的坯料进一步形变,加工制成各种形状的管材、型材、棒材和线材等。经拉拔、挤压后,复合材料的组织更加均匀,缺陷减少甚至消除,性能显著提高。短纤维和晶须还有一定的择优取向,轴向抗拉强度明显提高。热拉拔和热挤压也可直接制造金属丝增强金属基复合材料。其工艺过程为:在基体金属坯料上钻长孔,将增强金属制成棒放入基体金属的孔中,密封后经拉拔或挤压,增强金属棒变为丝，即获得金属丝增强复合材料。

**3）扩散黏结法**

扩散黏结法也称扩散焊接，是在高温、较长时间、较小塑性变形作用下依靠接触部位原子间的相互扩散进行的。扩散黏结过程可分为三个阶段：①黏结表面之间的最初接触，在加热和加压的共同作用下，黏结表面发生变形、移动，表面膜（通常是氧化膜）被破坏；②产生界面扩散和体扩散，使接触界面紧密接触；③热扩散结合界面消失，黏结过程完成。扩散黏结法包括热压法、热等静压法。

热压法是制备连续纤维增强金属基复合材料的典型方法之一。图 2-23 为热压法制备金属基复合材料的示意图。先将经过预处理的连续纤维按设计要求与金属基体组成复合材料预制片，然后将预制片按设计要求剪裁成所需的形状并进行叠层排布。根据对纤维的体积分数要求，在叠层时适当添加基体箔，随后将叠层置于模具中进行加热加压，最终制得所需的纤维增强金属基复合材料。

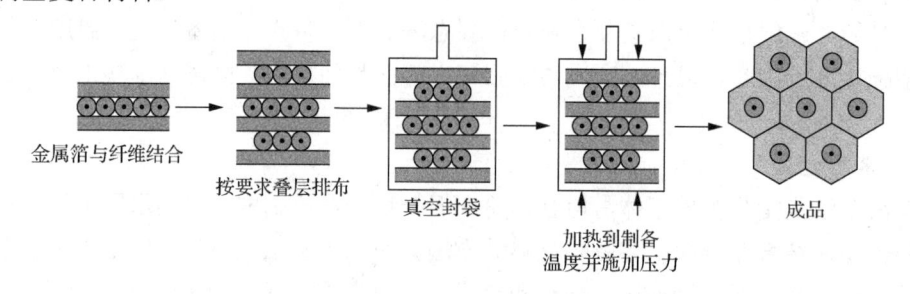

图 2-23　热压法示意图

热等静压法也是热压的一种，其工作原理是将金属基体（粉末或箔）与增强材料（纤维、晶须、颗粒）按一定比例均匀混合，或用预制片叠层后放入金属包套中，待抽气密封后装入密闭的压力容器中，利用压力容器中的高压惰性气体从各个方向向粉末、颗粒施加相等的压力并加以高温（最高温度可达 2000℃，最高压力可达 200MPa），从而使颗粒之间发生烧结和致密化而形成复合材料。

## 2.2.2　液态制造技术

液态法是指金属基体处于熔融状态下与固体增强材料复合而制备金属基复合材料的工艺过程。液态成型时，温度较高，熔融状态的金属流动性好，在一定条件下利用液态法容易制得性能良好的复合材料。相比于固态成型，液态法具有工程消耗小、易于操作、可以实现大规模工业生产和零件形状不受限制等优点。液态法是金属基复合材料的主要制备方法，其主要包含液态浸渍法、搅拌铸造法、共喷沉积法、3D 打印技术等。

**1）液态浸渍法**

液态浸渍法是指在一定条件下将液态金属浸渗到增强材料多孔预制件的孔隙中，并凝固获得复合材料的制备方法。按照浸渗过程有无外部压力，可将液态浸渍法分为无压浸渗工艺、压力浸渗工艺和真空压力浸渗工艺。

（1）无压浸渗工艺。

无压浸渗工艺是指金属熔体在无外界压力的作用下，借助浸润导致的毛细管压力自发渗入增强体预制块而形成复合材料。为了实现自发浸渗，金属熔体与固体颗粒需要满足以下 4 个条件：金属熔体对固体颗粒浸润；粉体预制件具有相互连通的渗入通道；体系组分性质需匹配；渗入条件不宜苛刻。

目前，研究发现的容易实现自发渗入的体系主要有：①低熔点延展性金属对高熔点（耐高温）金属粉末预制件的自发渗入，金属对金属的润湿一般较易实现；②过渡金属及其合金熔体对耐高温碳化物的自发渗入。无压浸渗的方法有 3 种，即蘸液法、浸液法及上置法，如图 2-24 所示。

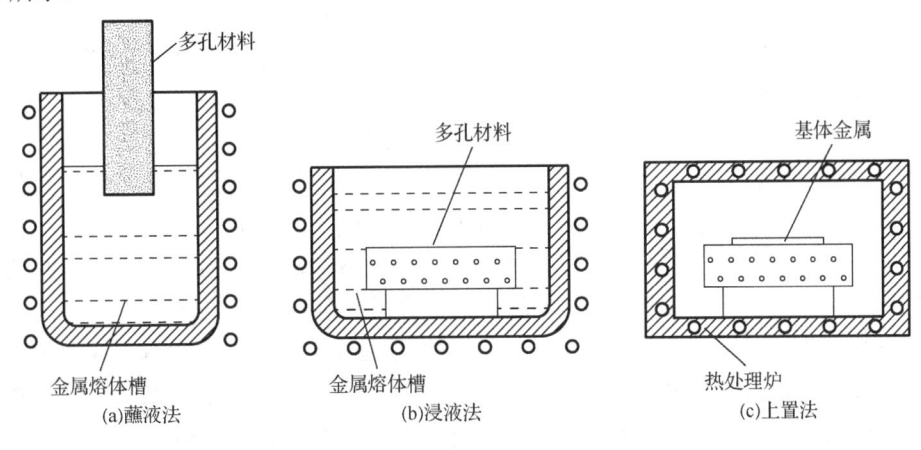

图 2-24 无压浸渗的方法

（2）压力浸渗工艺。

压力浸渗工艺是在外加压力作用下，将金属基体溶液充入增强体预制件的孔隙中，从而形成金属基复合材料。其工艺过程如图 2-25 所示。先把预制件预热到适当温度，然后将其放入预热的铸型中，浇入液态金属并加压，使液态金属浸渗到预制件的孔隙中，保压直至凝固完毕，从铸型中取出即可获得复合材料。

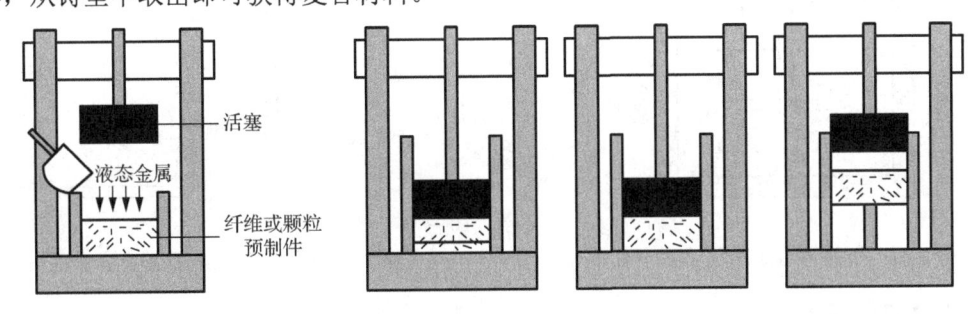

图 2-25 压力浸渗工艺

（3）真空压力浸渗工艺。

真空压力浸渗工艺是在真空和高压惰性气体的共同作用下，将液态金属压入增强材料制成的预制件孔隙中，制备金属基复合材料的方法，其兼具压力浸渗和真空吸铸的优点。其工艺过程为：将预制件和基体金属分别置于浸渍炉的预热炉和熔化炉中，然后抽真空，当炉腔内达到预定真空度时，熔化合金并对预制件进行预热。控制加热过程，使预制件和熔融金属达到预定温度，然后将液态金属浇注进预制件中，随后通入高压惰性气体，使液态金属浸渍充满预制件的孔隙，经冷凝固后即可获得复合材料。图 2-26 为北京理工大学研制的真空压力浸渗设备。

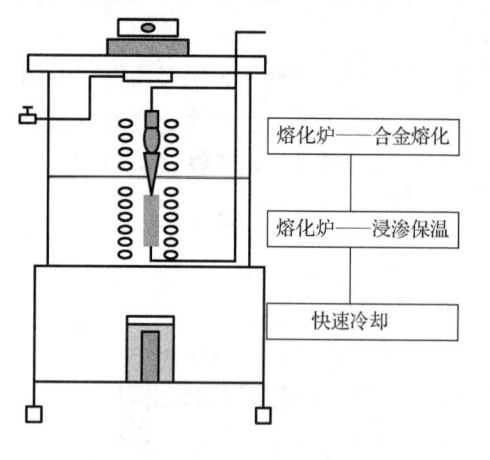

**2）搅拌铸造法**

液态金属搅拌铸造法是一种适合工业规模生产颗粒增强金属基复合材料的主要方法，工艺简单，制造成本低廉。其基本原理是：将不连续增强体直接加入熔融的基体金属中，并通过一定的方式搅拌，使增强体混入且均匀地分散在金属基体中，与金属基体复合成金属基复合材料熔体，然后浇铸成锭坯、铸件等。图 2-27 为搅拌铸造法工艺装置示意图。

**3）共喷沉积法**

共喷沉积法是指将液态金属在惰性气体气流的作用下雾化成细小的液态金属液滴，同时将增强颗粒加入，与金属液滴混合后共同沉积在衬底上，凝固而形成金属基复合材料的方法。

图 2-26 真空压力浸渗设备

图 2-28 为共喷沉积法工艺装置示意图。共喷沉积法工艺包括基体金属熔化、液态金属雾化、颗粒加入及与金属液滴的混合、沉积和凝固等工序。其中，液态金属雾化过程决定了熔滴的尺寸、粒度分布及液滴的冷却速度，是制备金属基复合材料的关键工艺过程。

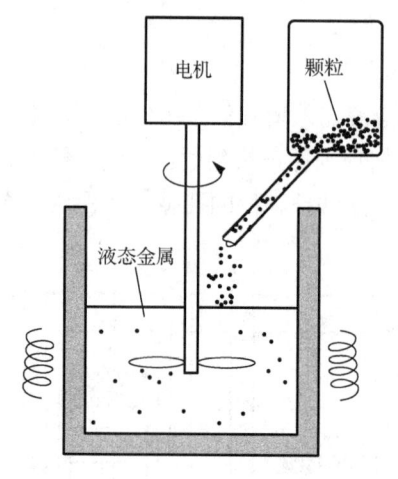

图 2-27 搅拌铸造法工艺装置示意图 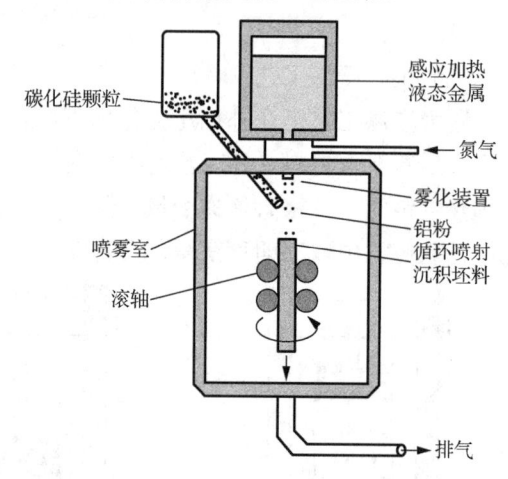　　图 2-28 共喷沉积法工艺装置示意图

**4）3D 打印技术**

3D 打印技术是以数字化模型文件为基础，运用粉末状金属或线材塑料等可黏合材料，通过选择性黏结、逐层堆叠积累的方式来形成实体的过程。其中，以激光作为热源的激光增材制造技术，因可熔融多种金属粉末，已成为金属基复合材料制备的研究热点。图 2-29 为激光增材制造技术的工作原理图，其工艺过程为：①将基体金属与增强材料粉末铺置在基板上；②在计算机上编写好预定的程序，计算机控制激光束的扫描路径；③激光束作用于混合粉末，位于激光束作用区域的金属粉末发生熔化，与金属基板形成熔合；④金属基板下降，重新铺一层粉末，该层粉末中位于激光焦距内的粉末熔化，和下层的金属熔到一起；⑤层层堆积，

最终形成所需的金属基复合材料。

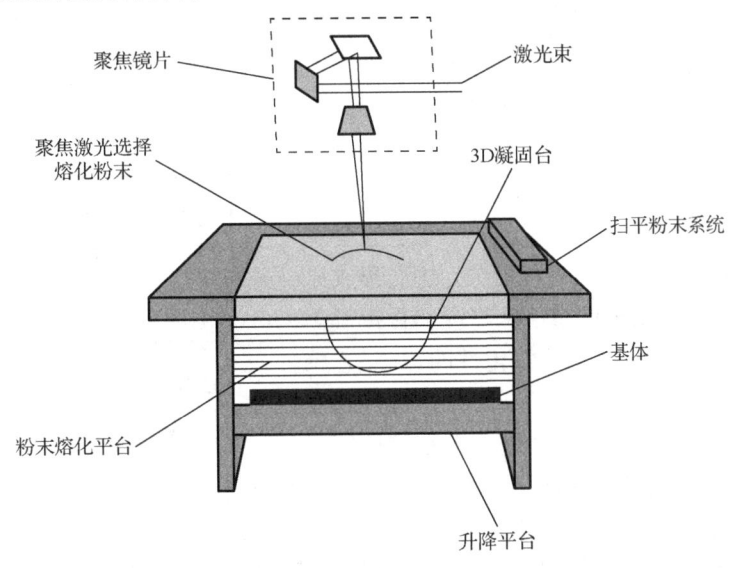

图 2-29 激光增材制造技术的工作原理图

## 2.2.3 原位生长技术

原位生长法是指增强材料在复合材料制造过程中由基体自己生成或生长的方法。增强材料以共晶的形式从基体中凝固析出，也可与加入的相应元素发生反应，或者由合金熔体中的某种组分与加入的元素或化合物之间的反应生成。前者得到定向凝固共晶复合材料，后者得到反应自生成复合材料。

**1）定向凝固法**

定向凝固法是在共晶合金凝固过程中通过控制冷凝方向，在基体中生长出排列整齐的类似于纤维的条状或片层状共晶增强材料，从而得到金属基复合材料的一种方法。在定向凝固共晶复合材料中，纤维、基体界面具有最低的能量，即使在高温下也不会发生反应。因此，适于用作高温结构材料（如发动机的叶片和涡轮叶片）。

**2）反应自生成法**

原位合成技术的基本原理是：在一定条件下，通过元素之间或元素与化合物之间的化学反应，在基体内原位生成一种或几种高硬度、高弹性模量的陶瓷或金属间化合物作为增强相，从而达到强化基体的目的。根据参与合成增强相的两种反应组分存在的不同状态，原位合成技术可分为气-液反应法、固-液反应法、液-液反应法和固-固反应法 4 种制备方法。

（1）气-液反应法。

气-液反应法主要包括气液固反应合成法（vapor liquid solid，VLS）、金属定向氧化法（Lanxide）、反应喷射沉积成型法（reaction spray deposition，RSD）等。

气液固反应合成法是由 Koczak 等发明的颗粒增强金属基复合材料制备方法，其基本原理是将含碳（或含氮）的气体通入高温金属（或合金）熔体中，利用气体分解出的碳（或氮）与熔体中的增强相元素发生化学反应，生成热力学稳定的增强相颗粒，冷却凝固后即获得金属基复合材料，其装置简图如图 2-30 所示。

金属定向氧化法是由美国 Lanxide 公司利用气-液反应原理开发的,由金属直接氧化（DIMOXTM）和金属无压浸渗（PRIMEXTM）两者组成。金属直接氧化技术的基本原理为：将高温金属熔体（如 Al、Ti、Zr 等）直接暴露于空气中,使熔体表面与空气中的氧气反应生成氧化物陶瓷相（如 $Al_2O_3$、$TiO_2$、$ZrO_2$ 等）,进而通过表面氧化层凝固收缩里层金属液,逐渐向表层扩散,并发生氧化反应,进而形成原位合成复合材料。金属无压浸渗技术与金属直接氧化技术的区别在于使用的气氛是非氧化性的。其工艺原理为：基体合金放在可控制气氛的加热炉中加热到基体合金液相线以上温度,将增强体陶瓷颗粒预压坯浸在熔体中。该工艺中同时发生两个过程：一是液态金属在环境气氛的作用下向陶瓷预制件中的渗透；二是液态金属与周围气体的反应而生成新的增强离子。

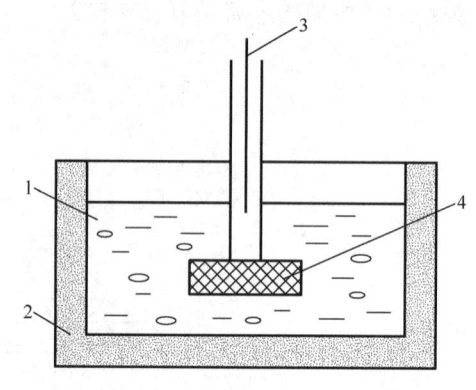

图 2-30　气液固反应合成法装置示意图

1-熔体；2-坩埚；3-气流；4-布风板

反应喷射沉积成型法是将用于制备近净成型快速凝固制品的喷射沉积成型技术和反应合成制备陶瓷相粒子技术相结合的一种复合材料制备技术。在喷射沉积过程中,金属液流被雾化成粒径很小的液滴,它们具有很大的体表面积,同时又具有一定的高温,这为喷射沉积过程中的化学反应提供了驱动力。借助于液滴飞行过程中与雾化气体之间的化学反应,或者在基体上沉积凝固过程中与外加反应剂粒子之间的化学反应而生成粒度细小、分散均匀大约在 10%以下的陶瓷粒子或金属间化合物粒子。

（2）固-液反应法。

固-液反应法主要包括自蔓延高温合成法（self-propagation high-temperature synthesis，SHS）、放热弥散法（exothermic dispersion，XD）、反应热压法（reaction hot pressing，RHP）、接触反应法（contact reaction，CR）和混合盐反应法（London scandinavian metallurgical，LSM）等。

自蔓延高温合成法的基本原理是将增强相与金属粉末混合,压坯成型,在真空或惰性气氛中预热引燃,使组分之间发生放热化学反应,释放的热量引起未反应的邻近区域继续反应,直至全部完成。反应生成物中增强体弥散分布于基体中,颗粒尺寸可达亚微米级。

放热弥散法的基本原理是将增强相组分物料与金属粉末按一定的比例均匀混合,冷压或热压成型,制成坯块,以一定的加热速率预热试样,在一定的温度（通常是高于基体的熔点而低于增强相的熔点）下,增强相各组分之间进行放热化学反应,生成增强相,增强相尺寸细小,呈弥散分布。

反应热压法是在放热弥散法的基础上进一步改进而来的。其采用与放热弥散法类似的原理制得坯料,并加热至基体熔点上某一温度,使体系熔化并发生化学反应,然后降至固相线温度以下,进行热挤压,改善放热弥散法孔隙率较大的问题,获得致密的金属基复合材料。

接触反应法的基本原理是将基体元素（或合金）粉末和强化相元素（或合金）粉末按一定的比例混合,将混合后的粉末冷压成具有一定致密度的预制块,然后将预制块压入一定温度的合金液中,反应后在合金液中生成尺寸细小、各种形状的复合材料铸件。该技术是综合了自蔓延高温合成法、放热弥散法的优点而得到的制备金属基复合材料的一种新工艺。

混合盐反应法的基本原理是将含有 Ti 和 B 的盐类（如 $KBF_4$ 和 $K_2TiF_6$）混合后,加入高温的金属熔体中,在高温作用下,盐中的 Ti 和 B 就会被金属还原出来而在金属熔体中反应形成陶瓷增强颗粒。反应完全后,去除反应生成的盐渣,经浇铸冷却后即可获得复合材料。

(3) 液-液反应法。

液-液反应法是将含有某一反应元素(如 Ti)的合金液与含有另一反应元素(如 B)的合金液同时注入一个具有高速搅并装置的保温反应池中,混合时,两种合金液的反应组分充分接触,并反应析出稳定的增强相($TiB_2$),然后将混合金属液铸造成型和快速喷射沉积,即可获得所需的复合材料。

(4) 固-固反应法。

固-固反应法中,增强相是由固相组元间的反应生成的,通过固相间原子扩散来完成。通常温度较低,增强相长大倾向较小,有利于获得超细增强相。但该工艺效率较低。机械合金化是最典型的一种固-固反应法。

机械合金化是利用机械合金化过程中诱发的各种化学反应制备出复合粉末,再经固结成型、热加工处理制备所需材料的技术。机械合金化过程可诱发在常温或低温下难以进行的固-固、固-液和固-气多相化学反应。

## 2.2.4 梯度复合技术

梯度复合技术是一种使用梯度代替传统复合材料的制作方法。梯度复合技术可以有效地将多种复合材料组合在一起,通过调节梯度复合材料性能参数来实现功能特性的改变,使得复合材料更加灵活。梯度复合技术在航空航天、精密仪器等众多领域有着广泛的应用,能够有效地解决复杂的复合材料制造工艺中面临的各种挑战。典型的梯度复合技术包含物理气相沉积技术,化学气相沉积技术,电镀、化学镀和复合镀技术,喷涂和激光熔覆技术等。

**1) 物理气相沉积技术**

物理气相沉积技术的实质是材料源的不断气化和在基材上的冷凝沉积,最终获得涂层。物理气相沉积可分为真空蒸发、溅射和离子涂覆三种,是成熟的材料表面处理方法,后两种也可用来制备金属基复合材料的预制片(丝)。

溅射是靠高能粒子(正离子、电子)轰击作为靶的基体金属,使其原子飞溅出来,然后沉积在增强材料上得到复合丝,经由扩散黏结法最终制得复合材料或零件。电子束由电子枪产生,离子束可使惰性气体(如氩气)在辉光放电中产生。

离子涂覆的实质是使气化的基体在氩气的辉光放电中发生电离,在外加电场的加速下沉积到作为阴极的纤维上形成复合材料。

物理气相沉积尽管不存在界面反应问题,但其设备相对比较复杂,生产效率低,只能制造长纤维复合材料的预制丝或片,如果是一束多丝的纤维,那么涂覆前必须先将纤维分开。

**2) 化学气相沉积技术**

化学气相沉积技术是化合物以气态在一定的温度条件下发生的分解或化学反应,分解或反应产物以固态沉积在工件上得到涂层的方法。最基本的化学沉积装置有 2 个加热区:第一个加热区的温度较低,可维持材料源的蒸发并保持其蒸气气压不变;第二个加热区的温度较高,使气相中(往往以惰性气体作为载气)的化合物发生分解反应。

化学气相沉积技术用的原材料应是在较低温度下容易挥发的物质。这种物质在一定温度下比较稳定,但能在较高温度下分解或被还原,作为涂层的分解或还原产物在服役温度下是不易挥发的固相物质。

**3）电镀、化学镀和复合镀技术**

电镀是利用电解沉积的原理在纤维表面附着一层金属而制成金属基复合材料的方法。其原理是：以金属为阳极，以位于电解液中的转轴为阴极，在金属不断电解的同时，转轴以一定的速度旋转或调节电流大小，可以改变纤维表面金属层的附着厚度，将电镀后的纤维按一定方式层叠、热压，可以制成多种制品。

化学镀是在水溶液中进行的氧化还原过程，溶液中的金属离子被还原剂还原后沉积在工件上，形成镀层。该过程不需要电流，因此化学镀有时也称为无电镀。由于不需要电流，工件可以由任何材料制成。金属离子的还原和沉积只有在催化剂存在的情况下才能有效地进行。因此，工件在化学镀前可先用 $SnCl_2$ 溶液进行敏化处理，然后用 $PdCl_2$ 溶液进行活化处理，使工件表面上生成金属钯的催化中心。铜、镍一旦沉积下来，凭借它们的自催化作用（具有自催化作用的金属还有铂、钴、铬、钒等），还原沉积过程可自动进行，直到溶液中的金属离子或还原剂消耗殆尽。

复合镀是通过电沉积或化学液相沉积，将两种或多种不溶性固体颗粒与基体金属一起均匀沉积在工件表面上，形成复合镀层的方法。这种方法在水溶液中进行，温度一般不超过90℃，因此可选用的颗粒范围很广，除陶瓷颗粒（如 $SiC$、$Al_2O_3$、$TiC$、$ZrO_2$、$B_4C$、$Si_3N_4$、$BN$、$MoSi_2$、$TiB_2$）、金刚石和石墨等外，还可选用易受热分解的有机物颗粒，如聚四氟乙烯、聚氯乙烯、尼龙。复合镀还可同时沉积两种以上不同颗粒制成的混杂复合镀层。

**4）喷涂和激光熔覆技术**

热喷涂技术是利用热源将喷涂材料加热至熔化或半熔化状态，并以一定的速度喷射沉积到经过预处理的基体表面形成涂层的方法。按照热源方式不同，热喷涂可分为火焰喷涂、电弧喷涂、等离子喷涂、爆炸喷涂及超声速喷涂等。制造金属基复合材料主要采用等离子喷涂法，其是以等离子弧为热源，将金属基体熔化后喷射到增强纤维基底上，经冷却并沉积下来的一种复合方法。基底为固定于金属箔上的定向排列的增强纤维。

冷喷涂技术是基于空气动力学与高速碰撞动力学原理的涂层制备技术，通过将细小粉末颗粒（5～50μm）送入高速气流（300～1200m/s）中，经过加速，在完全固态下高速撞击基体，产生较大的塑性变形而沉积于基体表面，并形成涂层。相比于传统的金属基复合材料制备技术，冷喷涂技术的低温特点可避免传统技术制备过程中有害的界面反应、增强相利用率低及产品制造成本高等，在制备金属基复合材料涂层方面展现出了巨大的优势。迄今，冷喷涂技术已制备出 Al 基、Ni 基、Cu 基、Ti 基及 Zn 基等多种金属基复合材料涂层。

激光熔覆技术是将熔覆材料通过喷嘴添加到基体上，利用激光束使之与基体一起熔凝，实现冶金结合。再重复以上技术过程，通过改变成分可以得到任意多层的梯度涂层。按照熔覆填料方式，激光熔覆制备金属基复合材料可以分为同步送粉法和预置法。其中，同步送粉法主要是在基体表面上同步放置激光束和熔覆材料，同时进行熔覆和供料。而预置法是先在基体材料表面的熔覆部位放置熔覆材料，然后利用激光束对其进行扫描照射，使其迅速熔化、凝固。

## 2.3 陶瓷基复合材料的制备工艺

陶瓷基复合材料通常根据增强体分成两类：连续纤维增强的复合材料和不连续纤维增强的复合材料。陶瓷基复合材料中的增强体通常也称为增韧体。从几何尺寸上可将纤维（长、短纤维)分为晶须和颗粒。本节将重点介绍陶瓷基复合材料的制备方法。

## 2.3.1 粉末冶金法

粉末冶金法也称压制烧结法或混合压制法,其原理是将陶瓷粉末、增强材料(颗粒或纤维)和加入的黏结剂混合均匀后,冷压制成所需形状,然后进行烧结或直接热压烧结或等静压烧结制成陶瓷基复合材料。前者称为冷压烧结法,后者称为热压烧结法。热压烧结法中,压力和高温同时作用可以加快致密化速率,获得无气孔和细晶粒的构件。压制烧结法所遇到的困难是基体与增强材料的混合不均匀以及晶须或纤维在混合过程中或压制过程中,尤其是在冷压情况下易发生折断。在烧结过程中,由于基体发生体积收缩,会导致复合材料产生裂纹。

## 2.3.2 浆体法

为了克服粉末冶金法中各材料组元,尤其是解决增强材料为晶须时混合不均匀的问题,人们往往采用浆体法(也称为湿态法,此方法与粉末冶金法稍有不同),其混合体采用浆体形式。在混合浆体中各材料组元应保持凝散状,即在浆体中呈弥散分布,这可通过调整水溶液的 pH 来实现,对浆体进行超声波振动搅拌即可进一步改善弥散性。弥散的浆体可直接浇注成型或通过冷压或热压后烧结成型,整体工艺流程见图 2-31。用直接浇注成型所制备的陶瓷材料的力学性能较差,孔隙太多,因此不用于生产性能要求较高的复合材料构件。需要注意的是,上述浆体法仅适用于颗粒、短纤维、晶须形式的增强材料。

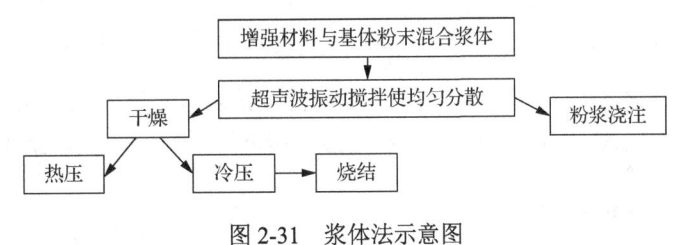

图 2-31 浆体法示意图

## 2.3.3 反应烧结法

陶瓷基复合材料也可以通过反应烧结法进行制备。用此种方法制备陶瓷基复合材料,除基体几乎没有收缩外,还具有如下优点:纤维或晶须的体积比可以相当大;可用多种连续纤维预制体;大多数陶瓷基复合材料的反应烧结温度低于陶瓷的烧结温度,因此可以避免纤维损坏。

将碾磨后的硅粉聚合物黏结剂和有机溶剂混合制备成稠度适中的"面团",然后将"面团"轧制成所要求厚度的硅布。带有短效黏结剂的纤维缠绕制成纤维席,把纤维席和硅布按一定的交错次序堆垛排列,加热去除黏结剂后放入钼模中,在氮气环境或真空下热压成可加工的预制件,最后将预制件再放入 1100~1140℃的氮气炉中使硅基转换成氮化硅。需要指出的是,用此法制备复合材料,基体中仍有较高的气孔率。此法的最大缺点是高气孔率难以避免。20 世纪 80 年代美国国家航空航天局提出了用热压和反应烧结混合方法制备氮化硅复合材料,图 2-32 给出了该工艺的示意图。

图 2-32　热压和反应烧结混合方法的示意图

## 2.3.4　液态浸渍法

图 2-33 给出了液态浸渍法的示意图。高温下陶瓷基体与增强材料之间会发生化学反应，陶瓷基体与增强材料的热膨胀失配，室温与加工温度相当大的温度区间以及陶瓷的低应变失效都会增加陶瓷基复合材料产生裂纹的概率。因此，用液态浸渍法制备陶瓷基复合材料，化学反应性、熔体黏度、熔体对增强材料的浸润性是首要考虑的问题，这些因素直接影响着陶瓷基复合材料的性能。

液态浸渍法也成功地应用于制备 C/C 复合材料、氧化铝纤维增强金属间化合物基（如 $TiAl_2$、$Ni_3Al$、$Fe_3Al$）复合材料。

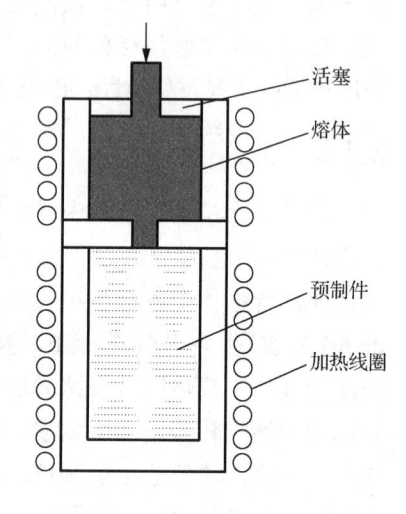

图 2-33　液态浸渍法的示意图

液态浸渍法可获得密实的基体，但由于陶瓷的熔点较高，熔体与增强材料之间极有可能产生化学反应。陶瓷熔体的黏度比金属的高，对预制件的浸渍相对困难。基体与增强材料的热膨胀系数必须接近才可以减少因收缩不同产生的开裂。

## 2.3.5　化学气相渗透法

化学气相渗透（chemical vapor infiltration，CVI）法起源于 20 世纪 60 年代中期。CVI 法是把反应物气体浸渍到多孔预制体的内部，发生化学反应并进行沉积，从而形成陶瓷基复合材料。CVI 的工艺方法主要有六种，其中最具代表性的是等温 CVI 法（isothermal chemical vapor infiltration，ICVI）和热梯度强制对流 CVI 法（forced chemical vapor infiltration，FCVI）。

**1）等温 CVI 法**

等温 CVI 法又称静态法，是将被浸渍的部件放在等温的空间，反应物气体通过扩散渗入多孔预制体内，发生化学反应并沉积，而副产物气体通过扩散向外散逸。图 2-34 是等温 CVI 法示意图。

在等温 CVI 过程中，传质过程主要是通过气体扩散来进行的，因此沉积过程十分缓慢，并且只限于一些薄壁部件。降低气体的压力和沉积温度有利于提高浸渍深度。为了提高复合材料的致密度，在沉积一段时间后，还需将部件进行表面加工处理，因为当纤维预制体内孔隙尺寸小于 1μm 时，很容易造成入口处沉积速度缓慢，而导致孔隙封闭，进行表面加工可使孔洞敞开。由于这种方法的工艺和设备简单，目前仍被广泛使用。

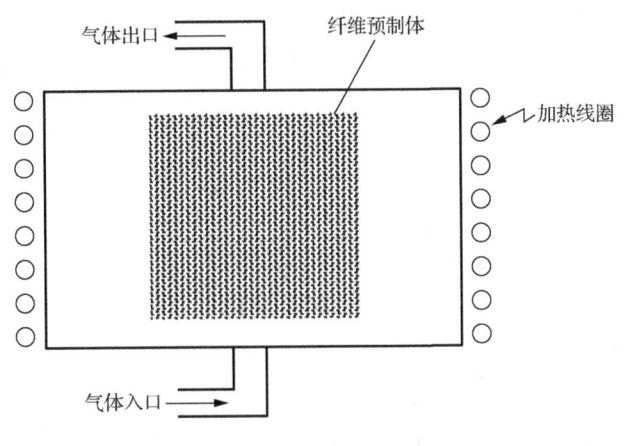

图 2-34 等温 CVI 法示意图

**2) 热梯度强制对流 CVI 法**

热梯度强制对流 CVI 法是动态 CVI 法中最典型的一种，具体做法是：在纤维预制体内施加一个温度梯度，同时还施加一个反向的气体压力梯度，迫使反应气体强行通过预制体。在低温区，由于温度低而不发生反应，当反应气体到达温度较高的区域后发生分解并沉积，在纤维上和纤维之间形成基体。在此过程中，沉积界面不断由预制体的顶部高温区向底部的低温区推移。由于温度梯度和压力梯度的存在，避免了沉积物将孔隙过早地封闭，提高了沉积速率。

## 2.3.6 其他方法

制备陶瓷基复合材料的方法还有直接氧化法、溶胶-凝胶法、聚合物前驱体热解法以及原位复合法等。

**1) 直接氧化法**

直接氧化法可以说是由液态浸渍法演变而来的，它是通过熔融金属与气体反应直接形成陶瓷基体。首先按部件的形状制备增强材料预制体，增强材料可以是颗粒或由缠绕纤维压制成的纤维板等，然后在预制体的表面放上隔板以阻止基体材料的生长。熔化的金属在氧气作用下将发生直接氧化反应，并在熔化金属的表面形成所需要的反应产物。由于氧化产物中的孔隙管道的液吸作用，熔化金属会连续不断供给到反应前沿。例如，在空气中，熔化的铝将形成氧化铝。例如，若想要形成氮化铝，熔化的铝与氮反应可形成氮化铝，其反应式为

$$4Al + 3O_2 \longrightarrow 2Al_2O_3$$

$$2Al + N_2 \longrightarrow 2AlN$$

**2) 溶胶-凝胶法**

溶胶（sol）是由溶液中因化学反应沉积而产生的微小颗粒（直径<100nm）的悬浮液。凝胶（gel）是水分减少的溶胶，即比溶胶黏度大些的胶体。溶胶-凝胶（sol-gel）技术是指金属有机或无机化合物经溶液、溶胶、凝胶而固化，再经热处理生成氧化物或其他化合物固体的方法。该法在制备材料初期就着重于控制材料的微观结构，使均匀性可达到微米级、纳米级甚至分子级水平。

用溶胶-凝胶法制备陶瓷基复合材料是将基体组元形成溶液或溶胶，然后加入增强材料组

元（颗粒、晶须、纤维或晶种），经搅拌使其在液相中均匀分布，当基质组元形成凝胶后，这些增强组元则稳定在均匀分布的基质材料中，经干燥或一定温度热处理，然后压制烧结即可形成复合材料，见图2-35。

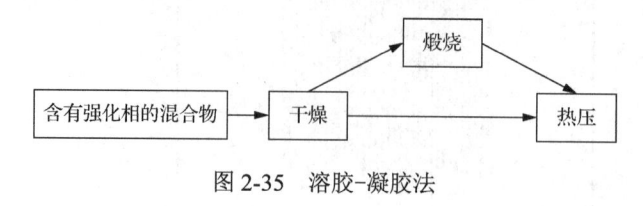

图 2-35 溶胶-凝胶法

**3）聚合物前驱体热解法**

以高分子聚合物为前驱体，成型后使高分子前驱体发生热解反应使其转化为无机质，然后再经过高温烧结制备成陶瓷基复合材料。此方法也称为高分子前驱体成型法或高聚物前驱体热解法。常用的方法有两种，一种是制备纤维增强复合材料，即先将纤维编织成所需的形状，然后浸渍上高聚物前驱体，热解、浸渍、热解、再浸渍……如此循环制备成陶瓷基复合材料，此法周期较长。另一种是将高聚物前驱体和陶瓷粉末直接混合，模压成型，再进行热解获得所需的材料。这种方法气孔率高。混料时加入金属粉末可以解决高聚物前驱体热解时收缩大、气孔率高的问题。

**4）原位复合法**

在陶瓷基复合材料制备时，利用化学反应生成增强组元——晶须或高长径比晶体来增强陶瓷基体的工艺过程称为原位复合法。这种方法的关键是在陶瓷基体中均匀加入可生成晶须的元素或化合物，控制其生成条件使其在陶瓷基体致密化过程中在原位同时生长出晶须，形成陶瓷基复合材料。利用陶瓷液相烧结时某些晶相的生长高长径比的习性，控制烧结工艺也可使晶体中生长出高长径比晶体，形成陶瓷基复合材料。

## 2.4 复合材料的智能化制备工艺

随着航空航天、建筑等领域对复合材料需求的不断提高，如何提高复合材料的品质，同时降低成本已经受到越来越多人的关注；同时，复合材料的制备技术相对较为复杂，如何实现复合材料的智能化制备已经成为当下的研究热点。目前复合材料的智能化制备集中体现在复合材料制备的设备上，如智能化制备监控技术、智能化制备控制技术。通过对复合材料制备设备的升级，从而实现复合材料智能化制备。本节将从复合材料智能化制备监控技术以及复合材料智能化制备控制技术两个方面对目前的智能化制备技术进行阐述。

### 2.4.1 智能化制备监控技术

复合材料产品质量与原材料（树脂、纤维）、工艺过程、固化过程等环节有重要关系，其中自动铺放（包括自动铺丝和自动铺带）的工艺过程是自动铺放产品质量优劣的关键环节之一，自动铺放工艺过程的监控就是对工艺参数和铺放质量的监控，工艺参数的控制质量影响工艺过程的顺利实施，关系产品的最终质量。自动铺放成型过程中主要涉及的工艺参数包括铺放压辊压力、铺放温度、铺放张力、铺放速度等几类参数，本节针对铺放质量监控技术和工艺参数监控技术展开介绍。

**1）铺放质量监控技术**

（1）铺带工艺监控技术。

铺带质量在铺放工艺过程中的反应主要体现在铺放后预浸带的外观质量，对于层间贴合效果以及力学性能等指标无法控制。对于一般的铺带构件，良好的外观质量是产品质量的首要因素，常见的外观缺陷包括褶皱、气泡、夹杂物等，通常铺带工艺过程中的质量监控注重三个方面：①杂质的监控；②褶皱、气泡的监控；③轨迹间隙重叠的监控。一般采用摄像头采集铺放画面，将画面导入计算机实时监控，经画面分析，判断是否存在杂质、褶皱、气泡以及间隙/重叠现象。高质量铺放产品首先要求高质量铺放外观，铺放质量的自动化监控技术对于铺放质量的保证具有重要意义。若存在上述现象，质量监控系统发出指令，通知设备暂停运行，同时发出报警信号。

（2）铺丝工艺监控技术。

对于大尺寸铺丝成型构件，由于加工周期长，铺丝设备的送纱机构和切纱机构的可靠性下降，有时会出现丝束无法送出或切断的状态，反映到铺层中会出现多纱或漏纱的情况。在高速运行的铺丝工艺过程中这种缺陷很难发现，特别是相邻铺层角度相同时。另外，预浸丝束的制备过程可能引入搭接等缺陷，这种缺陷在铺放过程中若不能被及时发现而保留在铺层中，将作为缺陷降低最终构件的性能。因此，通过在铺丝头前段加装摄像头，并结合图像分析技术，可以实现对铺放的预浸丝束数量及质量进行实时分析、监控。目前国外已有相关技术在实际铺放过程中得到应用。

**2）铺放工艺参数监控技术**

（1）铺放压力监控技术。

铺放头对预浸带/丝束施加压力均采用气体施压的方式，铺放压力的监控也就转化为施加压力的监控。自动铺带工艺设备的施压装置有两种：压靴和压辊。二者主要的区别在于压靴是固定的，而压辊可自转。压靴在铺带轨迹起始端的预浸带边界精确定位和施压，直接接触背衬纸，压辊主要用于铺带过程中的施压，直接接触预浸带。铺带与铺丝工艺过程因为原理不同，对应的施压装置也略有不同。铺丝工艺在运行过程中存在增丝或减丝的情况，铺放预浸带的宽度随时可能发生变化，整个铺放过程均采用压辊，而不区分铺放的起始端点和过程区间。为了保证送丝位置的准确和丝束起始端质量，工艺人员进行轨迹规划时，通常设计成铺丝头、机床设备及输送丝束传动轴同步运行，实现丝束初始阶段的输送。

铺带的压靴施压长度较短，一般采用固定的气压施压。铺带或铺丝工艺的压辊施压存在于整个铺放工艺过程，压力控制系统一般采用闭环张力控制系统，通过对气缸气压的监测实时调整缸内气压。压辊施压的装置原理大致相同，但不同铺放装置的具体结构有所不同。

（2）铺放温度监控技术。

预浸料是制备复合材料的中间材料，其性能直接影响最终制备出复合材料的性能和质量。自动铺放工艺过程中，在一定的铺放压力和速度下，铺放温度上升至某温度促使预浸带具有黏性，可以保证模具与预浸带间良好的铺覆性。随着温度的升高，预浸带树脂的流动性受到影响。温度升高时，流动性增大，在一定铺放压力和速度下，预浸带中纤维树脂含量减少；铺放温度升高可能影响预浸带中纤维的方向，流动性大意味着弹性变小，预浸带易变形，影响材料的性能和质量。温度降低时，流动性减小，预浸带树脂难以向纤维中渗透，铺层之间接触不良，预浸带黏性降低，与模具或预浸带间黏合力变弱。因此，适当的流动性，可以增加预浸带的黏弹性，去除铺层间的空气，降低复合材料的孔隙率，保证树脂的均匀性，提高复合材料层间的剪切强度。

待铺放预浸料加热手段包括热风加热、红外加热、激光加热等方式，其中热风加热和红外加热方式较为常见，一般均采用闭环温度控制系统实现加热温度控制。最合适的测量监控方式是直接测量预浸料的温度，实时监控预浸料的黏性和铺放效果，但在实际操作中此方式难以实现，原因是铺放头是运动的，而预浸料铺放后就停留在模具表面。因此，实际铺放过程中，铺放温度监控均采集热源出口的温度，基于试验效果判断合适的温度控制范围。

（3）铺放张力监控技术。

对于自动铺放技术，铺带技术和铺丝技术中张力控制系统不同，下面简单介绍两种不同的张力控制系统。

① 自动铺带张力监控技术。

自动铺带工艺过程中预浸带通常安装在铺带头的料盘上。根据带宽的差异（通常带宽包括75mm、150mm、300mm三种类型），张力大小精度要求不同。自动铺带张力控制系统一般采用基于力矩电机的开环张力控制系统，自动铺带工艺过程中张力的作用是保证铺放过程中预浸带的张紧，防止突然减速或停车时料盘在惯性作用下继续送料，这时的临界张力值记为$T_1$；同时张力不能过大，避免铺带时压靴/压辊施压后，预浸带因张力牵引而回绕到料盘上，这时的临界张力值记为$T_2$。自动铺带张力控制系统需要设定的张力介于$T_1$和$T_2$之间，如果料盘较小并且铺放速度减慢，或者压靴/压辊的施压力减小，铺放预浸料的黏度降低，那么会出现$T_1$大于$T_2$的情况，此时张力的设置采取两个方案：一是减小$T_1$值；二是增大$T_2$值。第一种方案的张力控制系统采用阶梯式或线性的张力设置，即基于不同的料盘半径设置力矩大小，铺带头一般配备料盘半径检测装置辅助张力控制，半径检测装置有很多种，如机械检测装置、红外检测装置等；采用第二种方案时，在材料和模具允许的情况下，通过逐渐提高压靴/压辊的气缸气压，增大预浸带层间结合力或摩擦力，防止料盘回收。

② 自动铺丝张力监控技术。

铺丝工艺过程中的张力控制系统比铺带工艺过程中的张力控制系统复杂，铺丝工艺过程中预浸丝束拥有各自独立的输送通道和控制通道，可以实现单独控制预浸丝束的张力。预浸丝束的张力控制系统可以分成两类：一类源于纤维缠绕工艺中摆杆式张力控制系统，另一类源于自动铺带的力矩式张力控制系统，这两类系统都针对铺丝工艺进行了必要的改进。目前这两类铺丝张力控制系统均在使用，只是使用范围略有不同。其中摆杆式张力控制系统的张力调整灵活，占用空间大，适用于16束及以上独立纱架的铺丝张力控制系统；力矩式张力控制系统，调整范围相对较小，装置结构紧凑，适用于16束以下随动纱架的铺丝张力控制系统。

预浸丝束的料卷比铺带采用的预浸带卷尺寸小，丝束宽度窄（一般分为1/8in、1/4in、1/2in，1in=2.54cm），铺丝张力也较小。张力大小的设置原则是保证在铺放过程中预浸丝束处于张紧状态，不发生自身扭转的现象；但是张力不宜设置过大，必须小于送丝轴与预浸丝束间的摩擦力，保证铺放过程中送纱顺畅。

（4）铺放速度监控技术。

铺放过程中的速度一般由用户设定，其他工艺参数与速度的匹配是速度监控的关键，尤其是温度、压力、张力等工艺参数与速度的匹配。不同的铺放速度下，相同的工艺参数是不适用的。例如，铺放温度主要通过加热功率来调节，依靠改变预浸丝束黏度实现顺利铺放；

如果铺放温度不随速度变化，不同的铺放速度下，单位时间内不同长度的预浸丝束吸收的热量相同，导致预浸料铺放时的黏度不同，铺层间的结合效果和铺放质量会有差异。目前铺放主要工艺参数与铺放速度的匹配问题是很多业内专家正在研究的问题，尚没有统一的规律性结论面世，主要根据预浸料的测试铺放试验，获取匹配参数，开展铺放生产。

## 2.4.2 智能化制备控制技术

为了保证铺放工艺过程的顺利进行，需要针对铺放过程中的多个参数进行调节，保证多个参数的匹配，顺利实现铺放工艺过程。铺放工艺参数的调节主要包括：铺放温度控制、铺放压力控制、黏性控制等方面内容。

**1）铺放温度控制**

以自动铺丝技术为例，铺放温度参数是最主要的工艺参数之一，调节此参数的主要目的是改善预浸丝束的铺敷性，提高铺放过程中丝束的黏性，保证铺放到预制体表面后丝束彼此间的有效黏合，实现预浸丝束的良好贴覆。铺放温度主要是通过调节铺丝头前端的加热系统来实现的，目前我们的自动铺放系统采用红外加热灯释放的热量来调节。通过调节红外加热灯的功率，增加热量的释放，经过热传导使周边区域的环境温度升高，铺放过程中经过此区域的预浸丝束经过短暂预热后其黏性增加，之后经过铺放压辊的压实，表现出良好的铺敷性和柔顺性，可显著提高铺放质量；若预浸丝束本身具备良好的黏性，则不需要通过调节铺放温度来改变黏性，可以适当减小红外加热灯的功率或者直接关闭，避免预浸丝束从出丝嘴输出后，由于环境温度增加而造成丝束过黏，导致铺放工艺过程中出现扭曲、变形、褶皱等缺陷。

铺放系统通过调节红外加热灯的加热功率改变铺放温度，加热灯的总功率是 300W，通过表 2-1 可以看出，铺放加热温度在 20～50℃区间时，铺放效果较好。较低及较高的铺放温度均不利于铺放工艺过程的正常进行。

表 2-1 铺放温度与铺放效果的关系

| 加热功率 | 铺放温度/℃ | 铺放效果 | 铺放速度 |
| --- | --- | --- | --- |
| 30%（90W） | 14.4 | 差 | |
| 40%（120W） | 23.7 | 优 | |
| 50%（150W） | 47.1 | 优 | 10.4mm/s |
| 60%（180W） | 54.1 | 差 | |
| 70%（210W） | 64.2 | 差 | |

**2）铺放压力控制**

铺放压力参数的调节是铺放工艺过程中的另一个重要的参数。同样以自动铺丝技术为例，在预浸丝束铺放过程中通过施加适当的压力，可以有效改善预浸丝束的铺敷性，提高丝束层间贴合质量。目前我们的自动铺丝系统主要是通过铺丝头前端具有一定变形量的弹性压辊提供铺放所需的压力，铺放压力可以通过调节压辊气压大小实时控制。

通过表 2-2 可以看出，在加热功率和铺放速度一定的情况下，铺放压力在 0.2～0.3MPa 区间时，预浸丝束的铺放效果较为理想。铺放压力较低时，预浸丝束层间无法有效贴合，丝束极易自身发生错动，导致铺放精度下降，影响最终铺放制件的质量；铺放压力较高时，丝束极易在过大的压力下发生弹性变形，造成丝束褶曲、碾压及变形等缺陷，极端情况下会出现丝束脆断、强行错位等严重铺放缺陷，影响自动丝束铺放工艺过程的顺利进行。

表 2-2 铺放压力与铺放效果的关系

| 加热功率 | 铺放压力/MPa | 铺放效果 | 铺放速度/（mm/s） |
| --- | --- | --- | --- |
| 50%（150W） | 0.05 | 差 | 10.4 |
|  | 0.1 | 良 |  |
|  | 0.2 | 优 |  |
|  | 0.3 | 优 |  |
|  | 0.4 | 差 |  |
|  | 0.5 | 失真 |  |

**3）黏性控制**

以自动铺丝技术为例，预浸丝束的黏性对自动丝束铺放过程会产生重要的影响，通过对预浸丝束黏性的控制，可以实现铺放过程中丝束间良好的黏合。预浸丝束黏性的大小最根本的决定因素是树脂含量的控制，较高的树脂含量制备出的丝束黏性较高，树脂含量较低的丝束黏性较低。在树脂含量一定的情况下，预浸丝束的黏性主要通过铺放温度的高低进行调节。

与手工铺放方式不同，在自动丝束铺放工艺过程中对丝束黏性的要求，不同的阶段有不同的要求。例如，为了保证预浸丝束具备良好的通过性，在从预浸纱箱抽出后到达模具表面期间的输送过程中，预浸丝束应保持较低的黏性，此时通过降低输送过程中的环境温度，使预浸丝束保持较低的黏性，确保丝束与通道及设备不发生黏连，实现丝束的有效通过。当预浸丝束到达铺放模具表面后，为了实现丝束彼此间的有效黏合，需要提高铺放温度及铺放压力，增加预浸丝束的黏性，改善铺放质量，因此铺放工艺过程中需要预浸丝束对温度具有良好的敏感性，才能满足自动丝束铺放的工艺需要，保证铺放效果与质量。

铺放工艺中，应该综合考虑铺放温度、铺放压力、黏性控制等多个参数的影响，并且结合 2.4.1 节所述的监控技术，实现铺放过程中的各种参数的实时监控以及实时控制，以使自动铺放工艺质量及效果达到最优。

## 2.5 本章小结

本章分别从纤维增强复合材料的制备、金属基复合材料的制备、陶瓷基复合材料的制备以及复合材料的智能化制备四个方面对现有的复合材料制备技术的知识以及应用现状进行了介绍和总结，以期能够体系化地说明不同种类的复合材料的相关制备技术以及不同制备技术的特点；并且从智能化制备监控技术以及智能化制备控制技术两个方面对目前所应用的复合材料智能化制备技术进行介绍，使读者进一步明确现阶段复合材料智能化制备技术的发展方向及前景，从而加深对复合材料智能化制备技术的了解和认识。

# 习 题

1. PAN 法制备碳纤维有哪三个过程？分别对碳纤维的性能有何影响？
2. 黏胶基碳纤维的制备主要分为哪三个步骤？请简述。
3. 硼纤维按硼蒸气的来源可分为哪两种？分别是如何制造的？
4. 氧化铝纤维有哪几种制备方法？试简述。
5. 热固性树脂预浸料制备工艺分为哪两种？各自有什么特点？
6. 热塑性树脂预浸料制备工艺主要分为哪几种？
7. 自动铺放技术有哪几类？各自有什么特点？
8. 三维编织技术分为哪几种？
9. 金属基复合材料的制备技术分为哪几种？请简述。
10. 陶瓷基复合材料的制备技术有哪几种？各自有何特点？

# 第3章 复合材料构件的成型技术

本章将对航空航天领域典型的复合材料构件的成型方法进行讲解，包括复合材料热压罐成型工艺、复合材料模压成型工艺、复合材料纤维缠绕成型工艺、复合材料拉挤成型工艺、复合材料液体成型工艺、复合材料整体成型工艺、复合材料增材制造技术等成型方法，简要介绍复合材料构件成型技术的定义、原理、特点等，重点介绍每种成型技术的成型过程、成型设备、技术要点等，形成完整的复合材料成型知识体系框架。

复合材料构件的成型方法在多年的生产实践中得到了快速的发展，形成了以复合材料热压罐成型技术为代表的多种成型技术。每种成型技术也在不断地发展和完善，形成了具有鲜明特点的成型工艺流程、工艺设备和工艺要点。

## 3.1 热压罐成型工艺

热压罐成型工艺是利用罐内高温高压气体产生的压力对复合材料坯料进行加热、加压以完成固化的成型方法，主要用于热固性树脂基复合材料成型。热压罐成型工艺是目前国内外树脂基复合材料最成熟、应用最广泛的成型工艺，复合材料机翼、尾翼等大量承力构件都采用热压罐成型工艺制造。图3-1为复合材料热压罐成型罐体。

热压罐成型工艺采用空气或惰性气体（$N_2$、$CO_2$）向热压罐内充气加压，热压罐内压力场均匀，压力从制件上传递到模具上，作用在真空袋表面各点法线上的压力相同，使真空袋中的复合材料零件在均匀压力下固化成型，适用于各种复杂形状构件的成型加工；罐内装有风扇和导风装置，加热（或冷却）气体在罐内高速循环，罐内各点气体温度基本一致，罐内温度均匀，可保证密封在模具上的构件升降温时各点温差不大；工装模具结构简单，效率高，适合大面积复杂结构的复合材料构件成型，尤其适用于蒙皮、壁板和壳体的成型，若热压罐尺寸大，一次可放多个模具同时成型；热压罐的成型环境几乎能满足所有树脂基复合材料的成型工艺要求，适用范围广，适合大面积复杂型面的蒙皮、壁板和壳体的成型，也可以成型或胶接各种复杂的结构件。热压罐内的固化温度和压力均匀，可保证成型或胶接的复合材料构件具有优异的质量和稳定的性能，成型工艺稳定。

热压罐成型工艺也有一定的局限性，其结构复杂、设备前期投资成本高、能源消耗大、设备的运行和维护成本高；热压罐是密闭容器，复合材料构件的尺寸要求小于罐体内部的尺寸；对于结构很复杂的构件，采用热压罐成型困难；同时热压罐成型工艺对模具的设计要求高，模具必须有良好的导热性、热态刚性和气密性。

图3-1 复合材料热压罐成型罐体

## 3.1.1 热压罐成型工艺过程

热压罐成型工艺过程如图 3-2 所示,包括预浸料裁切、铺层、制袋、进罐固化、脱模及后处理等。

图 3-2 热压罐成型工艺过程

(1)预浸料裁切。制造复合材料构件所用的编织纤维布或预浸料是二维的,而复合材料构件往往是三维的,裁切前需要先按照复合材料构件的外形和设计需求进行曲面自动展开,基于裁剪边界和铺层信息,在 CAD/CAM 等软件中生成每层预浸料的裁剪数模。裁切可分为手工裁切和自动裁切。手工裁切将预浸料按照各层铺层样板的纤维方向和尺寸进行裁切,预浸料方向严格符合样板,裁切好的预浸料要逐层标记和编号;自动裁切将预浸料放置在自动裁切设备中,由裁床按照生成的数模进行自动裁切、编号和标记。

(2)铺层。铺层前,首先使用丙酮或其他有机溶剂将工装表面擦洗干净,涂覆脱模剂或铺贴脱模布,不可夹杂硬物,以免损伤模具型面。如需多次涂覆脱模剂,必须等待涂覆的脱模剂晾干后再涂覆。铺层可分为激光辅助定位铺层和定位样板铺层。激光辅助定位铺层是按照激光定位系统在模具上形成的不同预浸料铺层方向和铺层轮廓进行。定位样板铺层是按构件图样要求的铺层顺序逐层铺贴。铺层时必须除净预浸料之间的气泡,可以在每铺贴 5~10 层进行一次抽真空压实,真空度需达 0.094MPa 以上,否则容易产生缺陷。对于上表面外形要求较高或不易加压的转角处,需用热膨胀硅橡胶制备传压垫。制备压力垫时,按构件形状铺贴、压实,可同构件一起硫化,也可在构件固化前硫化。压力垫厚度按构件形状确定,压力垫材料选用热膨胀硅胶或未硫化橡胶片。为提高透气性,需要在制备好的压力垫上开排气孔。

(3)制袋。铺层完成后,按模具标示位置放置热电偶并用胶带固定,然后铺放各种辅助材料。常用的辅助材料分为隔离材料、吸胶材料、透气材料、密封材料和真空袋材料等。在构件边缘和表面阶差较大处留足够的真空袋余量,以防出现架桥和固化过程中真空袋破裂的现象。真空袋用密封胶带压实贴紧,必要时可使用压边条和弓形夹夹持,组装完成后接通真空管路进行真空度检查。图 3-3 为复合材料工艺组合示意图。

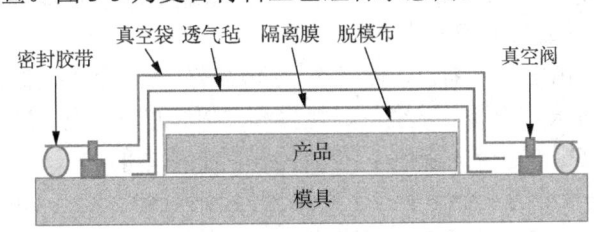

图 3-3 复合材料工艺组合示意图

(4)进罐固化。最后将工艺组合后的坯件送入热压罐,接通真空管路和热电偶,关闭罐门后固化,固化工艺参数按构件制造工艺规范进行,在升温加压前,可抽真空 1~2h,使铺层密实。严格按照工艺文件与生产说明书控制温度、压力、时间、升温速率、加压温度和卸压温度。

（5）脱模及后处理。完成固化后的复合材料构件需进行无损检测，评价构件中的缺陷是否在许可范围之内。检验合格的构件还需要进行修整，常用高压水切割装置、手提式风动铣刀或其他机械加工方法去除构件余量。为防止切割时构件分层，应在切割部位上、下表面加一层垫板并夹紧，对构件起保护作用。

## 3.1.2 热压罐成型系统组成

热压罐是一个具有整体加热加压功能的大型密闭压力容器，需由多个不同功能的分系统组成以实现温度、压力和真空等工艺参数的时序化和实时在线控制。热压罐主要由罐体系统、鼓风系统、加热系统、加压系统、冷却系统、真空系统、控制系统、安全系统等构成。

热压罐的罐体系统由罐身、罐门、密封电机和隔热层等形成一个耐高压、耐高温的容器。罐门用于零件进出热压罐体，通常采用液压杆由计算机进行控制开关门操作，在发生紧急情况和保证人员和设备安全下，可手动开门。热压罐罐体内放置模具与零件，罐体应满足足够的耐温性和保温性以及足够的耐压性和密封性，罐体内部带有载有零件的小车在轨道上行驶，能承受最大装载重量。

热压罐的鼓风系统由搅拌风机、导风筒和导流罩组成，其作用是加速热流传导，使热压罐内的空气或其他加热介质循环流动，形成均匀温度场，实现对模具的均匀加热。热压罐通常采用内置式全密闭通用电机，电机放置于热压罐的尾部，用于热压罐内空气或其他加热介质的循环。风机必须能够有效冷却，且转速可通过计算机控制变频来调节，根据固化过程智能变速，还应该配有电机超温自动保护并报警的装置。罐内工作空间内的气流速度宜保持在1~3m/s，如果气流速度高于3m/s，气流可能撕开真空袋，那么将对制件的加工造成严重的后果；如果气流速度太低，那么可能达不到使罐内温度均匀的目的。

热压罐的加热系统主要组件包括加热管、热电偶、控制仪、记录仪等。加热系统主要用于罐内空气或其他加热介质的加热，通过空气或其他加热介质对模具和零件进行加热。热压罐的加热方式有三种：电加热、高温水蒸气加热和将在外部燃烧室内燃烧产生的热气体直接送入罐内加热。热压罐采用电加热成本较高，工作温度可达300℃，直径小于2m的热压罐通常采用这种加热方式，加热元件管道材质通常为耐高温、耐腐蚀材料，且要求有短路、漏电保护，加热系统加热空气，鼓风系统循环加热模具和零件；采用高温水蒸气加热一般工作温度为150~180℃，由于其工作温度低，该加热方式也很少被采用；采用将在外部燃烧室内燃烧产生的热气体直接送入罐内的螺纹状不锈钢合金换热器加热，最高工作温度可达450~540℃，这是大型热压罐最常用的加热方式。

热压罐的加压系统由空气压缩机、储气罐、压力调节阀、管路、变送器和压力表等组成。加压系统主要用于罐内压力的调节，空气、氮气和二氧化碳三种压缩气体是热压罐的常用加压气体。在0.7~1.0MPa的压力范围内，空气是相对低成本的加压气体，且其工作温度上限通常定为120℃。空气气源的主要弊端在于其助燃性，在150℃以上使用十分危险。氮气气源是热压罐最常用的加压气源，通常以液氮形式储存，在使用时挥发产生压力为1.4~1.55MPa的氮气。氮气的优点为抑制燃烧和易于分散到空气中，但氮气的成本较高。另一种常用的气源是二氧化碳，液态二氧化碳挥发气体的压力约为2.05MPa，其缺点为二氧化碳密度大，对人体有害并且不易于在空气中分散，因此在使用二氧化碳作为加压气源时，热压罐打开后，一定要确认罐内有足够的氧气，方可进入热压罐。热压罐内的压力由计算机根据工艺需要自动控制和补偿。

热压罐的冷却系统主要组件包括冷却器、进水及加水截止阀、电磁阀、预冷装置。冷却系统主要用于控制固化完成后的复合材料构件的降温。冷却系统通常分为两路：一路用于罐内空气的冷却，另一路用于风机等电机的冷却。冷却系统通常配备水冷却塔与水泵，进水口有过滤装置。冷却系统包括主冷和预冷，并可根据热压罐温度状态由计算机控制冷却过程。

热压罐的真空系统主要组件包括真空泵、管路、真空表和真空阀。复合材料固化时零件通常由真空袋和密封胶带密封在零件上，在零件固化前需要对真空袋和模具内的零件进行抽真空，防止在零件固化过程中进入空气。

热压罐的控制系统分为两部分：一部分是由计算机控制系统控制装置及数据采集、实现热压罐控制过程及互锁保护，具有数据采集、数字显示、存储、打印等功能；另一部分是显示屏控制，有热压罐的压力、真空度、温度等的图像显示和数据显示，主要的控制方式包括自动控制、手动控制（其中，自动控制采用计算机控制，手动控制采用触摸屏控制，手动控制包括在计算机系统中，应配有计算机控制与手动控制的切换装置）和全自动控制。控制系统要求能够对热压罐的每一个元器件（包括所有的阀、电机、各类传感器以及热电偶）实现有效的监控、可单独对各种参数（温度、压力、真空度、时间）进行快速设定和控制。对各种参数进行实时监控并实时记录和显示。在运行过程中，用户可以对参数进行修改，可选定任意热电偶作为控温的热电偶，可针对每一个单独零件的实时工艺参数进行打印，根据预设质量标准形成质量检测报告，并进行存储和打印。

热压罐的安全系统应具备以下几个方面的功能：具有超温、超压、真空泄漏、风机故障、冷却水缺乏的自动报警、显示、控制功能；能够对温度、真空度、压力、风机等的报警参数及保护极限参数进行设置，当运行的程序数据指标超出设置的温度或压力时即报警，达到所设定的保护极限参数时，整个系统针对该项报警应具有自动切断保护功能；罐内未恢复到常压时，罐门不能打开；热压罐顶部安装安全阀，并在罐体明显位置配备符合测量范围的压力表。

## 3.1.3 热压罐成型技术要点

目前，热压罐都采用先进的加热控温系统和计算机控制系统，能够有效地保证在罐内工作区域的温度分布均匀，保证复合材料制件的内部质量和批次稳定性。大型复合材料构件必须在大型或超大型热压罐内固化，以保证制件的内部质量，因此热压罐的尺寸也在不断加大，以适应大型复合材料制件的加工要求。

**1）整体共固化成型技术**

近年来，随着复合材料在航空航天领域应用范围的不断扩大，增大零部件的尺寸，大量减少紧固件数量甚至不使用紧固件，以构建整体结构，从而制造出更大型的装配件逐渐成为主流。

大型整体构件能够有效减少装配步骤，降低成本和复杂性，并提高产品质量。复合材料构件自身的设计与制造特点也易于实现整体化和大型化。在航空航天领域，复合材料的应用能使用紧固件组装的部件集成为大型单件，能够满足原组装部件中所有的设计和强度要求；在制造和装配阶段，因消除或显著减少了所需紧固件和配合孔的数量，降低了劳动力，同时还具有减重、取消轴向接头、减少装配误差等优点。

复合材料的共固化大面积整体成型是独有的优点和特点之一，是目前世界上大力提倡和发展的重要技术之一。整体成型技术可将几十万个紧固件减少到几千甚至几百个，从而也可大幅度地减少结构质量，降低装配成本，进而降低制件总成本。大量减少紧固件的结果必然减轻结构因连接带来的增重，减少因连接带来的种种麻烦，最终获取的效益是降低成本。

**2）固化变形控制**

热压罐成型工艺过程中需要控制的主要工艺参数包括真空度、升温速率、加压窗口、成型压力、固化温度、固化时间、冷却速率和出罐温度等。真空度为构件固化时真空袋内的真空值，可在工艺过程中保持真空或在某一阶段保持真空；升温速率为成型过程中单位时间内温度的升高值，一般应控制在 0.5～3℃/min；加压窗口为成型时加压最适宜的条件，可分为升温阶段加压到最适宜的温度范围和恒温阶段加压的最适宜时间范围两种情况；成型压力为成型过程中达到或保持的压力，对于一般热压罐，压力应不超过 1MPa，对于高压热压罐，压力应不超过 3.5MPa；固化温度为在固化阶段应达到或控制的温度，主要取决于复合材料所用的树脂体系；固化时间为构件在固化温度下保持的时间，主要取决于复合材料所用的树脂体系；冷却速度为构件固化结束后温度降低到室温的速度，一般应控制在 2℃/min 以内；出罐温度为固化完成后复合材料构件可以从热压罐中取出的最高温度，一般不超过 40℃。

热压罐中的气体除了作为传热载体以外，还在复合材料成型过程中提供压力。通常的热压罐压力很容易使溶剂和水蒸气等溶解于树脂中，压力越大，溶解于树脂中的挥发分就越高，高于可溶解范围的空气和溶剂将在复合材料中形成孔隙。施加压力越大，对应复合材料的孔隙率越低，性能越高。

由于树脂体系本身的黏-温特性和表面张力特性等对气泡的运动有较大的影响，以及不同树脂体系具有不同的挥发分和挥发分含量，因此不同树脂体系在压力作用下具有不同的孔隙的形成规律，会使不同复合材料构件成型后的孔隙含量有明显差异。

热固性树脂基复合材料在热压罐成型过程中，经历高温固化成型及冷却过程，材料的热胀冷缩、基体树脂的化学反应收缩以及复合材料的成型模具与复合材料在热膨胀系数上的显著差异等，使其在室温下的自由形状与预期的理想形状之间会产生一定程度的不一致，通常将这种不一致状态称为构件的固化变形。固化变形大致分为两类：回弹和翘曲。回弹是指结构在拐角处变形所导致的夹角变化，主要是由复合材料本身的各向异性引起的；翘曲是指结构在平直部分的弯曲或扭转变形，主要是由结构内应力分布不均匀引起的。

影响固化变形的因素众多，可分为内因和外因两类。内因包括材料特性、纤维体积分数、铺层取向及结构形式、厚度等；外因包括模具对复合材料制件的影响、热压罐热源位置、工装摆放等。这些影响固化变形的因素在制件内因应力梯度和温度梯度耦合作用导致固化时的内应力积聚，一部分应力在工件中以残余应力的形式长久存在；另一部分应力在产品脱模时释放，而应力的存在共同导致工件变形。传统控制固化变形的方法是在反复试验的基础上，对模具的型面进行调整或补偿性修正，以控制制件的变形程度或抵消制件变形的影响。

## 3.2 模压成型工艺

模压成型工艺是指将模压料放入预先加热的金属对模中，在一定的温度和压力条件下，固化成复合材料制品的成型方法，被广泛应用于轨道交通、汽车、建筑等领域。

模压成型工艺发展较快，其成型的主要优点有：重复性较好，不易受外界因素影响，能够适应各种尺寸的产品，且多数可一次成型；操作处理简单；操作环境清洁卫生，提高了劳动条件；开敞性好，能够成型复杂结构制品；对温度和压力要求不高，宽容度较高，能够大幅度降低设备费用；纤维长度为 40～50mm，质量均匀性较好，适用于成型截面变化不大的薄壁件制品；所得制品表面光洁、粗糙度低，无须二次修整，可以生产出两个精制表面；生产效率较高，成型周期短，易实现全自动批量生产，生产成本低。

同时，模压成型工艺具有成型模具设计和制造复杂，初次制模投资成本较高，制品的尺寸受设备限制明显等缺点，一般只适合制造批量大的中、小型制品。

以下主要介绍片状模压料（SMC）模压成型技术、块状模压料（BMC）模压成型技术和层压模压成型技术等三种主要的模压成型技术方法。

## 3.2.1 片状模压料模压成型技术

SMC 最初是指一种干法制造不饱和聚酯玻璃钢制品的模塑料，用基体树脂、增稠剂、引发剂、交联剂、填料等混合成树脂糊，再浸渍短切玻璃纤维或玻璃纤维毡，并且在两面用聚乙烯（PE）或聚丙烯（PP）薄膜包覆起来形成的片状模压成型材料，制备 SMC 用到的材料主要有不饱和聚酯树脂、引发剂、填料、低收缩添加剂、化学增稠剂、内脱模剂、着色剂及增强材料等。

（1）不饱和聚酯树脂是 SMC 中树脂糊最基本的组成部分，它通常是由不饱和二元酸（或酸酐）、饱和二元羧酸（或酐）在缩聚结束后加入一定量的乙烯基单体（如苯乙烯）配成的黏稠状液态树脂。SMC 所用的不饱和聚酯树脂一般有如下要求：黏度要有利于玻璃纤维的浸渍；增稠快，以满足增稠的要求；能快速固化，以提高生产效率；热性能好，保证制品的热强度；耐水性好，以提高制品的防潮性。

（2）引发剂可以促进活化树脂交联单体（如苯乙烯）中的双键发生共聚反应，使 SMC 在模腔内固化成型。对引发剂主要的基本要求如下：储存稳定性好，使用安全可靠；常温下不会分解，使用时间长；达到某一温度可以快速分解；使用成本低。

（3）阻聚剂的作用是防止不饱和聚酯树脂过早聚合，延长储存期。阻聚剂应在临界温度内起作用，不能影响树脂的交联固化和成型周期。

（4）化学增稠剂在 SMC 生产中是必需的，通过增稠作用使 SMC 利于树脂从低黏度转化为不粘手的高黏度。在浸渍阶段，树脂增稠要足够缓慢，保证玻璃纤维的良好浸渍；浸渍后，树脂增稠要足够快，使 SMC 尽快进入模压阶段和尽量减少存货量。当 SMC 的黏度达到可成型的模压黏度后，增稠过程应立即停止，以获得尽可能长的储存寿命。

（5）低收缩添加剂是用来控制 SMC 成型收缩率的重要材料，目前通用的低收缩添加剂是热塑性聚合物。

（6）内脱模剂的作用是使制品顺利脱模。它是一些熔点比普通模压温度稍低的物质，固化前与液态树脂相溶，固化后与树脂不相溶。热压成型时，脱模剂从内部溢出到模压料和模具界面处形成障碍，阻止黏着，从而达到脱模目的。

（7）增强材料是 SMC 的基本组成之一，如玻璃纤维。它的各种特性对 SMC 的生产工艺、成型工艺及其制品的各项性能都有显著影响。图 3-4 为玻璃纤维纱团。对玻璃纤维的要求为易切割、易分散、浸渍性好、抗静电、流动性好、强度高。

图 3-4　玻璃纤维纱团

(8) 树脂糊是 SMC 的基本组成之一，在复合材料中作为连续相的材料。树脂糊材料起到黏结，以及均衡载荷、分散载荷、保护纤维的作用。

SMC 成型工艺流程图如图 3-5 所示，主要包括模压料准备、坯料制作、投入模料、闭模、加压成型、启模、修剪产品和检验等步骤。

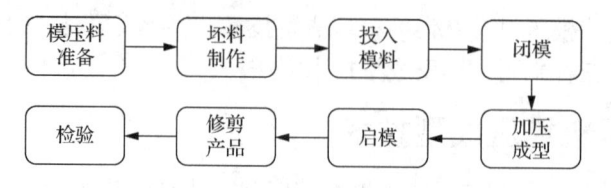

图 3-5 SMC 成型工艺流程图

（1）压制前准备。压制前必须了解材料，如树脂糊配方、树脂糊的增稠曲线等；按制品的结构形状决定片材裁剪的形状与尺寸，制作样板，再按样板裁料；熟悉模压机的各项操作参数，尤其要调整好工作压力和压机运行速度及台面平行度等。

（2）加料。加料量在首次压制时可按加料量等于制品体积的 1.8 倍进行计算；加料面积的确定与 SMC 的流动与固化特性、制品性能要求、模具结构等有关；加料位置与方式需要有利于排气。

（3）成型。当料块进入模腔后，压机快速下行，当上、下模吻合时，缓慢施加所需成型的压力，经过固化后，制品成型结束。成型过程中，要合理地选定各种成型工艺参数。SMC 成型温度的高低取决于树脂糊的固化体系、制品厚度、生产效率和制品结构的复杂程度，成型温度必须保证固化体系引发、交联反应的顺利进行，并实现完全的固化。SMC 成型压力随制品的结构、形状、尺寸而异，SMC 增稠程度越高，所需成型压力也越大，成型压力的大小与模具结构也有关系。SMC 在成型温度下的固化时间（也称为保温时间）与它的性质及固化体系、成型温度、制品厚度和颜色等因素有关。

（4）压机操作。由于 SMC 成型是一种快速固化成型工艺，因此压机的快速闭合十分重要。如果加料后压机闭合过缓，制品表面易出现预固化补斑，或产生缺料、尺寸过大等缺陷。

综上可知，模压成型的主要工艺参数包括模具温度、模压压力和固化时间。不同的塑料模压成型时要求设定不同的模具温度。多数热固性模压料可在较宽的温度范围内发生交联。对模具施加压力，一方面是为了使塑料熔体完全充满模腔，密实制品，提高其性能；另一方面是抵抗热固性塑料在固化反应过程中放出的气体所产生的顶模压力，避免制品起泡。固化时间直接影响模压成型的周期和固化程度，前者影响生产效率，后者影响制品性能。恰当的固化时间应能缩短成型周期并保证制品充分均匀固化，使制品性能达到最佳值。

加入模具型腔内的模压料的尺寸、质量、形状及位置对模压成型的过程和制品性能也有重要影响。模压料的尺寸决定了模具的初始覆盖面积及模压料在模具内的流动长度。模压料尺寸过小会导致流动过度，产生流动诱导增强纤维的取向，导致模压成型制品的各向异性；模压料尺寸过大会导致流动长度太短，使模压料内的气泡难以逸出。

## 3.2.2 块状模压料模压成型技术

BMC 是在预混料或聚酯料材的基础上发展起来的聚酯模塑料，是将基体树脂（不饱和聚酯树脂）、低收缩剂、固化剂、填料、内脱模剂、增强纤维（如玻璃纤维）等充分混合而成的团状或块状预混料。BMC 的特点有：成型周期短，可模压，也可注射，适合大批量生产；加入大量填料，可满足阻燃、尺寸稳定性的要求，成本低；复杂制品可整体成型，嵌件、孔、台、筋、凹槽等均可同时成型；对工人技能要求不高，易实现自动化，节省劳动力等。

BMC 因含玻璃纤维少而填料多，一般不用增稠剂。BMC 主要由三种成分（树脂、玻璃纤维和填料）组成，是粒子分散型复合材料和纤维增强复合材料结合起来的多相复合体系，块状模塑料如图 3-6 所示。

BMC 压制成型是将一定量的 BMC 放进预热的钢制压模中，以一定的速度闭合模具，BMC 在压力下流动，充满整个模腔，在所需要的温度、压力下保持一定的时间，待其完成物理和化学作用过程而固化、定型并达到最佳性能时开启模具，取出制品，其成型基本流程图如图 3-7 所示，主要有压制成型前的准备工作、模具的预热、嵌件的安放、脱模剂的涂刷、装模、压制和制品的后处理及模具的清理等。

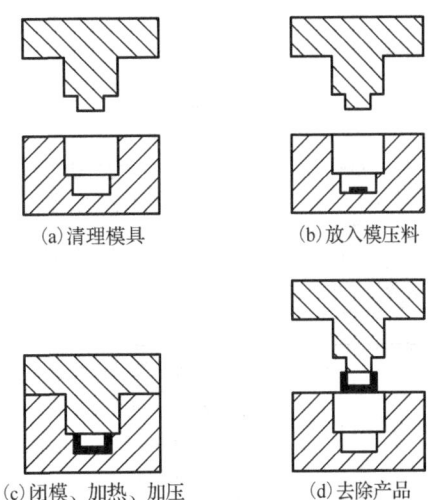

图 3-6　块状模塑料

图 3-7　BMC 成型基本流程图
(a) 清理模具　(b) 放入模压料　(c) 闭模、加热、加压　(d) 去除产品

（1）压制成型前的准备工作。作为湿式预混料的 BMC 含有挥发性的活性单体，在使用前不要将其包装物过早拆除，否则，这些活性单体会从 BMC 中挥发出来，使物料的流动性下降。要根据所压制制品的体积和密度，加上毛刺等的损耗，计算投料量。

（2）模具的预热。BMC 是热固性增强塑料的一种，对于热固性增强塑料来说，在成型之前首先应将模具预热至所需要的温度。

（3）嵌件的安放。为了提高模压制品连接部位的强度，使其能构成导电通路，往往需要在制品中安放嵌件。

（4）脱模剂的涂刷。对于 BMC 的压制成型来说，一般不需要再涂刷外脱模剂。但是在合模前给模腔涂刷一些外脱模剂也是有好处的。

（5）装模。装模不但会影响物料压制时在模腔中的流动，也会影响制品的质量，特别是对于形状和结构都比较复杂的制品的成型。

（6）压制。压制包括闭模、加压、加热和固化等步骤，在完成向模腔内投料后，进行闭模压制；当制品完全固化后，为缩短成型周期，应马上开模并脱出制品。

（7）制品的后处理及模具的清理。BMC 的成型收缩率很小，虽然制品因收缩而产生翘曲的情况并不严重，但仍需进行制品的后处理；由于 BMC 模压制品往往会产生一些飞边与其连在一起,所以需要进行制品的修整除去;制品脱出后,应认真地清理模具。

BMC 成型工艺的常见问题及解决方法见表 3-1。

表 3-1 BMC 成型工艺的常见问题及解决方法

| 常见问题 | 原因 | 解决方法 |
| --- | --- | --- |
| 制品表面起泡和内部鼓起 | ① 压塑粉中的挥发物含量太高<br>② 模具内有其他气体<br>③ 材料压缩率太大、含空气量多 | ① 将压塑粉进行预干燥及预热处理<br>② 闭模时缓慢和改善排气条件<br>③ 应预压坯料,改变加料方式 |
| 产品表面橘皮纹 | ① 模具温度太高<br>② 模塑料预热处理不当 | ① 应适当降低模具温度<br>② 应进行高频预热 |
| 产品表面流痕 | ① 模塑料流动性太好或水分及易挥发物含量太高<br>② 脱模剂使用不当 | ① 应更换模塑料或进行预干燥和预热<br>② 应选用适宜的脱模剂品种及适当减少用量 |
| 裂缝 | ① 嵌件过多、过大<br>② 嵌件结构有问题<br>③ 卸模时操作不当 | ① 制品另行设计或改用收缩率小的物料<br>② 嵌件要符合要求<br>③ 改进脱模操作方法 |
| 塑件表面色泽不均匀 | ① 模塑料热稳定性能不良<br>② 模压温度太高,熔料或着色剂过热分解<br>③ 模塑料预热不良 | ① 应换用新料<br>② 应适当降低压制温度<br>③ 应选择适宜的预热方法、时间和温度 |
| 制品欠压,有缺料现象 | ① 塑料流动性过小<br>② 加料少<br>③ 加压时物料溢出模具<br>④ 压力不足 | ① 改用流动性大的物料<br>② 加大加料量<br>③ 调节压力<br>④ 增加压力 |

## 3.2.3 层压模压成型技术

层压模压成型采用增强材料,如玻璃纤维布、碳纤维布等经浸胶机浸渍树脂烘干制成预浸料,然后预浸料经裁切、叠合在一起,在一定温度和压力下压制成层压塑料制品。

层压塑料制品质量好、性能比较稳定,不足之处是间歇式生产。它的基本工艺过程包括叠料、进料、热压、出料等过程,热压中又分预热、保温、升温、恒温、冷却五个阶段。该工艺虽然比较简单,但如何控制产品的质量是一个较复杂的问题,因此工艺操作上的要求很严格。

为了保证层压塑料制品具有良好的性能,通常对树脂提出一些要求,主要有:树脂对增强材料应有良好的黏附能力和润湿能力;树脂本身要有良好的力学性能;树脂固化时的收缩率应小,否则在复合材料中会引起大量的微裂纹;树脂应具有良好的工艺性能。增强材料是另一种重要组分,目前底材品种很多,使用最广的是玻璃纤维及其织物,其他有纸张、棉布、石棉、碳纤维、芳纶等,如图 3-8 所示。

辅助材料指固化剂、促进剂、染色剂等,主要根据树脂及其性能和制品的要求选择。溶剂的选择主要依据树脂的种类,依据主要有:能使树脂充分溶解;毒性小;价格低廉。

层压模压成型工艺流程如图 3-9 所示,主要包括胶布裁剪、堆叠、装模、热压、冷却脱模和后处理等。

(a) 玻璃纤维编织布　　　　　　　　　(b) 石棉编织布

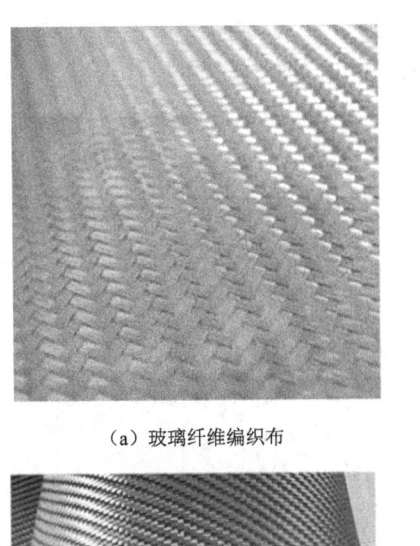

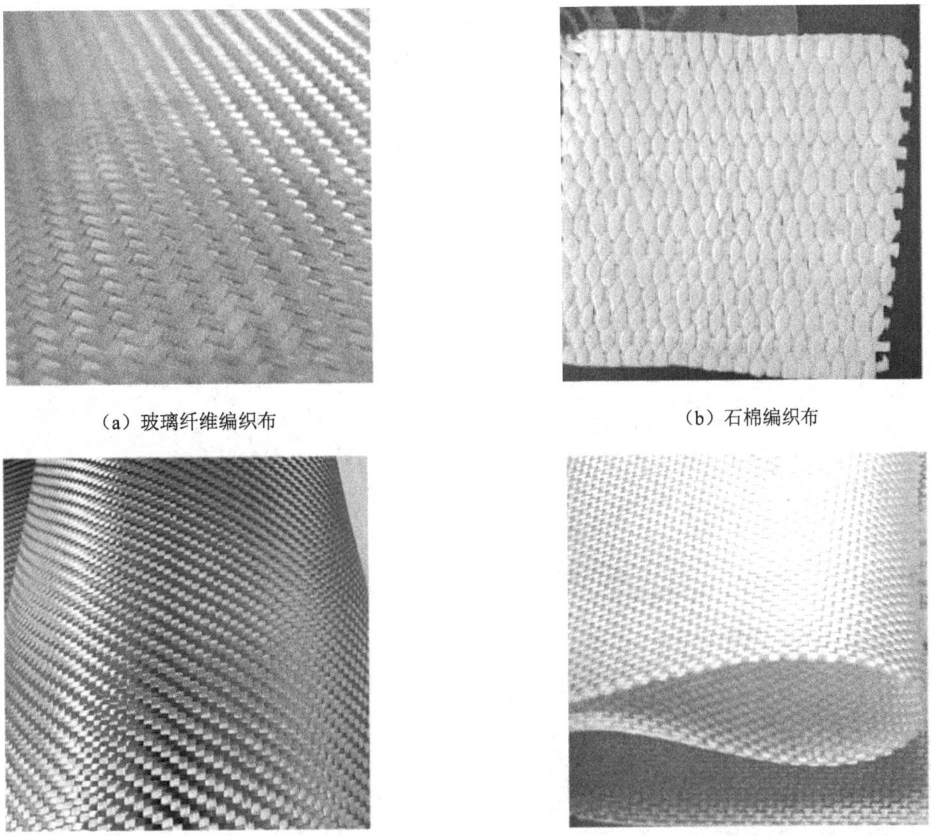

(c) 碳纤维编织布　　　　　　　　　　(d) 芳纶编织布

图 3-8　常用的增强材料

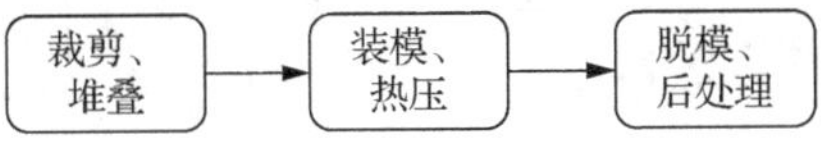

裁剪、堆叠 → 装模、热压 → 脱模、后处理

图 3-9　层压模压成型工艺流程图

（1）胶布裁剪及堆叠。叠料时，首先对所用附胶材料进行选择，应是浸渍均匀、无杂质、树脂含量符合要求的胶布，而且树脂的固化程度也应达到规定的要求。接着是裁剪与堆叠，将胶布剪成一定尺寸（按压机大小），切剪设备可用连续式定长切片机，也可以手工裁剪。

（2）装模及热压。将多层下动式压机的下压板放在最低位置，而后将装好的叠合本单元分层推入多层层压机的热板中，再检查板坯在热板中的位置是否合适，然后闭合压机，开始升温升压进行压制。

（3）脱模及后处理。热压结束后，冷却脱模，接着采用后处理，后处理的目的是使树脂进一步固化直到完全固化，同时消除制品的部分内应力，提高制品的性能。

## 3.3　纤维缠绕成型工艺

纤维缠绕技术作为最早开发和应用最广泛的复合材料自动化加工技术，用于火箭发动机的外壳和压力容器。纤维缠绕复合材料制品可按照产品的结构特征和受力状况来设计缠绕规律，由缠绕产生的拉伸有助于制品得到优异的力学性能，能够充分发挥纤维的强度，并且具有纤维排列整齐、准确率高等特点，最终获得高压实、高纤维体积、低空隙的制品。

纤维缠绕成型工艺是将浸过树脂胶液的连续纤维（或布带、预浸纱）在导丝头的引导下按照一定的线形规律均匀稳定地缠绕到芯模上，然后经固化处理后获得制品。纤维缠绕成型工艺是主要应用于具有轴对称结构制品的一种成型技术，按其结构主要分为有内衬和无内衬两大类，其制品性能稳定性较好，纤维缠绕成型工艺的应用如图 3-10 所示。

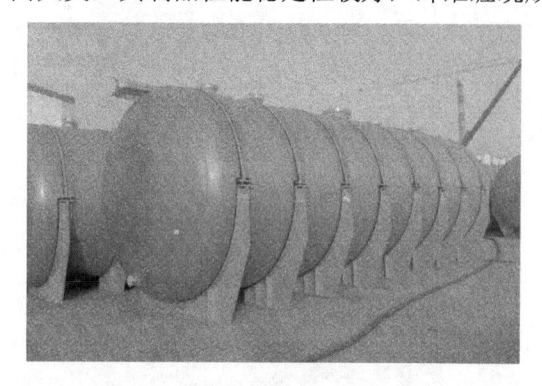

(a) 玻璃钢储罐

(b) 碳纤维复合材料气罐

(c) 玻璃钢管道

(d) 碳纤维火箭发动机壳体

图 3-10 纤维缠绕成型工艺的应用

纤维缠绕成型具有以下特点：①可设计性强，纤维可按结构所承受应力的方向铺设，充分发挥其各向异性的特点；②精度高，在各种复合材料成型工艺中，纤维缠绕成型时铺设纤维的精度最高；③生产率高，纤维缠绕工艺设备具有机械化、自动化和高速化等特点；④能够成型大型结构，如缠绕成型热压罐，并且可以现场成型大型结构；⑤强度高，纤维含量高，缠绕过程中纤维受张力的作用，强度也较高；⑥质量轻，玻璃纤维压力容器与同体积的钢制压力容器相比，质量可减轻 40%～60%；⑦适用于整体成型，连同其他一些部件一起缠绕，改善了结构抗疲劳特性。

然而纤维缠绕成型工艺也具有一些缺点：缠绕成型适应性小，不适用于复杂结构制品；在缠绕凹曲面芯模结构时，纤维常常难以紧贴芯模表面而导致出现架空；缠绕成型需要有缠绕机、芯模、固化加热炉、脱模机及熟练的技术工人，需要的投资大，成本较高且湿法缠绕的工作环境较差，对于大型结构，其成型周期较长。

### 3.3.1 纤维缠绕成型工艺过程

纤维缠绕成型工艺是将浸渍了一定树脂质量分数的高强度纤维（如碳纤维），在缠绕张力的作用下，按照程序预先设定的线型和铺层顺序，连续缠绕到芯模或内衬外表面上，然后经过加热固化而得到制品的过程，其工艺过程如图 3-11 所示。纤维缠绕成型过程按照制品在缠绕过程中的工艺特点分为干法缠绕、湿法缠绕和半干法缠绕三类，三种纤维缠绕成型工艺特点比较如表 3-2 所示。

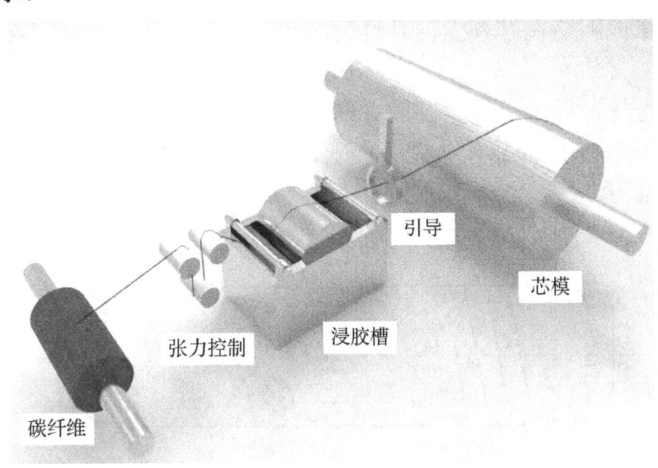

图 3-11　纤维缠绕工艺示意图

表 3-2　纤维缠绕成型工艺特点对比

| 对比项目 | 干法 | 湿法 | 半干法 |
| --- | --- | --- | --- |
| 缠绕场地清洁状态 | 最好 | 最差 | 几乎和干法相同 |
| 增强材料规格 | 较严格，部分规格 | 任何规格 | 任何规格 |
| 碳纤维引发的问题 | 不存在 | 碳纤维飞丝 | 不存在 |
| 树脂含量控制 | 最好 | 最困难 | 并非最好，黏度可能变化 |
| 材料存储条件 | 必须冷藏，有存储记录 | 不存在存储问题 | 类似干法，但存储期较短 |
| 纤维损伤 | 取决于预浸装置，损伤可能性大 | 损伤机会最小 | 损伤机会较小 |
| 产品质量保证 | 在某些方面有优势 | 需要严格的品质控制程序 | 与干法相似 |
| 制造成本 | 最高 | 最低 | 略高于湿法 |
| 室温固化可能性 | 不可能 | 可能 | 可能 |
| 应用领域 | 航空航天 | 广泛应用 | 类似干法 |

（1）干法缠绕成型工艺是指将连续纤维粗纱浸渍树脂加热，在一定的温度下除去溶剂，使树脂胶液反应到一定程度后制成预浸带，然后将预浸带按照一定的规律缠绕在芯模，工艺过程易于控制，可以实现较高的缠绕速度，有较好的缠绕环境，缠绕制品质量比较稳定。

（2）湿法缠绕成型工艺是指将连续纤维纱或纤维布经过胶槽浸渍树脂后，在导丝头的引导下直接缠绕在模具上，然后固化成型的方法。该工艺应用比较广泛，对缠绕设备和材料的要求不高，对原料的要求不严格，便于选择不同的材料，适用于生产大部分的缠绕制品。但纱带的质量不易控制和检验，固化时容易产生气泡，且张力作用不稳定，所以纱带的质量很难保证。

（3）半干法缠绕工艺相对于湿法缠绕工艺是在纤维浸胶与芯模缠绕之间加入烘干装置，一方面可以省去预浸胶环节，缩短了烘干时间，降低了绞纱烘干程度，可在室温下进行缠绕，节约成本；另一方面可以增加树脂黏度，有效减少成品中的气泡含量，提高纤维缠绕质量。

三种缠绕方法中，以湿法缠绕应用最为广泛，干法缠绕仅用于高性能、高精度的尖端技术领域。缠绕规律是指导丝头与芯模之间的运动规律，其目的在于设计合理的工艺，确保纤维均匀、稳定、规律地缠绕在芯模上。纤维缠绕的方式分为环向缠绕、螺旋缠绕和纵向缠绕三种。

（1）环向缠绕指的是纤维沿容器圆周方向进行的类似于环向圆周运动的缠绕方式。缠绕时，芯模绕自身轴匀速转动，而导丝头做平行于轴线方向的运动。图 3-12 为环向缠绕，图 3-13 为环向缠绕参数关系图。

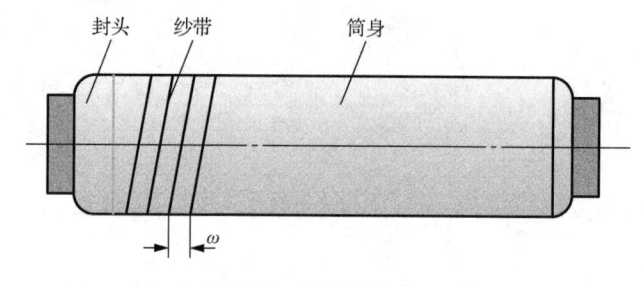

图 3-12　环向缠绕

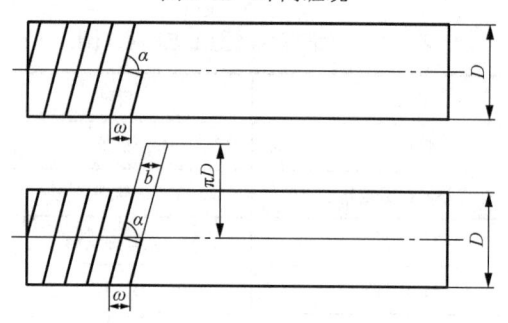

图 3-13　环向缠绕参数关系图

（2）螺旋缠绕类似于环向缠绕，纤维缠绕不仅仅在筒身段缠绕，而且在封头上缠绕，其缠绕角$\alpha$在 25°～80°。图 3-14 为螺旋缠绕。

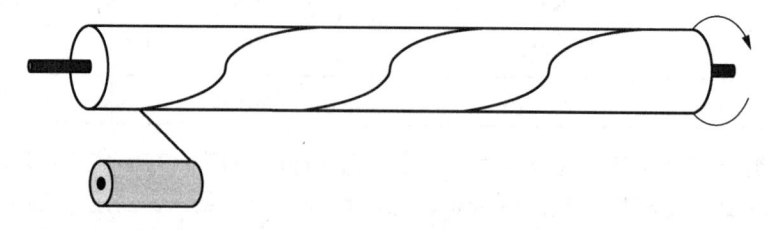

图 3-14　螺旋缠绕

（3）纵向缠绕，又称平面缠绕，纤维纵向缠绕过程中，芯模绕自轴以缓慢的速度旋转，芯模在导丝头每转动一周时就会转动一个很小的角度，角度对应在芯模表面上的弧度就大约等于一个纱片的宽度。图 3-15 为纵向缠绕。一般来说缠绕角 $\alpha$ 小于 25°，图 3-16 为纵向缠绕参数关系图。

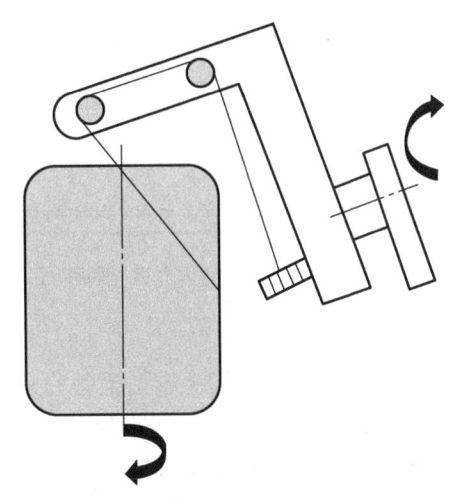

图 3-15　纵向缠绕

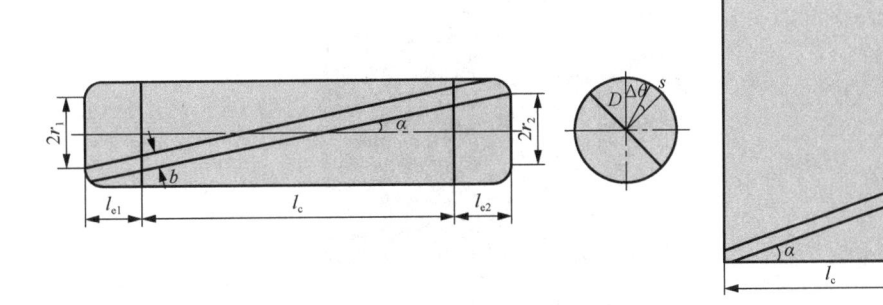

图 3-16　纵向缠绕参数关系图

纵向缠绕的纱片排布彼此不发生纤维交叉，纤维缠绕的轨迹是一条单圆平面封闭曲线，见图 3-17。纵向缠绕的速比是指单位时间内芯模转数与导丝头转数之比，纱片与纵轴的夹角即缠绕角 $\alpha$。纵向缠绕规律主要用于球形、椭圆球及长径比小于 1 的短粗筒形容器的缠绕。

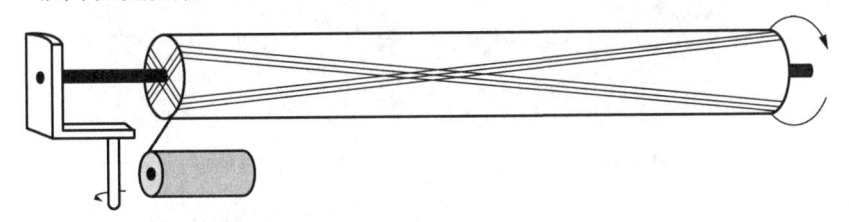

图 3-17　纵向缠绕轨迹

## 3.3.2　纤维缠绕制品及其成型设备

（1）典型的纤维缠绕制品及其结构。在纤维缠绕工艺中，压力容器制品的缠绕成型占据着重要的比例，压力容器是用于完成反应、传质、传热、分离和储存等工业生产工艺过程并能承受压力载荷的一种密闭容器。复合材料压力容器组成结构中的内衬结构主要起到储存容器中高压气体或液体并防止气体或液体渗漏的作用，它并不是压力容器中承担内部压力载荷的主要结构。复合材料压力容器的结构组成如图 3-18 所示。

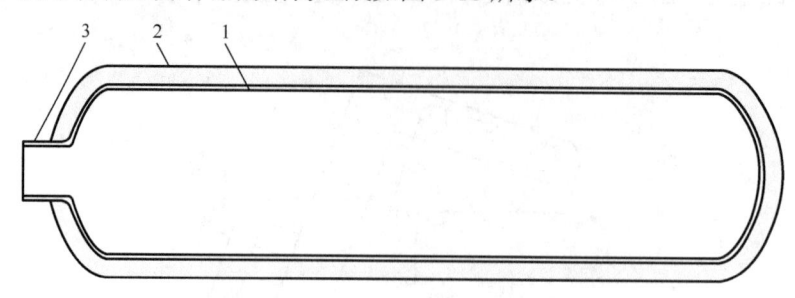

图 3-18　复合材料压力容器的结构组成

1-内衬结构；2-纤维层；3-接口部分

（2）纤维缠绕成型设备及辅助装置。纤维缠绕成型设备的先进程度标志着缠绕技术的发展水平，是发展缠绕技术的关键所在。图 3-19 为典型的纤维缠绕机。目前纤维缠绕成型设备基本实现了微机全伺服控制，两轴、三轴、四轴微机控制纤维缠绕机制造技术和纤维缠绕工艺已经成熟，机器人应用于缠绕技术可实现缠绕过程的柔性及精确缠绕，如图 3-20 所示。

图 3-19　纤维缠绕机

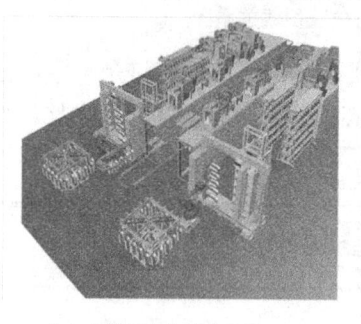

（a）纤维缠绕自动生产线 　　（b）纤维缠绕辅助机器人

（c）3D 纤维缠绕系统

图 3-20　纤维缠绕成型

## 3.3.3 纤维缠绕成型的工作原理

（1）缠绕的基本理论。以压力容器为例，其芯模主要分为筒身段和封头段两大部分，筒身段为中间的圆柱面，封头段一般为椭圆面，筒身段和封头段的交界处称为赤道，通常在容器末端设计一个小区域，称为"极孔"，缠绕时不经过极孔内部，但与极孔相切。

缠绕角为纤维束和纵轴的夹角，缠绕角在纤维缠绕的过程中起着至关重要的作用，不同缠绕角缠绕生产出纤维制品的力学性能和外观有着很大的不同。在缠绕纤维制品时，纤维束在芯模表面可沿多条轨迹缠绕，缠绕合格的必要条件之一是纤维不发生滑移，中心转角为芯模上纤维的落纱点轨迹绕轴线所形成的角度。

中心转角对于计算机的仿真模拟以及缠绕机的实际缠绕轨迹的计算是十分重要的。切点数是分析缠绕线型的显著特征，它代表当缠绕完成一个完整的循环时，纱带与极孔相切点的个数，采用压力容器的螺旋缠绕分析最容易理解切点数的概念。

（2）缠绕线型的优化设计。由微分几何可知，曲面上任意指定两点间的最短线叫短程线，也称为测地线。测地线稳定且计算简单，在传统缠绕工艺中被广泛采用，但在实践中却有以下局限性：缠绕线型不可设计，按力学特性设计的最优铺层角度一般无法用测地线实现；工程中常用的一些零件无法缠绕，如不等开口容器、非轴对称回转体构件等；无法满足实现均匀布满的条件，均布缠绕时纤维束偏离了测地线产生滑移。

（3）缠绕成型的轨迹设计。由于在实际缠绕过程中，纤维缠绕轨迹的实现是靠缠绕机导丝头带动纱线经过一系列的相对运动来完成的，因此要通过模具上的纤维轨迹求得缠绕机导丝头的运动轨迹。图 3-21 为纤维路径示意图。

缠绕机的运动形式主要可以分为四种：等悬纱约束轨迹表示为缠绕机导丝头与芯模上落纱点间的距离保持不变；开放圆柱包络轨迹在计算时机床运动被约束在一个包络芯模的开放圆柱表面；封闭圆柱包络轨迹在计算时机床运动被约束在一个包络芯模的封闭圆柱表面和端面；等轮廓包络轨迹在计算时机床运动被约束在一个包络芯模轮廓的轮廓表面。

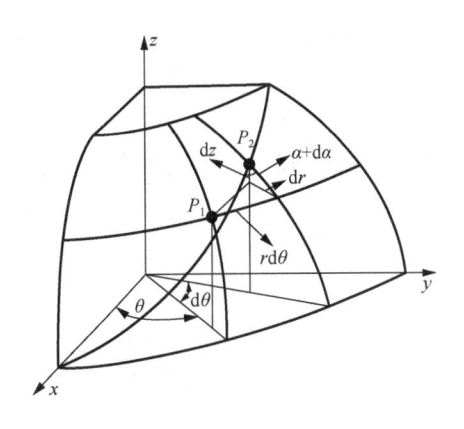

图 3-21 纤维路径示意图

## 3.3.4 纤维缠绕成型的技术要点

（1）纤维缠绕成型材料。用于纤维缠绕成型的材料主要有增强纤维，以丝束或纱带的形式提供，而干法缠绕使用的材料是经过预浸胶处理的预浸纱或预浸带，或者是这两种材料预先的组合形式。

常见的纤维材料有碳纤维、玻璃纤维和芳纶纤维。相比于其他纤维，碳纤维被广泛应用在各个领域中，是一种具有高强度、轻质、高模量等特点的新型材料。

树脂基体是指树脂和固化剂组成的胶液体系。缠绕制品的耐热性、耐化学腐蚀性及耐自然老化性主要取决于树脂性能，同时树脂对工艺性、力学性能也有很大影响。成型纤维含量高的缠绕制品需要用高性能的树脂。树脂基体具有较好的胶黏能力，主要用来黏结固定纤维材料，同时起到分散载荷的作用。对于树脂基体而言，不仅要有较高的传递载荷能力，还要有良好的力学性能、黏结性能、韧性和耐候性等特性。

（2）纤维缠绕工艺的技术要点。缠绕工艺一般由下列工序组成：胶液配制、纤维的烘干处理、芯模或内衬制造、浸胶、缠绕、固化、检验、修整、成品。影响缠绕复合材料制品性能的主要工艺参数有纤维的烘干和热处理，纤维的浸胶含量、缠绕张力、缠绕速度和环境温度等。

（1）纤维的烘干和热处理。纤维表面如果含有水分，不仅会影响树脂基体与纤维之间的黏结性能，同时将引起应力腐蚀，使微裂纹等缺陷进一步扩展，从而引起制品的强度和耐老化性能下降。

（2）纤维浸胶含量的高低及其分布对制品性能影响很大，直接影响制品的重量及厚度。

（3）缠绕张力是缠绕工艺的关键技术，张力大小、各束纤维间张力的均匀性及各缠绕层之间的纤维张力的均匀性，对制品的质量影响极大。

（4）缠绕速度通常是指纤维缠绕到芯模上的速度，应控制在一定范围。

（5）缠绕制品的固化工艺参数是保证缠绕制品充分固化的重要条件，直接影响缠绕制品的性能及质量，加热固化可提高化学反应速度，缩短固化时间和生产周期，提高生产效率。

## 3.4 拉挤成型工艺

拉挤成型工艺是一种连续生产复合材料型材的方法，基本工序是增强纤维从纱架引出，经过集束辊进入树脂槽中浸胶，然后进入预成型模，排出多余的树脂并在压实过程中排除气泡，纤维增强体和树脂在成型模中成型并固化，再由牵引装置拉出，最后由切断装置切割成所需长度，复合材料拉挤成型工艺示意图如图3-22所示。

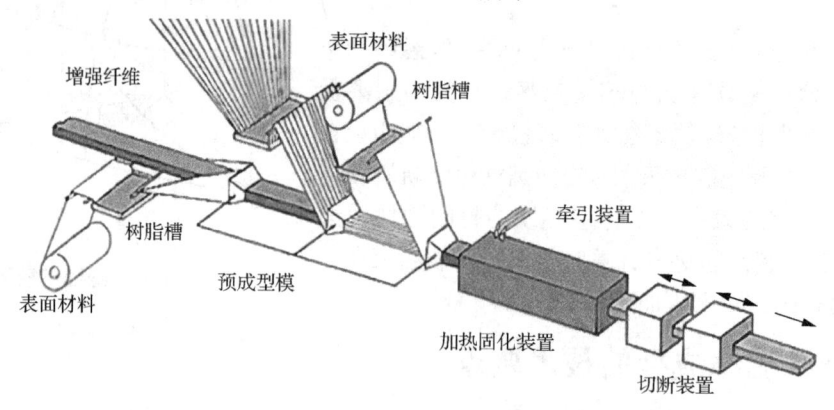

图3-22 复合材料拉挤成型工艺示意图

拉挤成型工艺的优点包括：生产过程连续进行，生产效率高，便于实现自动化；制品中增强材料的含量高；制品的性能稳定可靠；具有良好的整体性，只需要进行少量的后加工；原材料的利用率高，在生产过程中树脂和纤维损耗最少；能够生产截面形状复杂的制品；能够调整制品的纵向强度和横向强度，以适应不同制品的要求。

拉挤成型工艺对树脂的基本要求为黏度低，对增强材料的浸透速度快，黏结性好，存放期长，固化快，复合材料制品具有一定的柔软性，成型时制品不易产生裂纹。

## 3.4.1 拉挤成型的工艺流程

一般的拉挤成型工艺是连续增强纤维在外力牵引下经过树脂浸渍，在成型模具内加热固化成型，拉出模具，连续生产出线形制品。拉挤成型的主要工艺流程如图 3-23 所示。

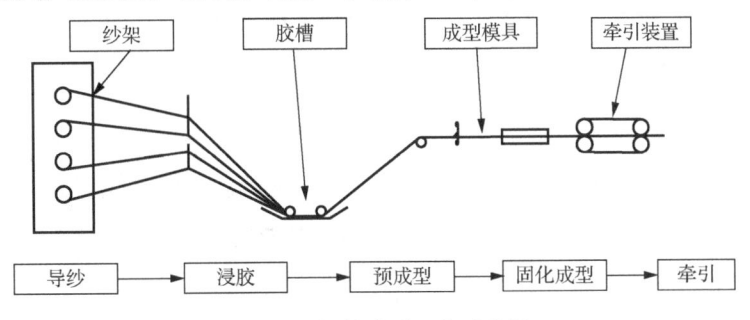

图 3-23 拉挤成型工艺示意图

间歇式拉挤成型工艺过程如图 3-24 所示，主要包括以下 5 个步骤：
（1）预浸料制备并分切安放在放卷机构的卷筒上；
（2）在进行预浸料的铺叠之前，脱模薄膜的运动要先于预浸料，防止预浸料中的树脂加热后粘贴芯模，影响预浸料沿牵引力方向的运动；
（3）热压金属模具内对预成型料坯进行加热、加压以便铺层之间更好地贴合，同时排出铺叠过程中铺层之间裹入的空气；
（4）热压模具打开，将部分固化的制品牵拉出热压模具，并进入烘道内完成全部固化，另一段预成型后的叠层预浸料坯再进入热压模具中固化，定型后再牵引出模；
（5）牵拉设备将完全固化成型的制品拉出，与生产线同步的切割、制孔等加工设备将型材制成需要的尺寸。

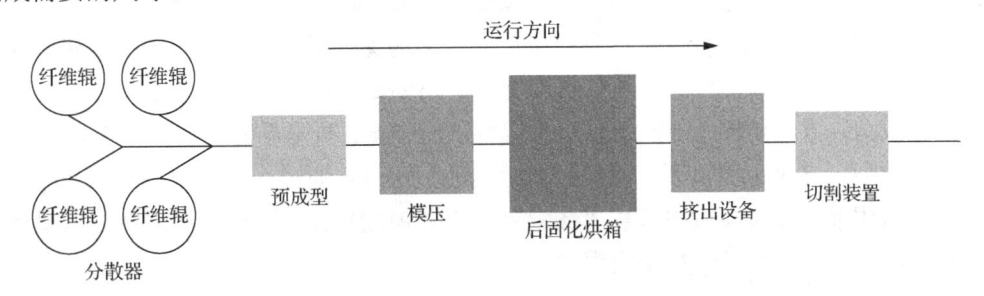

图 3-24 间歇式拉挤成型工艺示意图

预浸料典型的固化工艺曲线只有一个或两个温度平台，而且所有的升降温过程都是在一个模具中完成的，这使得制品的成型周期延长，典型预浸料和先进拉挤固化工艺曲线比较如图 3-25 所示。

拉挤过程中，树脂的黏度会发生先降低后上升的变化过程，黏度降低时容易粘贴模具，为防止发生树脂黏附在模具上，造成牵引力的增加以及出现死模现象，需要选择脱模辅助材料。在传统的拉挤工艺中脱模多采用脱模剂，通过在树脂基体中加入内脱模剂以及在模具表面涂上外脱模剂。

(a) 典型固化温度工艺曲线

(b) 先进拉挤固化工艺曲线

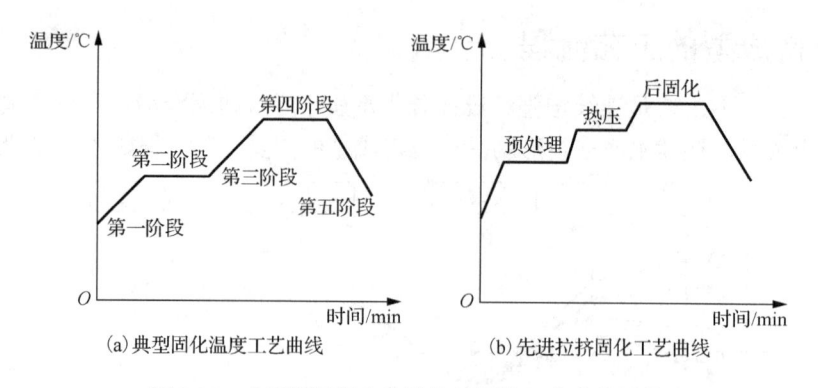

图 3-25 典型预浸料和先进拉挤固化工艺曲线比较

## 3.4.2 拉挤成型的设备

拉挤成型设备主要由 5 部分组成：供带装置、预成型装置、热压装置、夹持牵引装置和切割装置，如图 3-26 所示。

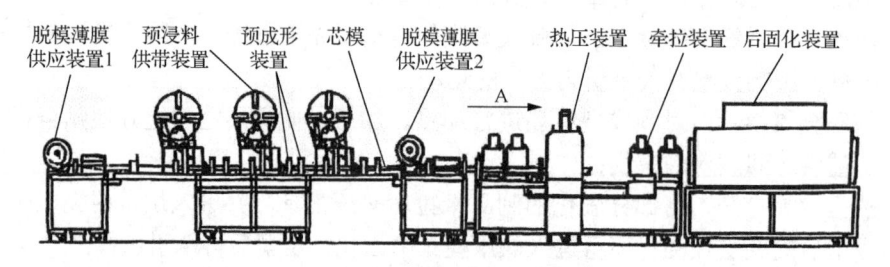

图 3-26 拉挤成型设备示意图

（1）供带装置包括供带架和脱模薄膜放卷轮，供带架的大小和排放形式由产品的截面大小、铺叠的厚度决定。预浸带通过放卷机构放卷，为避免牵引过程中预浸料因加热软化造成铺叠褶皱，每张带子之间要保证足够的长度空间，还要尽量保持预浸料具有均匀的张力。

（2）预成型装置包括折弯导向装置、预成型加热装置。折弯导向装置如图 3-27 所示，主要功能就是定型，它是由一系列辊轮和芯模组成的。预浸带通过一系列辊轮和折弯导向装置引导在进预压辊前预浸带集束成多层"预浸带坯"并铺成预计的形状。预成型加热模的作用是将已折弯的预浸带在模具中初步成型。

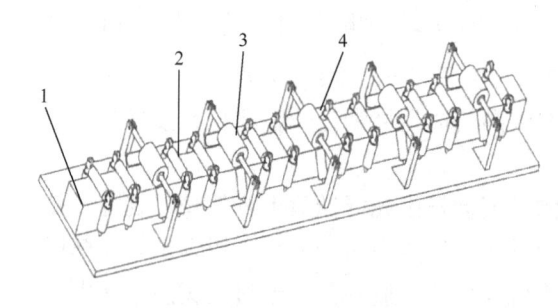

图 3-27 折弯导向装置

1-芯模；2-压实辊轮；3-折弯辊轮；4-底板

(3) 在整个拉挤过程中，设备的核心是热压装置，它有定型和固化两个功能。热压又是所有工艺因素的交汇点，是成型的关键工序（加热温度、压力和热压时间直接影响产品的质量），是实现坯料的压实、成型和固化的核心。为使制品达到所需的固化度要求，模具内的压力和温度都必须维持在一定值并保持一定时间。

热压过程中对设备提出了最大能对制品施加 1.0MPa 压力的要求，使其在固化过程中能挤走气泡、快速固化、固化层间效果更好。实现加压的方式有多种，如液压机构、气动机构。模具加热系统的加热效果和温度控制精度是先进拉挤成型工艺的重要保证，将直接影响制品的组织性能和模具寿命、加工的生产效率，例如，拉挤过程中，如果加热元件、加热方式选择不当会产生一系列不良后果，如加热不均匀会造成制品性能的差异等。

(4) 传统拉挤机的牵引装置是通过滚轮、履带等调节牵引辊的角速度快慢，保证牵引的精度。常见夹持牵引机构如图 3-28 所示，这种牵引装置通常由两个牵引机构交替将型材连续拉出，两个机构的交替牵引运动分为同步夹持牵引、单独夹持牵引和返程三个阶段，制品由夹持机构实现夹紧，这种机构快速且连续，能将已经达到固化要求的制品牵引出热压模具，保证型材的连续成型。

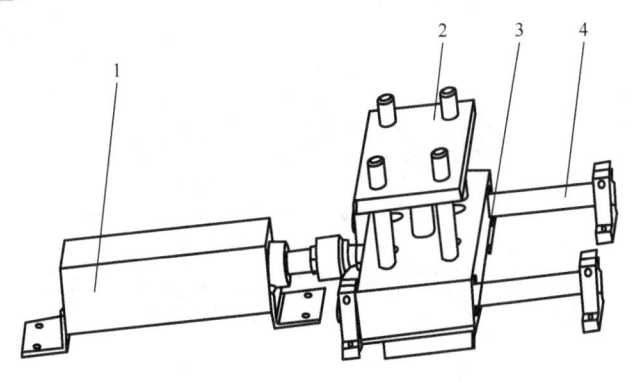

图 3-28 夹持牵引机构

1-牵引气缸；2-夹持板；3-夹紧气缸；4-滑轨

先进拉挤是一个间歇过程，因此，必须设计适合预浸料拉挤的牵引机构，利用牵引机构回到原位的间限，对制品进行加热和加压。为保证夹持的稳定性，并避免刮伤型材，夹持机构需要短行程。而牵引机构恰好相反，为了能调节牵引速度，牵引长度需要有较大范围。夹持牵引机构通过牵引制品的行程长短调节热压时间和周期。

牵引机是拉挤成型中的动力来源，按照牵引方式的不同可以把牵引机分为履带式和液压式两种，牵引机的作用是在成型过程中间歇式牵引着预浸料条带进入预成型装置形成坯料，又将坯料牵引入模具内，待固化到一定程度后，最终牵引出构件。

(5) 切割装置包括移动式切割机和支撑尾架两部分。切割机的作用是实现同步切割，使用的是高耐磨的无齿金刚石锯片，圆盘锯片的圆心在切割平面上的运动轨迹可以是直线、圆弧和矩形，直线最为常见。在切割机上配有除尘装置，例如，干法切割应设有吸尘装置，湿法切割应设有喷嘴及循环水系统，包括水泵、管路、水槽、过滤网等。

### 3.4.3 拉挤成型的技术要点

**1）拉挤成型工艺的关键参数及控制**

预浸料经辊压形成坯料后经过成型模具预固化形成制品，在此过程中，模具是所有工艺因素的交汇点。其中树脂固化的主要影响因素是固化工艺中的加热过程，一方面，加热使树脂熔融黏度降低、进一步浸润纤维；另一方面，加热使具有活性基团的组分产生交联反应，使树脂黏度升高直至固化。大多数的交联反应都是放热反应，系统温度的升高加速了固化交联过程。影响拉挤成型工艺的参数包括：模具温度，预处理与热压保温时间，后固化温度和保温时间，模具压力，牵引力及牵引速度。

（1）模具温度。模具温度与所选预浸料中树脂的固化温度有关，不同的升温速率下，升温曲线对应的峰始温度、峰值温度和峰终温度不同。

（2）预处理与热压保温时间。预处理保温是为了加热熔融树脂，使树脂更好地浸润纤维。热压保温是为了保证制品在出模的时候具有一定的固化度，这样才能保证制品在牵拉过程中尺寸的稳定性，不至于在拉挤过程中变形，通过升温曲线能够计算出制品所能达到的固化度。图 3-29 为玻纤无捻粗纱浸胶后进入微波炉示意图。

图 3-29　玻纤无捻粗纱浸胶后进入微波炉示意图

（3）后固化温度和保温时间。对制品进行后固化处理的作用：第一，可以弥补制品固化度的不足，缩短成型周期；第二，后固化过程中的传热介质是空气，固化交联作用要比模内平缓得多，可以很好地消除制品的内应力；第三，可以提高制品的热变形温度，防止制品在高温下连续使用时发生变形。

（4）模具压力。压力的作用是使制品的结构密实，防止分层并挤出树脂挥发分、溶剂、铺叠过程裹入预浸料层间的水汽及固化反应的低分子产物形成的气泡，同时挤出多余的树脂，并使制品在冷却过程中不易变形。

（5）牵引力及牵引速度。牵引力是保证制品顺利出模的关键，其大小由制品与模具之间的界面上的切应力来决定，它还与在整个工艺过程中的摩擦阻力有关。工艺过程中的摩擦阻力主要来源于供带架、脱模片放卷轮、预成型辊压装置、预浸料坯料在模具固化区的摩擦力等。

**2）拉挤成型工艺的仿真技术**

制品从热压模具出模时必须达到一定的固化度，才能保证制品在牵拉过程中具有保持原有形状的能力。为控制固化反应，需要对预浸料的固化动力学及其在特定热历史下所能达到的固化度进行研究，为加热温度、时间及压力参数的研究提供依据。

(1) 模具温度及固化时间的确定。拉挤模具的温度直接影响树脂的交联程度（固化效果），固化时间直接决定坯料的固化度，通过测定固化过程中的热效应，建立固化动力学模型，在理论上预测固化反应的进程。

(2) 压力模型。热固性复合材料固化时需要对制品施加压力，压力的主要作用是使树脂进一步浸渍纤维，挤出多余的树脂，压实铺层，减少孔隙含量；加压时树脂可能会从纤维之间或者相邻铺层之间被挤出，由于预浸料中纤维离得很近，只有很少一部分树脂会从纤维之间挤出，大部分树脂还是从相邻铺层之间被挤出，随着树脂被挤出，铺层逐渐密实。

(3) 模具的热传递模型。在树脂固化反应的动力学数学模型中有一个物理量——温度 $T$，它决定着固化反应的历程和速度。建立拉挤模具内的热传递模型用于预测和分析拉挤模具内的温度分布。

为建立拉挤模具内的热传递模型，做出合理假设：拉挤工艺处于稳定状态，即拉挤模具内的热传递处于某一稳定状态；沿模具轴向热传导可以忽略；在模具内任一位置树脂和纤维具有相同的温度；在模具内任何纤维在树脂中的分布是均匀相同的；模具的热容量无限大；化学物质的扩散对温度的影响忽略；树脂的反应速度不受模具内压力及纤维的影响。

(4) 牵引力及夹紧力。只有当牵引滑台上的夹持机构将制品牢固地夹持住，牵引机构才能推动滑台将制品从热压装置中拉出。这就要求夹持机构能提供足够的夹持力，且夹持可靠，以保证牵引机构能把制品拉出且不打滑。同时牵引装置的牵引力应大于型材在模具中遇到的摩擦阻力和在固化时与模具的黏结力，它是保证制品顺利出模的关键。

## 3.5 液体成型工艺

复合材料液体成型（liquid composite molding，LCM）技术是指将液体聚合物注入铺有纤维预成型体的闭合模腔中，或加热预先放入模腔内的树脂膜，液体聚合物在流动充模的同时完成树脂对纤维的浸润并经固化成型为制品的一类技术。具有代表性的液体成型技术主要包括：树脂传递模塑（resin transfer molding，RTM）成型、真空辅助树脂注射（vacuum assisted resin infusion，VARI）成型、Seemann 法树脂浸渍模塑（seemann composites resin infusion molding process，SCRIMP）成型、树脂膜熔渗（resin film infusion，RFI）成型工艺。

LCM 技术具有诸多优势：制件尺寸精度高，表面质量好，可低压成型，生产周期短，具有高性能、低成本的制造优势，可设计性好，制品力学性能好，可生产的构件范围广，既可成型形状复杂的大型整体构件，又能生产各种小型复合材料制件，可以定向铺放纤维，可一次浸渍成型具有夹芯、加筋、预埋件等的大型构件。

### 3.5.1 树脂传递模塑成型技术

树脂传递模塑成型是最早研发的液态成型工艺，其基本原理是：在模具的型腔中预先放置增强材料，合模夹紧后，在一定的温度和压力下，将经静态混合器混合均匀的树脂体系注入模具，浸渍增强材料并固化，最后经脱模、后加工得到复合材料制品。

树脂传递模塑成型技术具有尺寸精度高、可重复性好等特点，采用了闭模成型，最终成型制件的尺寸精度高，且公差精确可控，稳定性和可重复性好；低成本，采用的预浸料价格便宜，可以实现室温储存和运输，无须较大的设备，仅需使用烘箱或平台加热，制造成本低廉，可实现近净尺寸的制造，降低了机械加工成本，可实现整体成型，能节省装配工时和成本；环境友好，闭模工艺的优点在于，树脂是在全封闭的状态下进行，有利于人体健康和环境保护；可适应性好，预制体可设计自由度大，既能采用常规的铺叠织物，又可采用全部或局部（缝合、Z-Pin等）增强以及增韧技术，还可采用整体性比较强的编织预制体，提高制件的抗分层损伤容限；整体性好，能一次整体成型从小型精密到大型整体复杂的不同类型的复合材料制件，可实现生产自动化；可一步成型带有夹芯、加筋和预埋件的大型复杂制件。同时，RTM技术也存在模具一次性投入大、小规模生产成本优势受限等局限性。

**1）工艺流程**

树脂传递模塑成型技术的基本工艺流程如图3-30所示，主要有模具设计与制造、预成型体制备、合模与注胶、固化与脱模等。

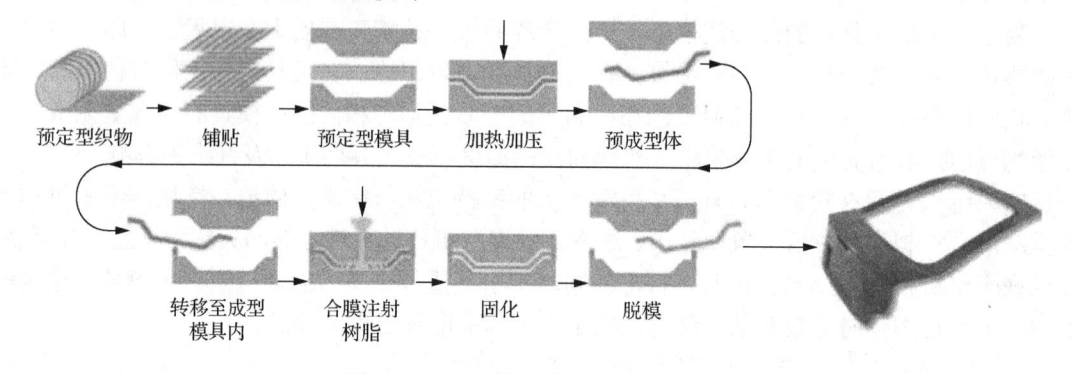

图3-30 RTM技术的基本工艺流程图

（1）模具设计与制造。RTM模具由阳模和阴模两个半模组成。模具制作好后，应选择合适的位置开设注射口、排气口，铺设密封条，安装定位装置和紧固件等。RTM模具的制作是一个关键环节。

（2）预成型体制备。根据模具尺寸分层裁剪，耗时且纤维易分散。把增强材料用编织或定型剂固定，使纤维不易分散，然后在加热加压的条件下使增强纤维变成一体，每层都用定型剂黏接。

（3）合模与注胶。将增强体放入模具后即可合模，合模后需要对模具的密封性进行检查，确保模具的密封性后即可注胶，影响RTM成型技术的主要因素包括注胶压力、辅助真空、注胶温度。

（4）固化与脱模。RTM成型主要借助鼓风烘箱进行加热固化。

RTM成型自动化生产线如图3-31所示，生产质量要求较高的构件时，为了改善树脂对纤维的浸渍程度，排出微观气泡，提高制品性能，会让流出口流出一定量的树脂。RTM制品常见的缺陷包括产品表面局部粗糙无光泽、起皱、漏胶、起泡，制品内部出现干斑、皱褶、裂纹等。

**2）RTM成型设备**

（1）RTM模具设计。RTM模具的主要结构包括成型面、分模面、模具密封结构、注射口、排气口、导向定位结构、刚度结构、加热结构等部分。RTM模具的结构设计包括产品结构分型嵌模、组合模、预埋结构、夹芯结构等模具结构形式，专用锁紧机构、脱模机构、专用密封结构，真空结构形式，模具层合结构、刚度结构形式，模具加热形式等。

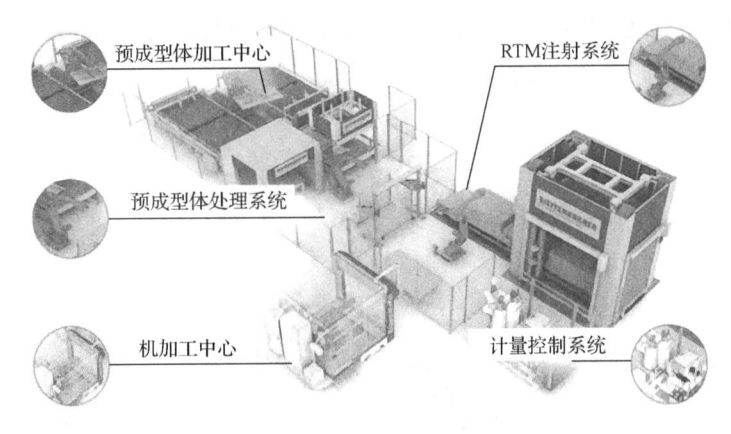

图 3-31 RTM 成型自动化生产线

（2）注射口和排气口的设计。树脂注射口的位置对树脂的浸渍过程非常重要，注射口设计不当会造成充模时间过长，形成孔隙等缺陷。注射口在模具上的位置有三种情况：中心位置，注射口选择在产品的几何形中心，保证树脂在模腔中的流动距离最短；边缘位置，注射口设计在模具的一端，同时在模具上设有分配流道；外围周边，树脂通过外围周边分配流道注射，排气口选择在中心或中心附近的位置。

注射口一般位于上模最低点，放在不醒目的位置以免影响制品外观质量。四周注入可以比中心注入充模时间减少许多，孔隙率也会有所降低。但无论怎样选择注射口的位置，目的都是保证树脂能够流动均匀，浸透纤维。排气口通常设计在模具的最高点和充模流动的末端，以利于空气的排出和纤维的充分浸润。借助流动模拟软件可以较好地确定理想的注射口和排气口。

（3）RTM 成型模具。由于 RTM 成型工艺是一种闭模操作工艺，因此模具的设计和制造对 RTM 工艺本身及其产品质量显得更加重要，需充分考虑模具材料和结构的优化设计等方面的因素。

RTM 成型工艺所选用的模具材料应具备导热快、比热容低、热稳定性好、热膨胀系数小、加工工艺性好、重量轻、使用寿命长、成本低、使用和维护方便等特点。RTM 模具结构的设计包括：注胶口和出胶口的设计、模具的刚度设计、模具的锁模设计及模具的密封设计等。

注/出胶口的设计是模具设计的重要环节，其设计正确与否是注射成型能否顺利进行、能否得到高质量制件的关键。注/出胶口数量和位置的选择会直接影响树脂的流动路径、充模时间，以及树脂在膜腔中的压力分布、流动前缘等，不合理的注/出胶口选择甚至可能导致树脂无法充满或对纤维浸润不充分等情况，从而使制件出现气泡、干斑等缺陷。对于 RTM 模具来说，注/出胶口设计的基本原则是：设计合理的注/出胶口能引导树脂顺利而平稳地充满型腔的各个角落，使型腔的气体顺利排出。最优的注/出胶口设计结果是，在保证型腔良好排气的前提下，尽量减少树脂流程和拐弯，以减少树脂压力的损失，保证必要的充填型腔的压力和速度，缩短充填型腔的时间。在制备大型复合材料制件时，为实现树脂的快速分配，提高树脂的充模速度，还可在模具表面加工导流槽。

RTM 技术的关键之一是适用于工艺的低黏度、长使用寿命、力学性能优异的树脂体系。增强预制体制造技术是 RTM 成型工艺的又一关键技术，国内已经发展了黏结预定型和纺织预定型技术。黏结预定型采用刷/喷涂法和粉末法制造预制体；纺织预定型包括二维编织、二维半编织和三维编织，以及三维机织多轴经编（CF 织物）和缝合制造技术。二维编织预制体设备、二维编织预制体如图 3-32、图 3-33 所示。

图 3-32　二维编织预制体设备

（a）常规管状编织　　　　　　　　　　（b）异形管状编织

图 3-33　二维编织预制体

RTM 成型技术的另一关键是树脂流动过程的模拟技术。通过树脂流动过程的数值模拟，可以了解树脂在模具内的流动状态，指导和优化模具设计，缩短研制周期，提高成型质量。此外，采用三维纺织预制体或缝合预制体，还可以改善复合材料的层间强度。图 3-34 为三维自动化编织预制体设备。

图 3-34　三维自动化编织预制体设备

RTM 成型复合材料的成本基本上取决于选用的树脂体系和预制体，原材料的价格很大程度上决定了零件的价格，因此采用 RTM 成型工艺可以降低复合材料的成本。RTM 成型制件和成型模具都可采用 CAD 设计，投产前的准备时间短，生产效率高，并可充分利用数值模拟分析工具、完善设计。通过预先制造近净形的纤维预制体，几乎可以制造任何形状的复合材料制件，提高了结构整体性，并且极大地减少了后加工的需要。RTM 制品中常见问题及解决方法如表 3-3 所示。

表 3-3 RTM 制品中常见问题及解决方法

| 缺陷 | 产生的原因 | 解决方法 |
|---|---|---|
| 产品表面局部粗糙无光泽 | 产品轻度黏膜 | 及时清洗模具，涂覆脱模剂 |
| 胶衣起皱 | 在浇注树脂之前，胶衣树脂固化不完全 | 浇注树脂之前要检查胶衣是否固化 |
| 漏胶 | 模具合模后密封不严密 | 检查模具的密封性 |
| 气泡 | ① 模腔内树脂固化反应放热过高，固化时间过短<br>② 树脂注入模腔时带入空气过多，未全部排出 | ① 适当调低浇注时树脂固化剂用量<br>② 模具上设计排气口 |
| 制品内部出现干斑 | 纤维浸渍程度不够或被污染 | 分析和调节黏度，改进模具 |
| 皱褶 | ① 合模时，由于模具对预成型体的挤压而产生皱褶<br>② 树脂在模具中流动时将预成型体冲挤变形而产生皱褶 | 注意合模操作是否合理，降低注射压力，改进模具 |
| 裂纹 | ① 制品在模腔内固化不完全，甚至经后固化处理后，制品内部仍在缓慢固化，而树脂的固化收缩率又较大<br>② 制品本身固化已完全，但由于运输过程中温差变化大，热胀冷缩，产生内应力较大，在制品纤维含量最低的薄弱部位产生裂纹 | 根据工艺实际情况调整工艺参数，提高纤维含量和纤维分布的均匀性 |

## 3.5.2 真空辅助树脂注射成型技术

真空辅助树脂注射成型技术的工艺原理是在刚性模具上铺放按照结构和性能要求制备好的纤维预制体增强材料，然后铺真空袋，并用真空泵抽出体系中的空气，在模具型腔中形成一个负压，利用真空产生的压力把不饱和树脂通过预铺的管路压入纤维层中，让树脂浸润并充满整个模具，在室温或加热条件下固化，冷却后揭去真空袋材料，从模具上得到所需的复合材料制品。

VARI 具有许多优点：只需一面是刚性模具，另一面用柔性真空袋代替，工装设计简单，模具成本低；树脂在真空压力条件下完成注射；适合大尺寸、大厚度结构件的成型，可设计性好；结构增强手段丰富，可结合缝合、Z-Pin、编织等技术实现复杂结构的整体成型和 Z 向增强；工艺过程重复性好，可大批量生产，制品质量稳定；获得的制品纤维含量高，孔隙率低，性能好；流道设计灵活，树脂注入口和排气口位置设计多样化，可以单孔或多孔注射；无须热压罐，在烘箱内或采用自加热工装成型，成本低，闭模成型。

VARI 技术仍然有许多问题需要解决，如 VARI 工艺只有单面刚性模具，因此只能成型单面光滑的制品；制品表面容易出现白斑以及厚度不均匀等缺陷。此外由于没有额外的注射设备，该工艺对树脂体系要求较高，黏度要求较低。

VARI 工艺的具体步骤如下。

（1）设计并制造单面刚性模具，模具与制品接触面要尽量光滑，模具要有一定的刚度和良好的气密性。首先对模具进行真空渗漏检测，并为与之配合的辅助模具设计树脂流道分布形式，避免干涉现象发生。

（2）准备前处理工艺，包括模具的清理和打蜡、树脂的调配以及增强材料和辅助材料的准备。模具使用前还需要进行清理，可采用丙酮等溶剂擦拭模具表面直至表面清洁无污；随后在模具表面涂覆脱模剂或铺放隔离材料，使成型的复合材料制件能顺利地从模具表面剥离。

（3）铺设增强材料和辅助材料，按照选定的纤维增强原材料和铺层尺寸进行纤维增强预制体的裁剪，随后按铺层顺序在工作台上按样板或在设备的辅助下进行铺叠。

（4）使用真空袋密封，在合适的地方设置树脂注入口和排气口；将铺叠好的纤维增强预制体放置在模具表面，然后依次铺放脱模材料、导流介质、树脂管道等，随后进行真空袋的封装。

（5）注入树脂，确保树脂完全浸润预制体；将配制好的树脂倒入储液罐中，抽真空脱泡30min以上；为确保脱泡质量，可同时结合超声搅拌等手段对树脂进行处理。脱泡时储液罐的温度不低于树脂的渗透温度，以保证树脂在较低黏度的状态下进行脱泡处理；树脂脱泡处理完成后，打开进胶通道阀门，按设定的工艺参数进行树脂渗透。

（6）固化成型，固化期间仍需保持模腔内的真空压力；树脂完全浸润纤维增强预制体固化将渗透完毕的系统按树脂的固化工艺参数进行升温固化，记录升降温过程的温度曲线，控制好系统的升降温速率，防止升温过快发生树脂爆聚现象。

（7）脱模进行后处理工作，得到合格制品。清理真空袋、导流介质、脱模材料等辅助材料，取出固化后的复合材料增强体，并进行超声检测，通过机械或高压水修切边后，得到最终的复合材料制件。

航空复合材料通常有一定的耐温性要求，因此使用的材料以中、高温居多，在采用中、高温材料成型时，需采用如下设备满足 VARI 技术的成型要求，具体见表 3-4。

表 3-4 VARI 技术设备（或工装）的技术要求

| 序号 | 设备 | 技术要求 | 用途 |
| --- | --- | --- | --- |
| 1 | 烘箱 | ① 设备需至少含两路以上真空源，并带有标准真空管路接头，真空源的真空度不低于 0.097MPa<br>② 设备的使用温度范围、升降温速率需满足基体材料渗透和固化要求<br>③ 设备的温度均匀性不大于±5℃，或可满足基体树脂转移及固化所需的温度均匀性要求<br>④ 设备需自带多路热电偶，热电偶的测温范围与设备的使用温度范围相匹配，热电偶的温度测量精度不低于±0.1℃<br>⑤ 在装挂架上，不应存在木材、纸、未批准的橡胶软管或者类似可燃材料 | 用于干燥脱模剂，以及对树脂转移和零件固化工序进行升温、保温、提供真空以及进行温度监控 |
| 2 | 储藏罐 | ① 设备需能承受一个真空压力不变形<br>② 设备的使用容量不超过最大容量的 2/3<br>③ 设备可具备油浴加热功能，加热的温度均匀性不大于±2℃，使用温度范围可满足基体树脂渗透的要求<br>④ 设备需自带热电偶，可对基体材料进行温度监控，热电偶的测温范围与设备的使用温度范围相匹配，热电偶的温度测量精度不低于±1℃<br>⑤ 设备顶部至少需具备两路以上真空接口、底部具备一路以上树脂通道接口 | 用于储存基体树脂的容器，并在树脂渗透工序中作为树脂源 |
| 3 | 溢液罐（若需要） | ① 设备需能承受一个真空压力不变形<br>② 设备的使用容量不超过最大容量的 2/3<br>③ 设备顶部至少需具备一路以上真空接口及一路以上树脂通道接口 | 用于储存溢出的基体树脂的容器，并在树脂渗透工序中作为溢出树脂存储设备 |

| 序号 | 设备 | 技术要求 | 用途 |
| --- | --- | --- | --- |
| 4 | 低温箱 | ① 储存材料的低温箱应符合低温材料的储存要求<br>② 温度控制系统和记录仪器应定期进行设备校验和检测，并具有合格证 | 用于储存低温材料 |

采用 VARI 技术制造的复合材料层合板通常存在的缺陷类型分为两大类，即内部质量缺陷与外观质量缺陷。内部质量缺陷主要包含气孔、分层、夹杂、富脂等，从细观形态分析，气孔与分层缺陷主要由外部气体的引入造成，可能产生的原因有纤维吸湿、树脂脱泡不净、系统真空渗漏、渗透或固化温度参数设置不合理等，夹杂缺陷主要由干态纤维铺叠过程中引入异物引起，富脂缺陷主要由工艺参数设置不合理、铺叠中纤维出现错层、堆叠或架桥等现象引起，具体见表 3-5。

表 3-5 内部质量缺陷与液体成型工艺质量控制关系

| 缺陷类型 | 原因分析 |
| --- | --- |
| 气孔/分层 | ① 纤维吸湿<br>② 树脂脱泡不净<br>③ 系统真空渗漏<br>④ 渗透或固化温度参数设置不合理 |
| 夹杂 | 干态纤维铺叠过程中引入异物 |
| 富脂 | ① 渗透过程工艺参数设置不合理<br>② 铺叠中纤维出现错层、堆叠或架桥 |

由表 3-5 分析可知，夹杂和富脂缺陷主要与铺叠过程质量控制相关，而其他缺陷类型主要与液体成型工艺过程参数控制相关。

外观质量缺陷主要包含厚度均匀性超差、外表存在划伤、纤维褶皱等。其中厚度均匀性超差的原因较复杂，主要的因素有：施加在预制体上的压力均匀性不够，封装中出现了真空袋架桥，树脂渗透过程中出现树脂淤积、纤维回弹等；外表存在划伤主要由人为因素引起，具体见表 3-6。

表 3-6 外观质量缺陷与液体成型工艺质量控制关系

| 缺陷类型 | 原因分析 |
| --- | --- |
| 厚度均匀性超差 | ① 渗透过程中出现树脂淤积<br>② 预制体压力均匀性不够<br>③ 纤维回弹<br>④ 真空袋架桥 |
| 外表存在划伤 | 脱模、移动、加工过程中出现人为划伤 |
| 纤维褶皱 | ① 预制体层间缺乏定型剂<br>② 缺少压力均匀性控制手段<br>③ 层间夹杂、贴膜面存在异物 |

纤维、树脂和真空渗漏均会对成型质量产生影响，通过工艺调整能够控制缺陷。干态纤维吸湿对成型的复合材料层合板的内部质量有严重的影响，外观会出现可目视的缺陷。其缺陷主要由纤维中吸湿的水分在固化升温过程中汽化产生。如果不对树脂进行脱泡处理，那么采用 VARI 技术成型的复合材料外观不会出现明显变化，但会对成型复合材料层合板的内部质量产生较明显的影响，主要出现局部孔隙密集缺陷。系统真空渗漏是 VARI 技术成型复合材料过程中最为常见的工艺缺陷，渗漏类型按部位可分为树脂进胶管道渗漏、真空袋渗漏、真空源（出胶管道）渗漏三种。

## 3.5.3 树脂膜熔渗成型技术

RFI 即树脂膜熔渗技术，其工艺原理是将树脂膜和纤维预制体按工艺要求与模具组合在一起，在真空、温度和（或）压力作用下，树脂膜熔融、渗透并浸润预制体内纤维，经升温固化后得到能够承载的复合材料制件。RFI 的主要特点有可适应性好，所使用的干态纤维预制体具有高度的可设计性，同时干态纤维预制体可以室温储存及运输，使用方便；树脂选择范围广，采用半固态的树脂膜预置的方式，树脂渗透路线短，树脂黏度要求宽松，树脂体系可选范围广泛，可选用高分子量的树脂；适合大尺寸制件整体成型，采用单面模具，模具成本低，所成型制件尺寸限制小，可整体成型大尺寸复杂结构制件；制件纤维含量高，可通过树脂膜放置量的精确计算实现树脂含量的控制，而且可采用热压罐成型，制件纤维体积含量高（可达 60%以上），质量稳定性好。

以航空复合材料结构的 RFI 整体成型工艺为主，对其工艺流程及关键过程控制进行阐述。典型的 RFI 工艺的基本原理如图 3-35 所示。基于 RFI 的工艺原理，树脂膜预置量控制、封装、树脂膜熔渗过程是 RFI 工艺过程的关键要素。RFI 工艺采用树脂膜定量预置的方式，树脂膜预置量直接关系到树脂对预制体浸润的程度、零件的树脂含量和零件厚度。封装是指树脂膜、纤维预制体及模具三者的整体封装过程，包含树脂膜封装和气路设置两个关键点。图 3-36 为典型的 RFI 工艺封装示意图。树脂膜熔渗是指升温过程中树脂膜受热熔融、黏度降低，在内部压力差的作用下流动并浸润干态纤维的过程。树脂膜熔渗时重点控制各个温度点的温度偏差、操作时间及升温速率。

RFI 工艺通常使用的设备包括真空泵、烘箱或热压罐等，树脂膜熔渗和固化的过程全程在真空状态下进行。真空泵主要用于排出预制体内的气体，并为树脂在预制体内的流动和浸润纤维提供动力。烘箱或热压罐主要用于提供树脂膜熔渗和固化所需的温度或压力。

RFI 工艺的模具既可以单独成型蒙皮、梁、长桁类制件，又可以整体成型前述结构的组合制件，模具形式主要有框架式单面模具、梁模具、长桁模具及整体成型的组合模具。蒙皮、梁、长桁类制件成型模具：简单的蒙皮、梁、长桁类制件单独成型时，根据成型制件的不同，成型模具还应合理设计树脂膜熔渗通道；复杂制件的整体成型模具：通常由外形模、定位装置及内形模几部分组成，并且根据零件的具体结构合理设置树脂膜熔渗通道。此外，RFI 整体成型模具的设计要与 RFI 树脂流道设计相结合，在成型模具上预置树脂膜熔渗通道，以完成树脂膜的熔渗过程。

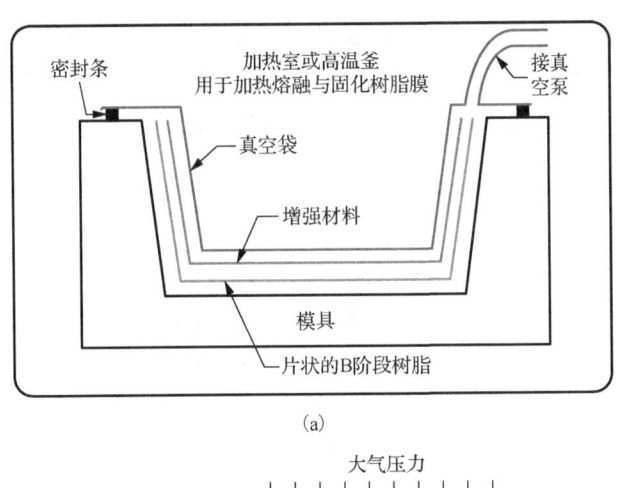

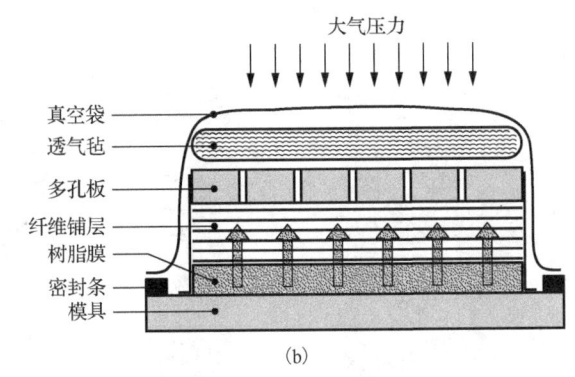

图 3-35 典型的 RFI 工艺的基本原理

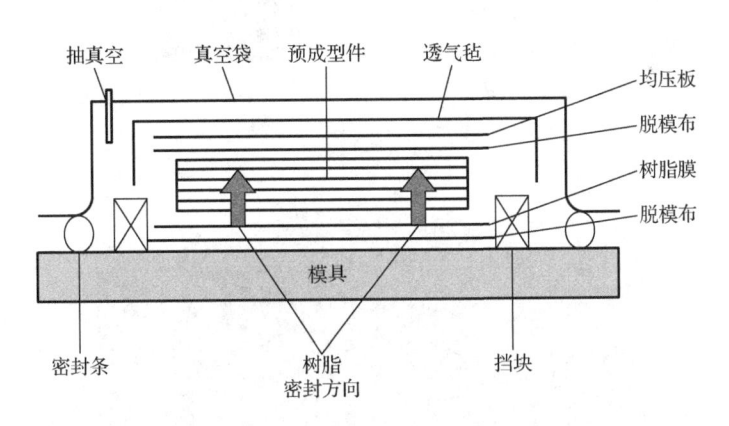

图 3-36 典型的 RFI 工艺封装示意图

RFI 工艺兼具预浸料/热压罐工艺和液体成型工艺的特点，采用真空袋封装，并可通过热压罐对制件均匀加压，零件孔隙率低，纤维体积含量高。RFI 工艺采用的树脂膜没有溶剂类的低分子挥发物，基本不出现孔隙、疏松等内部缺陷。

RFI 工艺需要注意避免干斑缺陷。干斑是指纤维预制体局部区域未被树脂浸润而在零件固化后产生的干态纤维斑痕，是一种液体成型技术中常见的缺陷。干斑是对零件质量影响比较严重的缺陷，一般会导致零件报废。干斑缺陷的诱发因素较多，如熔渗期树脂黏度大、操作时间不够、树脂流道设计不合理、"边缘效应"、预制体渗透率不均匀等。

树脂渗透期间工艺参数控制,包括温度、时间等;合理设计树脂流道并保持流道畅通,封装时注意挡边以避免树脂流失造成树脂量不足;对零件所需树脂量进行精确计算并按要求铺放,保证预置的树脂量满足干态纤维预制体对树脂量的需求。

## 3.6 整体成型工艺

复合材料结构的整体化是相对原金属材料传统的航空结构设计和制造特点而言的理念。传统的航空结构由不同类型的结构元件(梁、墙、桁、肋、框、蒙皮等)通过紧固件连接方式(螺接、铆接等)构成。由于复合材料结构制造工艺的特殊性,不同的结构元件既可直接通过纤维的连续铺放或编织结为一体,也可通过共固化或胶接共固化等途径在复合材料本身的形成过程中结为一体,采用紧固件连接进行装配的零件数量可大幅度减少。图 3-37 为复合材料整体成型工艺的应用。

(a)机翼共胶接整体成型

(b)机身共固化整体成型

(c)国内 C919 机身整体成型实例

图 3-37 复合材料整体成型工艺的应用

由于金属材料的密度远高于复合材料,复合材料结构中金属紧固件的数量将在很大程度上影响结构总重。复合材料结构的整体化程度越高,结构中用于零件连接的金属紧固件数量则越少,对结构减重具有越大的推动作用。

随结构整体化程度的提高,用于零件装配的工装数量和工时耗费也会减少。当装配成本的降幅大于结构整体化可能导致的其他成本增长(如复杂成型模具导致的成本增长、复杂结构制造质量波动导致的成本增长）时，结构的总成本得以降低。

复合材料整体成型工艺可采用预浸料-热压罐法和液体成型法。预浸料-热压罐法可分为共胶接、共固化和二次胶接三种。共胶接是指一个或多个已经固化成型的复合材料零件与另一个或多个尚未固化的预成型件通过胶黏剂，在一次固化工艺中固化并胶接成一个整体制件的工艺方法；共固化是指两个或两个以上的预成型件经过同一固化一次固化成型为一个整体构件的工艺方法；二次胶接是指将两个或多个已固化的复合材料零件通过胶接而连在一起的工艺方法。

## 3.6.1 整体成型工艺的流程

（1）铺层展开及优化。采用 CATIA 软件中的 CPD 模块对中机身铺层进行可制造性分析，发现整层设计的预浸料层在结构突变的位置无法展开，并且纤维角度变化非常大，远远偏离了设计给出的铺层角度。这是因为中机身型面复杂，而对于复杂曲面上的铺层，进行二维展开时，既要保证铺层能够展开，还要保证展开的铺层与 3D 模型上边界一致，往往存在较大的困难。只有当可制造性分析表明纤维变形在可接受范围内时才可以进行铺层展开。

（2）蜂窝芯预处理。蜂窝纵向柔性较大，易变形，贴模性好，适合成型曲度较大的零件。制造过程中蜂窝芯需要拼接，常规蜂窝芯拼接是将蜂窝按位置要求分块后进行型面铣切，然后拼接。而过拉伸蜂窝芯因其收缩性较大，采取先铣切后拼接的方式，会造成实际拼接时比理论外形小 15～20mm。

（3）蜂窝芯及预埋件定位。为了准确定位蜂窝芯和预埋件，在工装制造过程中就通过数控加工和定位预埋衬套和螺栓，用于定位蜂窝芯定位样板和预埋件。

（4）制袋。将铺叠完的上、下半模合模，铺叠补强层后进行制袋，由于中机身尺寸大，机身内部闭角多，排袋困难，容易架桥，局部地区由于导气不畅通，造成假真空。将 3/4 的抽气嘴分布于机身内部各处闭角附近，并确保各抽气嘴之间透气层的连续性，避免假真空。

（5）固化。复合材料结构在升温固化过程中经历复杂的热-化学变化，温度、压力及保温时间等工艺参数的确定对结构成型过程有着重要的影响，最终关联着质量问题。

（6）外形铣切及检测。风挡、舷窗、舱门等处采用外形铣切型架及靠模的方式进行铣切。经无损及型面检测，均能满足设计要求。

## 3.6.2 整体成型的设备

复合材料整体化结构成型的基本方法与简单复合材料零件相比无本质区别，但在工艺参数和模具设计上面临的难度显著增加。大部分整体化结构采用预浸料方法或树脂转移方法制造。整体化结构成型工艺方法的选取并非由工艺人员独立决定，因为不同的成型工艺方法会影响结构内部材料的构成方式，从而影响结构的力学性能，这就需要设计人员的参与。

复合材料整体化结构的一个表观特点是，其存在大量截面呈 T 形的接头，通过这些接头将形状相对简单的板壳组分集为一体。基于整体化理念，结构组分的结合在成型过程中完成，而不采用紧固件连接。整体化程度越高，所涉及的 T 形接头的数量就越多。

**1）整体化结构成型模具设计的基本思路**

对于预浸料方法，复合材料制件的密实程度和含胶量由成型压力所决定。成型过程中，制件表面任一部位承受压力过高或过低，均可导致制件表面和内部缺陷的形成。对于复杂的复合材料整体化结构，制造过程中有两种通过模具施加或传递成型压力的方法。

通过不同弹性特征的模具组分搭配将热压罐气体压力尽可能均匀地传递至制件表面各部位如图 3-38 所示，如金属模和橡胶模搭配、金属模和金属模搭配、橡胶模和橡胶模搭配等。金属模和橡胶模搭配的基本思路是：采用大刚度的金属模具组分实现定位及重要的型面尺寸控制，同时使用高弹态的橡胶模具组分来实现热压罐气体压力向制件各部位的相对均匀传递。

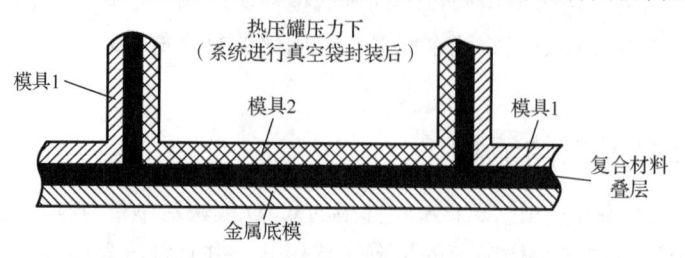

图 3-38　不同弹性特征的模具组分搭配示意图

采用适宜刚度和热膨胀系数的芯模组分，通过限制其在高温（复合材料固化温度）下的自由膨胀，来使与其接触的制件表面得到适宜的成型压力，图 3-39 为通过芯模的热膨胀对叠层施加成型压力的概念示意图。此法主要用于腔体状整体化结构的成型，其所受压力来自芯模自由膨胀受阻而形成的反力，压力的大小由芯模材料的刚度和线膨胀系数所决定。关键在于对芯模材料的合理选择，以及对模具加工和装配精度的严格控制。较多用于芯模的材料是铝和硅橡胶。

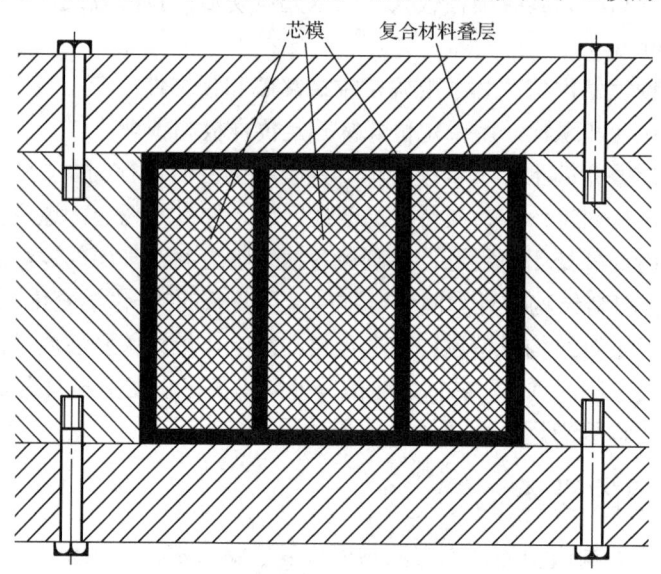

图 3-39　通过芯模的热膨胀对叠层施加成型压力的概念示意图

在某些场合，考虑到复杂结构内部的零件装配或维修，会减少结构的整体化程度而对某些零件采用紧固件连接，以方便必要地拆卸来形成操作通道。为保证零件装配面的相互配合，模具设计仍可按照共固化思路进行，图 3-40 为采用隔离膜的共固化成型。盒状结构的上蒙皮随其余部分共固化，但上蒙皮和其他元件的接触部位用薄膜隔离。固化完成后上蒙皮可取下，再通过紧固件与其余部分相连。由于上蒙皮与其他元件共同固化成型，接触面可以得到很好的配合。结构的成型质量要求由两方面构成：一是成型后结构的尺寸精度要求；二是成型后结构的内部质量要求。

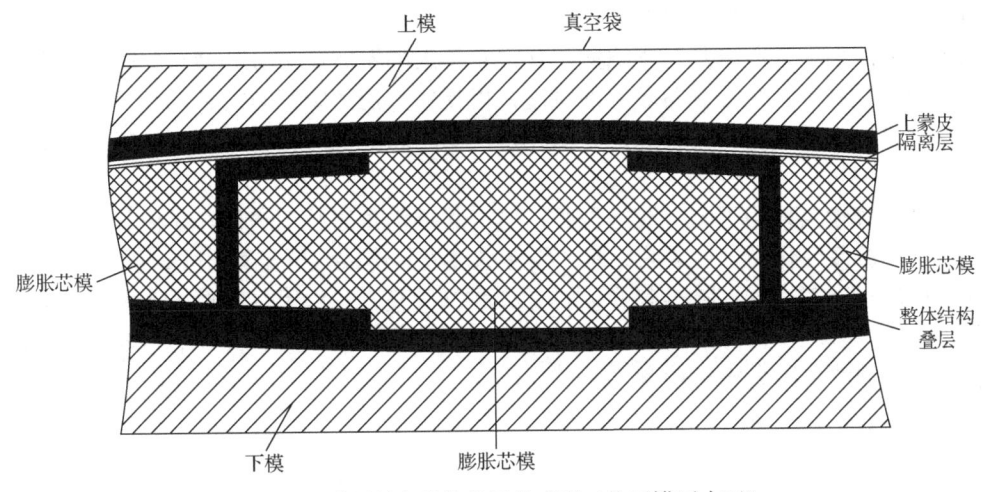

图 3-40 采用隔离膜的共固化成型（热压罐压力下）

整体化结构的成型过程中，为了保证结构内部质量，首要考虑对材料内部裹入空气和挥发分的驱除，因为这些组分的存在是造成孔隙的主要原因。

其中预压实处理一般在真空袋压下进行。如果无法保证完全驱除材料内部已经存在或可能产生的气体，则需在模具方案中添置必要的排气措施。排气措施一般是在要进行固化的叠层块表面放置某种形式的透气材料，使叠层固化过程中可能逸出的气体通过透气材料排出真空袋系统之外，图 3-41 为透气料的放置示意图。透气料可以是由聚酯或尼龙等有机材料制成的毡状物，也可以是较厚的玻璃纤维织物。

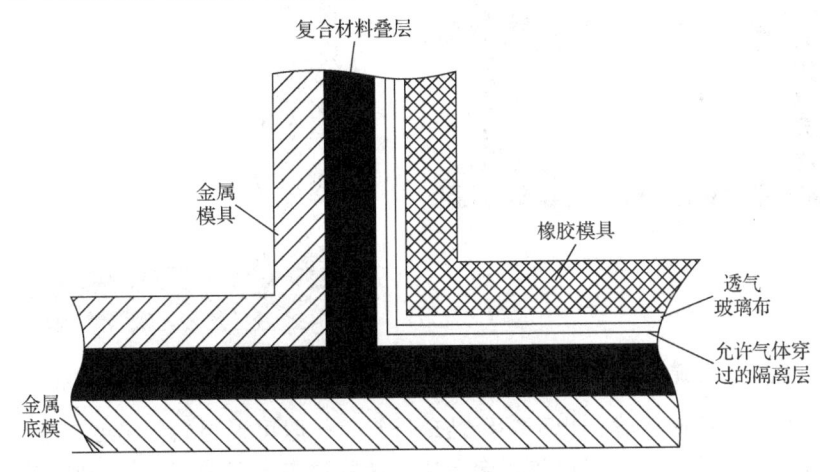

图 3-41 透气料的放置示意图

应该指出的是，以上所述的模具概念主要基于预浸料方法。实际应用中，除预浸料方法外，树脂转移方法目前也得到广泛的应用。

**2）橡胶模具应用的考虑因素**

橡胶模具是整体化结构成型模具系统中的一个重要组成部分。橡胶模具的功能可分为两类：一类功能是均匀传递压力，如图 3-42 所示。相比于金属模具，橡胶模具由于其高弹性的材料特点，能够更均匀地将压力传递至复合材料叠层表面。另一类功能是作为芯模生成压力。

（1）均匀传递压力的橡胶模具。

均匀传递压力的橡胶模具，根据应用场合和要求的不同又可分为两种。一种除需具备均匀传递压力的功能外，也要具备足够的刚度，以使成型后的制件有较好的尺寸精度和表面质量；另一种则完全着眼于均匀传递压力的作用，其功能类似气囊，不要求其对制件的精度保证作出贡献。

第一种橡胶模具采用丁腈橡胶等橡胶制造，其硫化在高温下进行。在模具制造过程中，为控制模具因温度变化而产生的收缩量，需在橡胶模具中放入纤维增强层，图3-43为此种橡胶模具的构成示意图。对于图3-42所示的第二种橡胶模具，由于仅仅要求其发挥类似气囊的压力传递作用，多采用硅橡胶制造。此时模具的刚度很小，并具备良好的拉伸延展性，但制件厚度尺寸的波动范围会相对较宽。

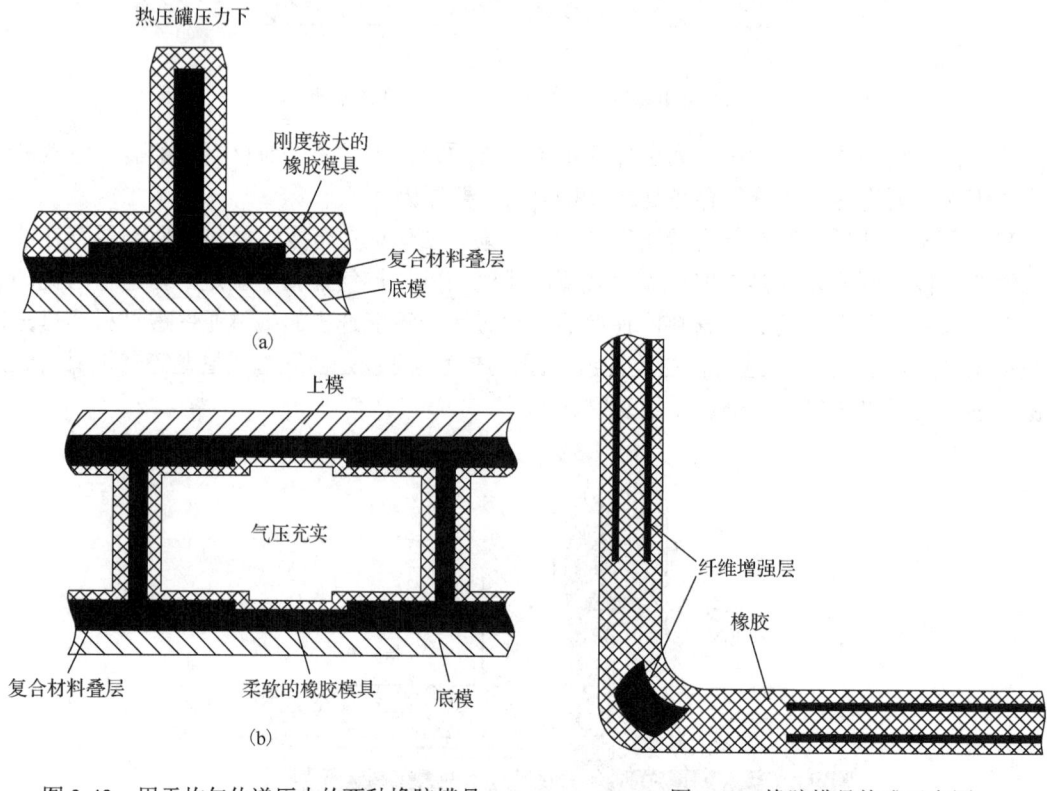

图 3-42　用于均匀传递压力的两种橡胶模具

图 3-43　橡胶模具构成示意图

纤维增强层可采用碳纤维，也可采用玻璃纤维。一般可采用固化温度与橡胶硫化温度相近的树脂将纤维制成预浸料，然后放入未硫化的橡胶片中，在橡胶硫化的同时完成增强层的固化。图3-44为特定厚度橡胶模具材料中加入不同层数碳纤维预浸料后拉伸模量变化状况的一个示例。此图中的刚度数据仅反映特定厚度和特定材料的个案状况，并不具备一般性。但从图中可见，增强层的数量增减的确可以为橡胶模具的刚度调控创造较大的可操作空间。橡胶模具的刚度对于成型质量影响显著。刚度过小时，模具虽有很好的随形传压特性，但制件的表面质量和几何精度会受损失；刚度过大时，有可能发生局部压力传递不到位的现象（此时图中无法与叠层贴合的金属模具被刚度过大的橡胶模具所替代），同时固化前制件叠层与模具的配合也可能发生较大的困难。橡胶模具刚度的合理调整与制件的形状及精度要求密切相关，实际模具的设计决策需在充分的工艺试验基础上形成。

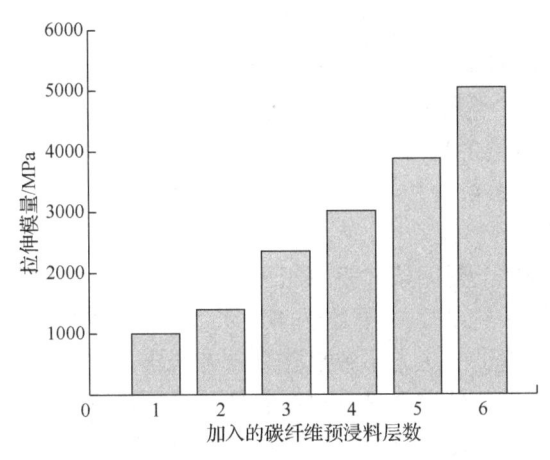

图 3-44 橡胶模具中加入碳纤维预浸料后对刚度的影响作用

采用纤维增强层调整橡胶模具材料的刚度时应注意一个问题：增强层应断开分布，如图 3-45 所示，以保证模具在拉伸状况下具备必要的变形能力。

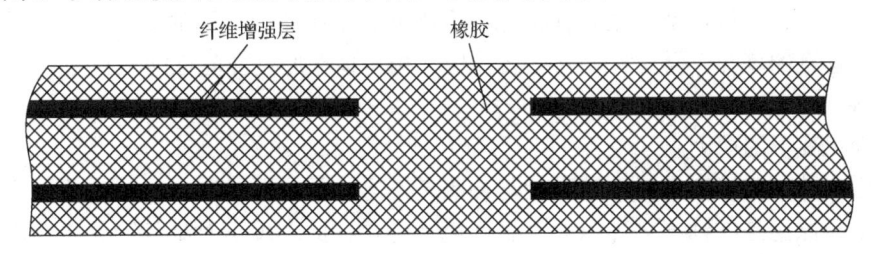

图 3-45 纤维增强层在橡胶模具中的断开分布

橡胶模具可将本身所受压力比较均匀地传递到复合材料零件叠层表面，但随叠层几何形状的变化，其各部位实际所受的压力仍有差异。复合材料整体化结构中存在大量截面呈 T 形的接头，通过这些接头将形状相对简单的板壳组分集为一体。而用于此类接头成型的橡胶模具必存在如图 3-46 所示的拐角部位。

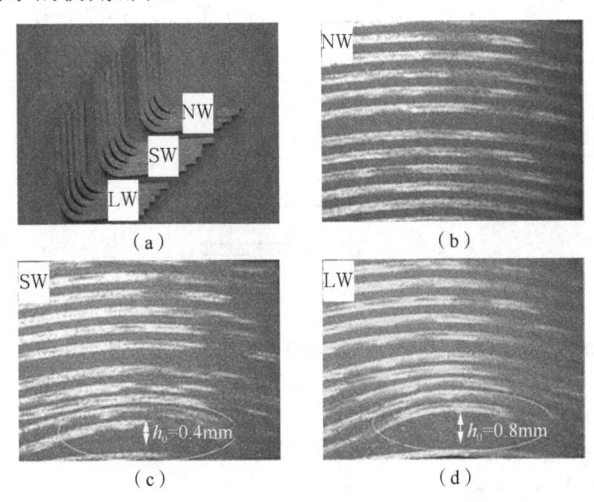

图 3-46 拐角部位缺陷

(2) 用于实现热膨胀加压功能的橡胶模具。

此类橡胶模具具有芯模的特征,可采用硅橡胶通过浇注制成。在完全封闭的条件下(图 3-39),模具施加于制件叠层的压力与以下因素有关:

① 制件成型温度与室温之间的差异(假设模具与复合材料叠层的装配在室温下进行);
② 橡胶芯模的热膨胀系数;
③ 橡胶芯模的刚度。

实际应用中,考虑到完全封闭条件下膨胀压力很难控制在要求范围内,因此此类模具多与外来压力源配合使用(图 3-39)。由于处于非封闭状态,橡胶高弹体的变形受限程度得以缓解,芯模因膨胀而向叠层提供的压力不致显著高于外来压力源。而当膨胀压力低于固化压力要求时,芯模也可将外部压力传递至复合材料叠层,以补偿膨胀压力的不足。此时橡胶芯模所起到的作用实际上是"均匀传递压力"和"热膨胀加压"两种功能的组合。

### 3.6.3 整体成型的技术要点

整体化结构中,结构组分的结合可采用共固化工艺实现,也可采用胶接共固化工艺实现。两种工艺方法会在结构内部产生两种特殊结合界面。由于结合界面的不同,结构的力学性能也会有一定程度的差异,而这种差异主要体现在由基体树脂主导的性能项目上。

**1)固化变形控制**

(1) 固化变形的原因。

成型后制件在此温度条件下的形状与参照基准之间的差异由制件材料的收缩引起,而形成收缩的主要原因是制件固化环境与室温环境(通常在此环境下对制件形状进行测量)的温度差异和基体树脂固化反应引起的体积收缩。

复合材料由基体树脂和增强纤维组成。在固化成型过程中,由于热膨胀效应,两者的体积均会发生一定程度的变化。当树脂凝胶与纤维结为一体后,随温度的进一步变化和树脂固化反应的进一步推进,两者的热胀冷缩变形及树脂的固化收缩变形不再自由而相互制约。

由上述原因导致的翘曲、扭曲变形是否会在特定的结构产品中出现,很大程度上取决于制件截面上的残余应力在常态下是否呈现对称性的分布,图 3-47 是制件界面各铺层残余应力分布的对称性示意图。

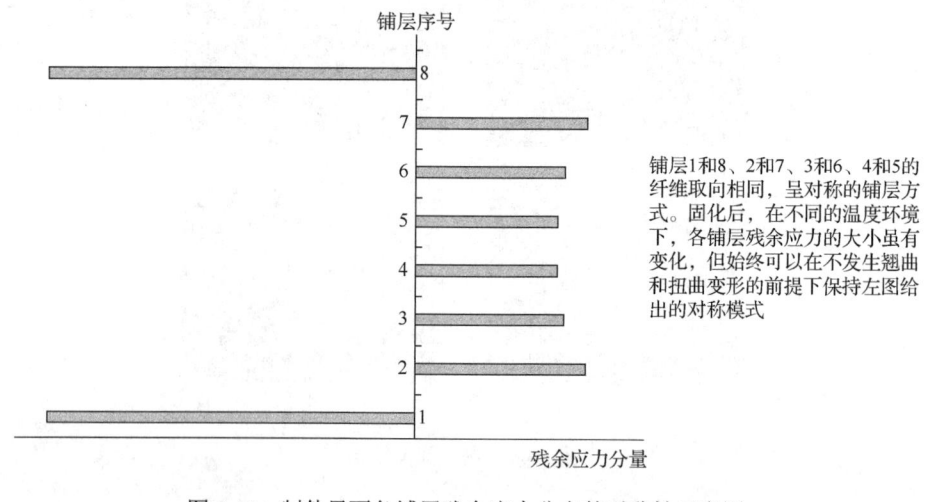

图 3-47 制件界面各铺层残余应力分布的对称性示意图

除上述因素外,考虑固化变形时需兼顾的另一点是复合材料固化后冷却过程中的整体各向异性收缩问题。复合材料的厚度向热膨胀系数远大于其面内热膨胀系数。这一特性使得复合材料在固化完成后的降温过程中,其面内收缩应变远小于厚度向收缩应变。当复合材料结构为曲面或弯折形状时,即便各铺层残余应力在零件截面上对称分布,零件仍会因各向异性收缩而呈现不同于一般金属材料的变形方式,通常称为回弹变形。

影响制件固化后几何形状与预期形状之间差异的另外一个物理因素是制件所用复合材料与模具材料之间的热膨胀系数差异。制件和模具的热膨胀系数差异导致的变形现象如图 3-48 所示。制件的固化定型状态由成型温度下的模具形状所决定。成型后的冷却过程中,由于热膨胀系数的不同,制件的收缩与模具的收缩并非以同样的比例进行。

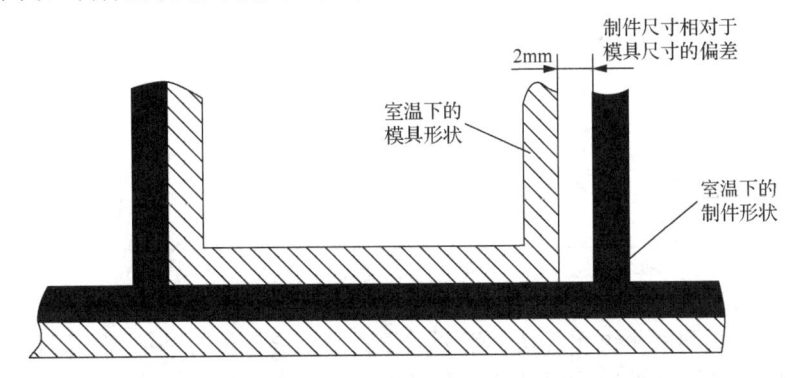

图 3-48 制件和模具的热膨胀系数差异导致的变形现象

应该指出的是,复合材料的固化变形实际上并非完全是材料固化导致的变形。除与基体树脂的固化收缩与固化反应有关外,此类变形在很大程度上是指:不同材料组分在固化过程中结为一体后,随温度变化而出现的,不同于一般各向同性材料的热胀冷缩现象。由于这种现象由材料本质所决定,固化变形并非可以通过固化工艺的改善而完全避免,问题的解决需要通过设计和工艺人员的合作努力。一方面通过合理的构型和铺层设计避免在制件中出现显著的残余应力非对称区,另一方面需要在模具设计时根据变形预测结果采取必要的变形补偿措施。对于复杂的整体化复合材料结构,固化变形控制所面临的挑战远大于简单零件。

(2) 复合材料黏弹性对固化变形的影响作用。

复合材料由增强纤维和树脂基体组成。树脂基体的高分子聚合物属性使复合材料显现比较明显的黏弹性特征。层合板固化后,内部的残余应力分布会随时间的推移而发生改变。根据黏弹性理论,各向同性的树脂在承受突变载荷时,其刚度可用冲击模量所表征,但随着时间的推移,由于黏弹性发生应力松弛现象,树脂的刚度最终会趋于一个与应力应变历史无关的、稳定的渐进模量。

树脂刚度随载荷历史的变化对复合材料刚度特性的影响虽不显著(毕竟复合材料的大部分力学特性主要由增强纤维所决定),但仍可从宏观上观察到因此而生的材料变形状态差异。

(3) 整体化结构固化变形的一些特点。

整体化结构由多个结构组分结合而成,铺层和构型的特殊性会导致一些具有典型意义的固化变形现象。

当两种以上结构组分(如蒙皮和梁肋)通过连接纤维的延伸而形成整体时,结构上某些区域的铺层顺序可能无法满足对称要求,从而导致因应力分布非对称而引起的固化变形现象。

因铺层取向受限而导致的铺层非对称现象是整体化结构中难以避免的问题。在结构的设计过程中应通过必要的试验或计算分析对可能引起的固化变形程度加以评估，以将变形控制在允许的范围内。

当结构（特别是大曲率结构）带有整体翻边，且连续的翻边不在同一平面内时，翻边不同部分的回弹变形会相互限制，从而形成复杂的附加残余应力，导致结构的变形行为发生改变。图 3-49 为 L 形接头的回弹示意图。

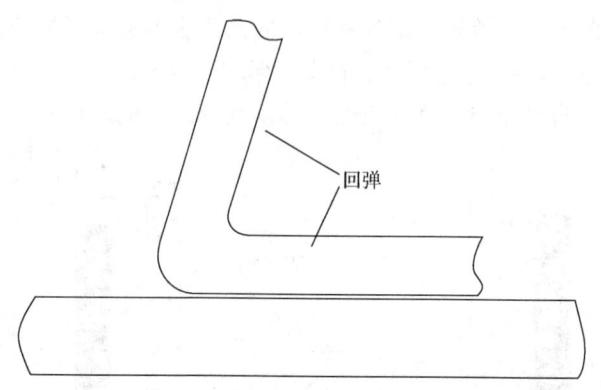

图 3-49 L 形接头的回弹示意图

当结构采用胶接共固化来实现结构组分的结合时，会因组分的非同步固化而产生新的变形诱因。参加胶接共固化的结构组分分为两部分，一部分为已先行固化的结构组分，另一部分为尚未固化的结构组分。胶接共固化过程中，在两者结合为一体后，后者除随温度变化而改变尺寸外，还会因固化反应而产生化学收缩。对于前者，因其已预先固化完毕，则不会再有化学收缩产生。这一现象使两者结合后的收缩行为相互制约而无法自由进行，从而对结构内部的残余应力分布形成新的扰动。这种扰动既可能缓解，也可能加剧结构最终的固化变形程度。

（4）整体化结构固化变形问题的对策。

固化变形现象为材料的固有特性所导致，并非能够通过工艺方法或参数的调整来完全加以避免。成型技术的一个主要对策是模具形状的补偿设计。对于由制件材料和模具材料的热膨胀系数差异导致的变形因素，可通过对模具材料的合理选择来加以抑制。对于复杂的整体化结构，固化变形问题的应对策略包括以下几个方面。

① 建立结构制件在成型温度下定型后，其在任意温度下变形状态的准确预测方法。这一方法可用于评估制件变形状况的严重程度，并为模具材料的选择和模具形状的补偿设计提供决策依据。

② 整体化结构的设计需将固化变形问题视为重要的工艺性考虑因素之一。结构本身应尽量避免可能导致严重变形的非对称特征。在考虑采用整体化翻边时，应通过分析计算和必要的工艺试验来评估发生复杂变形的可能性，从而避免产品开发过程因工艺可行性不到位而发生反复。

③ 建立考虑变形补偿的模具形状确定方法。这方面的技术支持主要用于可能发生较为严重变形的结构制件的成型模具设计。

④ 建立整体化结构材料组分因自由变形受限而导致的应力状态预测方法。如上所述，整体化结构中不同铺层或叠层块之间的相互制约作用可能导致局部区域产生较高的 90°向应力和厚度向应力。

⑤ 对成型模具材料的改进。此处模具材料主要指用于关键形状尺寸控制的一些模具组分的构成材料。

**2）复杂形状结构的铺叠**

整体化结构一般多为复杂形状结构。当采用预浸料方法进行铺层铺叠时，往往会遇到以下两个方面的问题：将平面的预浸料铺覆到曲面的结构叠层块上后，结构中实际的纤维束取向并非处处可按理想方案实现；当结构形状复杂，特别是涉及大曲率不可展曲面时，铺层被铺覆到结构叠层块上后会发生褶皱、架桥或纤维稀疏分布等现象。为避免这些现象产生，须将一个铺层分割为多个拼接块，即采用"铺层拼接"的处理方法。铺层拼接不仅涉及纤维束取向与设计预期的偏差问题，同时也涉及纤维被切断后出现的力学性能变化问题。两个方面的问题可使实际结构性能的准确预测变得更为困难。本节将对复杂形状结构铺叠过程中遇到的上述问题进行讨论。

（1）结构曲面的铺覆工艺性。

当结构的表面形状为可展曲面（直纹面）时，平面的预浸料铺层在该表面上可实现正常状态铺覆。此时铺层内部各束纤维保持良好的平行排列状态，铺层各点的纤维束取向可准确预测，但取向不一定满足理想的设计要求。图 3-50 是用单向预浸料在圆锥面上的铺覆状况对这种状态进行的示意说明，当结构的表面形状为不可展曲面时，平面的预浸料铺层在该表面上铺覆会使铺层发生变形。为使铺层紧贴此类表面，纤维束相互平行的规则状态必然被打破。当变形超过一定程度时，宏观上在某些局部会出现以下两种铺叠缺陷之一。

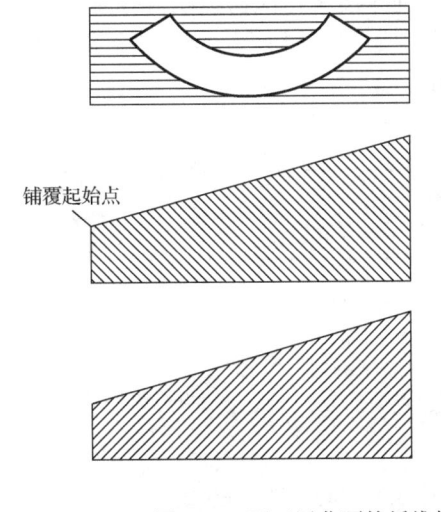

图 3-50 不可展曲面的纤维排列状态

① 褶皱。在此状态下，该局部区域出现多余材料的堆积，如图 3-51 所示。

② 架桥或纤维稀疏分布。在此状态下，该局部区域的材料不足以使铺层能够与铺覆表面紧密相贴，或不足以完全覆盖铺覆表面而导致纤维稀疏分布，如图 3-51 所示。

结构曲面的铺覆工艺性是指：该曲面被初始为平面形状的预浸料铺层铺覆后，褶皱、架桥、纤维稀疏分布等铺叠缺陷的困难程度。困难程度越低，曲面的铺覆工艺性越好；困难程度越高，曲面的铺覆工艺性越差。当结构涉及大曲率不可展曲面时，为避免褶皱、架桥或纤维稀疏分布现象的产生，须将一个铺层分割为多个拼接块。铺层拼接实际上是应对结构曲面铺覆工艺性不良的一种处理方法。在考虑分割方案时需要顾及以下三个方面的因素：不同的分割方案会导致不同的纤维束取向分布；拼接处理必然引起拼缝处的纤维束取向突变，并造成纤维被切断；从避免褶皱、架桥或纤维稀疏分布等缺陷的基本目标出发，不同的分割方案可以产生不同的铺叠效果，即一些方案能较好地解决铺覆缺陷问题，另一些方案则相对较差。

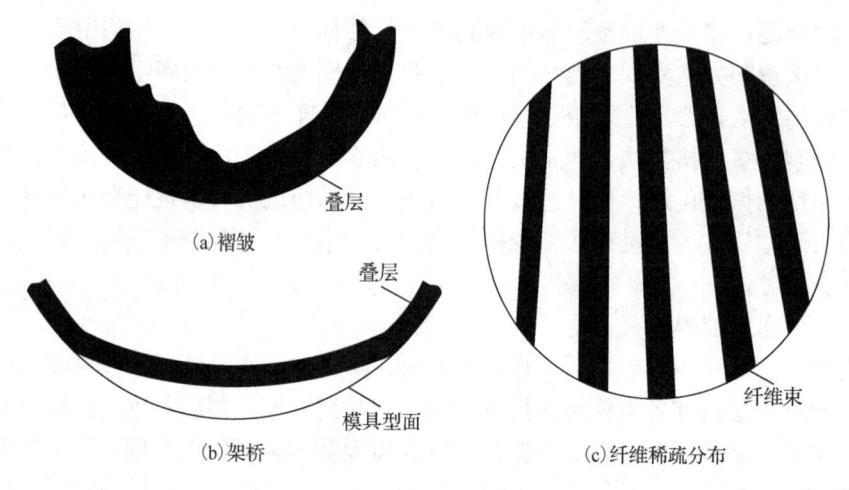

图 3-51 铺层缺陷

（2）单向预浸料的纤维剪切滑移容限。

在对复杂曲面的铺覆适应性上，单向预浸料与织物预浸料有所不同。在铺叠过程中，有时需要强制使单向预浸料的纤维束间发生如图 3-52 所示的剪切滑移，以满足特定的纤维束取向要求，或避免褶皱等铺叠缺陷的产生。

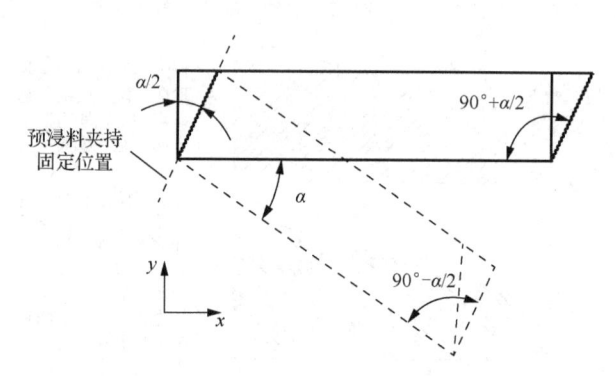

图 3-52 纤维剪切滑移容限测定

纤维束间的剪切滑移并非可无限进行。当剪切滑移达到一定程度后，如再继续强制滑移，纤维束将产生褶皱现象。纤维束剪切滑移容限不仅与材料相关，还与铺层的宽度、长度、含胶量和黏性（室温存放时间）有关。对于给定的单向预浸料，可以制作不同长度和宽度的条带试样来测试以剪切变形角 $\alpha$ 表征的纤维剪切滑移容限。

（3）结构铺层的纤维束取向制约。

结构铺层的纤维束取向并非可根据结构各部位的受力状况而单方面自由确定并实现，而是在很大程度上受到结构曲面几何特性的制约。

当结构曲面为可展曲面时，由于预浸料纤维束在平面状态下的平行和准直特点，其作为铺层铺覆到结构曲面上后，铺层纤维束在曲面上也平行地按测地线规律排布；铺层中所有点在曲面上的纤维束取向矢量由铺覆起始点的纤维束取向矢量所决定；铺层覆盖于结构曲面后各纤维束间的相对位置可保持原状而不发生改变。

对于旋转体结构，由于纤维束取向随铺覆过程而改变，铺层旋转铺覆后对合处两侧的纤维束取向一般会发生显著差异（图 3-53）；当有特殊要求必须改变铺层的测地线取向规律时，在铺覆过程中可强制铺层发生剪切变形而满足要求。当铺层边缘首条纤维束沿某一非测地线在结构曲面上布放时，其他纤维束的理想布放状态应随首条纤维束而逐一平行布放。

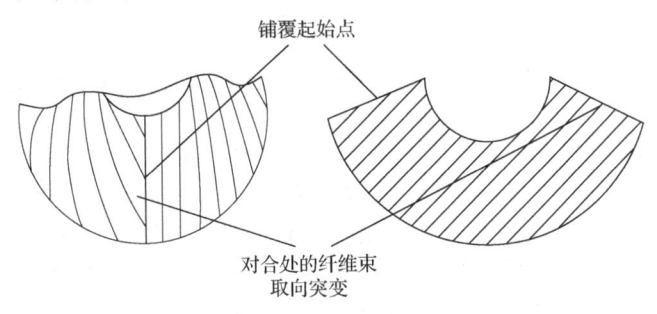

图 3-53 旋转体结构铺层对合处的纤维束取向突变

当结构曲面为不可展曲面时，由于预浸料纤维束在平面状态下的平行和准直特点，其本质上无法在各纤维束相互位置保持不变的状况下实现对不可展曲面的无缺陷铺覆；为控制铺覆缺陷，可将铺层分割为多个拼接层。铺层拼接对结构力学性能的影响作用：对于复杂的不可展曲面，铺层拼接是不得不采用的铺叠处理方法；拼接虽能改善铺叠质量，但因增强纤维被切断，以及必然存在的纤维束取向突变，对结构的力学性能会造成一定的影响。

## 3.7 增材成型工艺

纤维增强热固性树脂基复合材料的用量在纤维增强树脂基复合材料应用中始终占据主导地位，但也一直面临着制造成本高、难以回收再利用等共性问题，成为复合材料进一步发展的瓶颈。

采用增材制造技术（3D 打印技术）实现高性能纤维增强热塑性复合材料结构成型，能够继承增材制造技术优势，实现复合材料构件的无模自由成型，摆脱高昂的模具成本与冗长的工艺流程，大大降低复合材料的加工成本与时间成本，同时具备更好的一体化制造复合材料复杂结构的能力。它主要通过在打印过程中按照打印路径铺放增强纤维的同时，采用一定的工艺手段将树脂基体与增强纤维复合，进而实现实体零件的制造。

近年来出现的连续纤维增强热塑性树脂复合材料增材制造技术更是将增材制造复合材料的力学性能提升到了新的水平，使其表现出优异的工程应用价值与发展潜力。

目前，纤维增强热固性树脂复合材料的增材制造工艺主要包括薄材叠层、立体光固化以及直写成型等工艺。

纤维增强热固性树脂复合材料薄材叠层技术是利用薄材叠层技术进行纤维增强复合材料制造，需预先将纤维/树脂预浸丝束并排制成预浸条带，预浸条带经传送带送至工作台，激光沿三维模型每个横截面的轮廓线切割预浸条带，逐层叠加、固化，实现三维产品的制造。

纤维增强热固性树脂复合材料立体光固化技术是利用立体光固化技术进行纤维增强树脂基复合材料制造，成型过程中在试件中间层加入一层连续纤维编织布，在光敏聚合物发生聚合反应转变为固体过程中，将纤维布嵌入树脂基体中形成复合材料零件。

纤维增强热固性树脂复合材料直写成型技术，利用直写技术进行成型，美国哈佛大学开发了适用于增材制造的短切碳纤维增强环氧树脂基"墨水"，再将成型部件进行加热固化成型试样，平均拉伸强度达到66MPa，拉伸模量达到24GPa。

纤维增强热塑性树脂复合材料的增材制造工艺主要包括激光粉末床熔融和材料挤出成型两种工艺方法，本节将重点介绍这两种方法。

## 3.7.1　纤维增强热塑性复合材料激光粉末床熔融成型技术

激光粉末床熔融工艺是以激光、电子束等高能束为能量源，以含有纤维的复合粉末状材料为原材料，在运动机构的控制下，完成设计区域的扫描与熔融，经过层层叠加后形成三维零件。粉末床熔融成型具有较高的成型效率和精度，制件强度高、原材料来源广泛。由于粉末床熔融成型的加工对象为粉末状材料，故采用该工艺进行复合材料零件制造时，通常采用短纤维作为增强材料，包括短切/磨碎的碳纤维、玻璃纤维、矿物纤维等。复合材料成型时，需首先将短切纤维与热塑性树脂粉末混合制备成复合粉末，再将复合粉末在激光的作用下烧结成复合材料实体零件。

由于增强纤维的存在，复合材料的粉末床熔融成型过程与单一高分子粉末的成型过程有所不同，其成型工艺过程主要包括以下几个步骤。

（1）复合粉末的制备。由于激光粉末床熔融成型以粉末状材料为原材料，并且复合粉末必须能够在铺粉机构的作用下形成平整密实的粉末床，故含有增强纤维的复合粉末制备是进行复合材料激光粉末床熔融成型的第一步。

（2）激光选区烧结成型。形成致密平整的粉末床之后，在振镜系统的作用下，高强度激光能量扫描选定区域，被扫描的区域温度上升至复合粉末中高分子材料的熔融温度，材料发生一系列的物相变化。

在预热系统的作用下，成型腔内的粉末被加热并保持在预热温度状态；高强度激光能量扫描选定区域，被扫描区域吸收激光能量，温度上升至高分子材料的熔融温度，高分子材料发生熔融与流动，在接近零剪切力的作用下，发生黏性流动，形成烧结颈，进而发生凝聚，实现单层形状的黏结成型；当激光扫描结束后，扫描区域的热量向粉末床下方传递，同时与粉末床上方发生对流和辐射，温度下降，随后在激光扫描区域发生固化。

值得注意的是，对于含有增强纤维的复合粉末，其在激光粉末床熔融成型过程中，增强纤维一般不发生物相变化，但是纤维的存在，会在一定程度上改变高分子粉末在此过程中的光学、热传递、物相变化等特性。

大部分的商业激光粉末床熔融系统依然是以成型尼龙材料为主，包括美国3D Systems、德国EOS公司的系列产品，以及国内湖南华曙高科技股份有限公司（简称"华曙高科"）等公司推出的一系列能用于尼龙材料及其复合粉末、热塑性弹性体TPU及其复合粉末成型的激光粉末床熔融设备。对于含有增强纤维的复合粉末，其流动性与纯高分子粉末相比会发生一定程度的变化，可能需要对部分激光粉末床熔融设备铺粉机构进行一定的调整。在EOSP810系统中，就对铺粉机构进行了改进，以使用含有碳纤维的PEKK粉末。

对于纤维增强复合材料成型的激光粉末床熔融系统,温度场的控制非常关键,尤其是对于成型温度较高的 PAEK 复合粉末。这是由于增强纤维的加入会在一定程度上改变粉末材料的热行为,包括预热阶段粉末材料对红外预热灯管的吸热效率与传热过程,以及复合粉末熔融过程所需要的熔融焓。此外,降温阶段温度场控制对于制件的成型精度也尤为重要,已有资料显示,EOS、华曙高科等公司均对设备温度场的控制尤为重视,例如,为保证最终产品的质量和尺寸稳定,EOSP810 及 EOSP800 系统在制件激光扫描完成之后均需要较长的冷却时间(几小时至几十小时不等)。

激光粉末床熔融成型的技术要点是考虑工艺及参数对构件力学性能的影响。激光粉末床熔融成型工艺试验中牵涉的工艺参数较多,包括激光功率、激光扫描速度、激光间距、分层厚度、预热温度等。为了减少工艺量,可在有效熔融区域的计算结果上,仅选择关键的工艺参数,如激光功率和分层厚度,进行工艺试验,激光间距则根据所用的激光光斑大小来确定。

在进行工艺试验时,首先,通过增大激光功率来提高熔融区域尺寸,使熔融深度大于分层厚度,进而使复合粉末达到充分熔融获得致密的微观结构和较好的力学性能;其次,尝试最大限度地减小分层厚度,以获得更好的层间结合,进一步提高烧结致密度,以获得最好的力学性能。

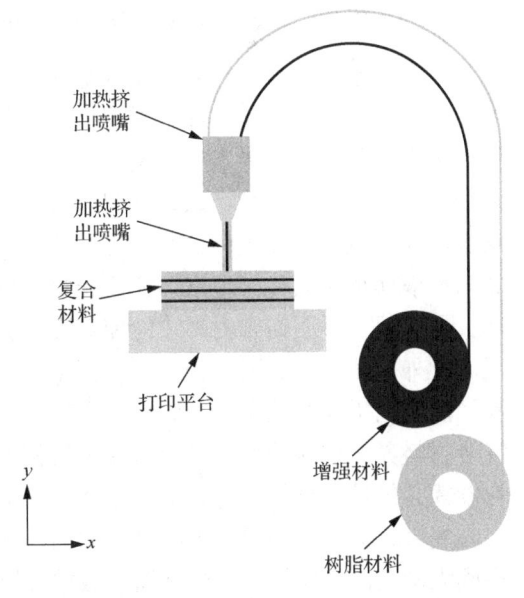

## 3.7.2 纤维增强热塑性复合材料挤出成型技术

复合材料挤出成型工艺采用打印头加热熔融树脂丝材,按照一定路径挤出堆积成型单层轮廓,最终层层累加成三维实体模型。将该工艺应用于纤维增强热塑性复合材料 3D 打印,主要是通过 3D 打印头挤出熔融树脂基体以及增强纤维,再将纤维与树脂按照一定的路径堆积成型。根据纤维长度的不同,该工艺包括短纤维复合材料挤出成型工艺和连续纤维复合材料挤出成型工艺。

短纤维复合材料挤出成型工艺,通常采用热塑性树脂颗粒与短纤维为原材料,混合均匀后制备短纤维增强丝材,打印过程将纤维复合材料丝材作为材料挤出成型材料进行打印。

复合材料挤出成型工艺是一种原理简单、成型速度快的增材制造工艺。其成型工艺原理如图 3-54 所示,主要通过电机带动送丝轮将丝状的热塑性材料或者复合材料按照提前设计好的进给量送入打印喷头中,在打印喷头内部加热到熔融状态,而后熔融态树脂在树脂丝材的推力作用下进到喷嘴内部,最终在打印喷头的压力作用下从喷头下方的小直径喷嘴(直径通常为 0.4~1.0mm)中挤出,此时熔融态树脂在空气中迅速冷却固化并黏附在打印平台上,完成挤出成型过程。

图 3-54 复合材料挤出成型工艺原理

通过 $X$ 轴和 $Y$ 轴方向的电机控制,树脂或其复合材料按照一定的路径挤出堆积成单层轮廓,配合打印平台或者打印喷头的升降,最终能够在 $Z$ 轴即高度方向上不断挤出熔融层,然后逐层累加，最终完成三维实体模型的制造。

将复合材料挤出成型工艺应用于纤维增强热塑性复合材料增材制造，主要通过挤出头实现树脂基体及增强纤维的熔融挤出，然后再将挤出的复合材料按照一定的路径堆积成型。

传统桌面型复合材料打印主要由复合材料集成 3D 打印头、三维运动模块、送丝模块、温度控制模块、运动控制模块等组成。实验平台进行复合材料打印时，热塑性树脂丝材在送丝模块作用下送入复合材料集成 3D 打印头内，与此同时连续纤维也被送入打印头内，在打印头内部，树脂与纤维完成熔融浸渍，然后挤出沉积到打印平台上，熔融浸渍的温度以及打印平台的温度由温度模块控制，三维运动模块在运动控制模块的控制下带动 3D 打印头按照打印路径运动不断堆积复合材料最终成型三维复合材料零件，其中复合材料集成 3D 打印头为该实验平台的核心模块，其他模块如三维运动模块等为增材制造通用模块，需要根据功能要求进行零件选型再进行装配调试。图 3-55 为波音 777X 飞机正在使用 AFP 碳纤维自动放置技术打印超薄碳纤维复合材料。

图 3-55  波音 777X 飞机正在使用 AFP 碳纤维自动放置技术打印超薄碳纤维复合材料

复合材料的力学性能除了受到基体材料与增强材料本身的力学性能影响以外，也受到两者界面结合情况的影响。纤维增强树脂基复合材料的界面通常是指纤维与树脂在一定外部条件作用下，复合过程中产生的两相之间的作用面，是连接复合材料中树脂基体与增强纤维之间相互作用的微观区域。从力学观点看，界面层的作用就是使基体和增强体之间实现完整的结合，连接成力学连续体。对界面层的力学要求是需要具有均匀的强度，确保基体与增强体之间有效地传递载荷，使它们在复合材料承载时，充分发挥各自的功能，呈现最佳的综合性能。只有提高界面结合力，才能使界面层获得两相之间足够的界面强度并产生良好的复合效果。此外，适当的界面结合力能起到阻止裂纹扩展、减缓应力集中的作用，但在复合过程中界面区域也极易产生孔隙、脱黏等微观缺陷，成为复合材料最容易破坏的薄弱环节。因此，复合材料界面性能的优劣将会直接影响构件最终的力学性能，稳定可靠的界面是保证复合材料发挥其优异性能的关键因素，甚至是决定性因素。

复合材料的界面尺寸很小且不均匀、化学成分及结构复杂、力学环境复杂，其性能受诸多因素影响，不仅与基体材料和增强材料的结构、形态、状态、物理性质、化学性质等相关，而且因为不同的成型方式以及不同的工艺条件而存在差异，不同的界面状态与强度都会导致复合材料不同的性能。因此，在复合材料成型过程中，对界面的调控与设计显得至关重要。要实现上述目标，需要对复合材料界面作用机理有所认识，目前界面相的作用机理尚不完全清楚，可以总结为以下几种理论。

（1）物理吸附与浸润理论，是指树脂与纤维间具有良好的润湿性以使得两者紧密接触，若润湿不良会产生界面缺陷，进而产生应力集中导致局部开裂，该作用力一般为分子间作用力。

（2）化学键合理论，是指纤维表面的活性官能团与附近树脂中的活性官能团在界面处发生化学反应并形成化学键，结合力主要是主价键力作用，该理论特别适用于多束热固性树脂基复合材料。

（3）扩散理论，是指通过增强体和基体的原子或分子越过组成物的边界相互扩散而形成界面。

（4）机械黏结理论，是指纤维表面存在高低不平的峰谷和细微的孔洞结构，当树脂基体填充并固结后，树脂和纤维表面产生机械性的互锁现象，该黏结作用的强弱与纤维表面的粗糙度及树脂基体对纤维的润湿性大小有很大的关联。

（5）静电理论，是指纤维与基体在界面上静电荷符号的不同而引起的相互吸引力，结合力大小取决于电荷密度，在纤维表面用交联剂处理后，该作用将变得更加明显。

针对每一种复合材料成型工艺，根据工艺特点、材料属性的不同确定界面的作用机理类型以及各自强弱程度，再通过工艺控制、材料处理等技术手段实现界面调控与设计，这种方法被普遍采用。

在连续纤维增强热塑性复合材料熔融沉积成型工艺中，除了上述的微观尺度的浸渍界面与纳观尺度的黏结界面，还存在因为增材制造点到线、线到面的工艺特点形成的介观尺度的层间与线间结合界面以及线间堆积孔隙。界面是在挤出沉积以及堆积成型过程中未冷却的树脂与相邻已堆积树脂分子相互扩散形成的，孔隙是因堆积线未完全搭接造成的。类似于经典复合材料层合板，该界面上的缺陷会造成复合材料率先发生层间剥离破坏，而纤维还来不及起到承载的作用。同时，线间堆积孔隙也会产生应力集中造成裂纹扩展。因此，保证此界面的优良对保证增材制造复合材料的性能，特别是二向性能至关重要。尤其是对于一些高温结晶性热塑性树脂，由于熔融温度高造成树脂挤出后冷却速度快，分子活性降低，扩散作用减弱，极易产生分层现象，冷却结晶也会产生大的内应力，加剧层间分离，更需要进行工艺与材料优化以改善层间与线间的界面结合性能。

## 3.8 构件智能成型技术

### 3.8.1 工艺仿真技术

**1）热压罐成型工装仿真分析**

热压罐成型工装是复合材料预成型铺放到构件固化成型过程的载体，其结构形式及特征严重影响产品成型质量。热压罐成型工装设计包括材料的选择、结构刚强度设计、温度均匀性分析等。

传统的工装支撑结构设计依赖设计人员的工程经验，采用过于保守的"安全系数法"，造成工装结构热效率低，脱模后复合材料构件翘曲变形严重，需要多次返修加工成型模具，直接导致工装制造成本和研制周期翻倍。相比之下，通过开展工艺仿真分析可多次反复开展热压罐成型工装"预试验"，分析工艺参数-试验数据相关性，改进工装支撑结构设计，改善其传热效率并优化工艺参数，最终提高产品成型质量。

通过工艺仿真技术研究热压罐内气体流动和工装热传导等相关物理现象，可以明确不同工装支撑结构特征、工艺参数及工装摆放方位对复合材料构件成型工装传热效率的影响。随着复合材料成型工艺仿真技术的发展，基于材料真实铺层参数、成型工艺、成型工装和约束条件的多物理场仿真，能够明确不同工艺参数、工装结构特征下复合材料构件成型过程的温度分布状态、流动密实特性、残余应力分布等，进一步结合工艺试验数据，可追溯或减少复合材料构件制造过程中产生的孔隙、富树脂区、褶皱、分层等缺陷，也可以准确预测脱模后复合材料构件回弹变形量来指导工装型面补偿。

#### 2）模压成型过程模拟仿真

在模压成型宏观尺度模拟仿真方面，国内外学者采用有限差分法（finite difference methods，FDM）、有限体积法（finite volume method，FVM）及有限单元法（finite element method，FEM）等数值计算方法建立了从一维线弹性到三维黏弹性多种数值仿真模型，对碳纤维增强复合材料模压成型的温度场、内应力、残余应力、翘曲行为等进行了有效的预测。而有限单元法逐渐占据主导地位。

为提高计算的精度，学者试图建立一种细观尺度模型进行仿真，将增强纤维与基体区域分开，在细观尺度模拟仿真过程中，通过各自的计算区域输入相应的材料性能参数，以减小甚至避免宏观尺度计算方法造成的求解误差，取得与试验结果良好的一致性。

#### 3）拉挤成型温度场仿真

对于拉挤成型工艺，固化阶段是影响制品的关键环节，需外热源加热模具从而达到热固性树脂固化反应的温度条件，而树脂在固化反应过程中会释放出大量热量，从而影响复合材料内部非稳态温度场。

目前优化拉挤工艺的方法主要分两类：第一类是放弃预先设计的拉挤工艺过程，建立在线智能控制系统，设置在固化体系内的传感器实时采集被加工材料的信息并反馈给计算机内的控制系统，通常包含一系列控制规则的专家系统，经过处理、预测、判断等过程。第二类是基于机理模型的数值模拟，通过计算优化工艺参数。从 20 世纪 70 年代对拉挤工艺进行基础性研究以来，数学模型由最初的一维，发展到二维，以至现在的三维数学模型。

研究人员对玻璃纤维增强塑料拉挤成型非稳态温度场与固化度进行数值模拟，依据固化动力学和非稳态导热理论，建立了温度场和固化度动力学模型。利用有限元与有限差分相结合的方法，建立温度场和固化度数值模型；采用有限差分法对拉挤成型过程进行仿真，提出单形法与遗传算法相结合的混合方法，提高了零件的尺寸精度；采用有限元、有限差分和间接解耦相结合的方法求解碳纤维增强复合材料构件的拉挤成型工艺控制方程。通过实验数据验证了仿真结果，开发了优化拉挤速度和模具温度的程序；提出了一种内部安装加热器的模具结构。目标是增加现有安排的数目，并找出最佳排布，尽量减少能源消耗。采用基于计算流体动力学（computational fluid dynamics，CFD）和随机优化算法（如粒子群算法）的数值方法进行优化。

## 3.8.2 实时监测技术

#### 1）热压罐成型压力监测

压力是复合材料热压罐成型工艺的必要条件，是实现树脂流动和纤维密实的驱动力，也是决定制件成型质量的重要参数。建立热压罐工艺测试方法，尤其是压力实时监测显得尤为必要。

(1) 预浸料铺层压力监测方法。

利用光纤受力变形后光强发生损耗的原理，建立纤维承力的光纤微弯压力测试系统，工作原理为：纤维受压后挤压固定在透气布上的铜丝，使其产生弯曲，铜丝又将压力传递到光纤上，光纤产生微弯损耗，从而间接地反映纤维所受压力的大小。在热压过程中，外加压力施加后树脂和纤维均会承受一定的压力，树脂压力是否会对调制器的变形产生影响，是该压力测试系统能否准确反映纤维承力变化的关键。

树脂压力不仅影响树脂流动，也是抑制孔隙缺陷产生的重要条件，在复合材料成型过程中，当压力施加于预浸料铺层时，树脂分担部分压力，通过探针、传压管及储液腔将树脂压力传递到传感器感应区域，传感器将感应压力转变为电流信号，通过巡检仪对电流信号进行压力采集，巡检仪可以同时对多路电流信号进行处理，从而实现复合材料内部多个位置树脂压力实时监测。

(2) 预浸料叠层承压测试方法。

预浸料叠层承担的压力是热压罐罐压经过封装材料和模具传递到预浸料叠层表面的压力，是施加在预浸料叠层上的有效应力，并且区别于各向同性的热压罐罐压，存在应力分布。采用压力测试胶片测量预浸料压力，预浸料叠层与模具之间的压力监测可用于揭示模具传压效率，指导模具设计，而铺层内纤维与树脂承压测试信息则从本质上揭示铺层内压力分配规律，指导缺陷控制和工艺优化，提高制件成型质量。

**2) 模压成型过程监测**

碳纤维增强复合材料成型过程中，控温设备严格控制温度，但由于热传导的时间延后性，以及基体固化中的放热行为，材料内部的温度与设备初始设定温度存在一定的误差。同时，在碳纤维增强复合材料模压成型过程中存在着热膨胀及固化收缩等，致使材料内部出现残余应力，进一步导致产品脱模后变形。因此，对碳纤维增强复合材料模压成型过程进行实时监测，可以更直观地展现材料成型过程，对阐述成型机理至关重要。

光纤布拉格光栅（fiber Bragg grating，FBG）传感器具有抗电磁干扰、轻量、耐久、信号稳定等不可替代的优势，同时，FBG传感器的物理尺寸较小，对主次材料的力学性能影响几乎为零，且能与复合材料预浸料铺层紧密融合。利用FBG传感器对模压成型进行监测，既能实现对材料内部温度及应力的监测，又能对结构异常、损伤等隐患及时感知并反馈，被研究者和生产企业广泛应用。

**3) 液体成型过程监测**

由于复合材料成型工艺在固化过程中缺乏实时的监控和控制手段，液体成型技术在大型复杂三维结构上的质量难以保证。传统的液体成型过程固化参数多根据树脂数据表，经过多次调整并依赖工程经验确定。为确保复合材料固化过程中各部分充分固化、累积参与应力尽可能小，需要对复合材料固化过程进行实时原位监测。

目前，使用永久集成在结构表面或嵌入结构内的分布式传感器网络为基础的结构健康监测是确定结构完整性的革命性创新技术，在复合材料结构设计、制造、服役及维护的全寿命周期中都可以发挥非常重要的作用。

复合材料液体成型固化过程主要监测固化度、温度、残余应力和流动前沿等物理量。基于固化过程中的不同物理化学原理，复合材料液体成型固化监测方法有多种，但每一种方法只能监测部分参数，具有一定的局限性，在使用时要根据具体条件进行选择评估。复合材料液体成型固化过程监测技术如下。

（1）光纤传感监测技术。

光纤传感器具有结构紧凑、精度高和监测量多等优点，已经广泛应用于复合材料结构健康监测。光纤传感器同样适合于复合材料固化监测，根据信号调制方式将光纤传感器分为强度调制、相位调制、波长调制和分布式等类型。

强度调制型光纤传感器是根据菲涅尔定律或渐逝场现象，有部分光/电磁波折射出光纤，造成光强度衰减而制成的。其具有结构简单、成本低、设计灵活等优点，但信号易受光源影响、精度低。相位调制传感器主要用来监测复合材料固化时内部温度和残余应力大小，是利用固化时环境变化会导致光纤中光波相位变化的原理。最适合应用在固化监测中的是非本征光纤 Fabry-Perot 干涉传感器（extrinsic Fabry-Perot interferometer，EFPI）。波长调制型传感器是利用固化时外界因素会对传输光波的波长造成影响的原理。常见的传感器有光纤布拉格光栅传感器和长周期光栅传感器，它们对固化过程的主要参数都可进行实时监测。

光纤传感方法与其他方法相比，光纤材料与增强纤维相近，嵌入对成品性能影响小、灵敏度高、免疫电磁，非常适合用于结构健康监测（structural health monitoring，SHM）技术，且光纤传感器与其他监测方式相比监测范围大、精度高，但光纤连接口设计较复杂。光纤传感器一般只能对单一参数进行监测，对于多参数需要实施温度补偿或应变隔离。

（2）超声监测技术。

在复合材料液体成型固化过程中，基体材料发生相变，导致模量变化和能量吸收，因此模量是反映固化状态的重要参数。超声固化监测是利用超声波速与密度和模量的相互关系，通过实时测量超声波的速度和衰减来获取固化信息。

超声监测具有结构简单、成本较低、灵敏度和精度高的优点，不仅可监测凝胶化和玻璃化，而且可检测最终成品的力学性能是否满足要求。超声监测在用于 SHM 技术时，能对损伤精确定位和定量，但传感器尺寸易影响成品性能。同时，传感器长期在高温下工作，稳定性较低，监测时需要找到合适的几何信息，还需要对环境进行补偿。

（3）电学监测技术。

电学方法用于复合材料液体成型固化监测主要有阻抗法、介电法和时域反射计（time domain reflectometer，TDR）等方法。阻抗法中的传感器多以点线传感器为主，由于探头大小的限制，只能使用几百兆欧的阻抗，导致在测量时电压变化很小，电噪声会导致测量误差较大。介电传感器的基本原理是周围环境介电性质的变化引起电信号变化。时域反射计监测复合材料固化的原理是利用固化过程中阻抗的不连续造成 TDR 反射信号的变化。电学方法是各种监测方法中最简易直接的办法，但易受电磁场影响，现在几乎不用于碳纤维增强复合材料中。

## 3.8.3　参数优化技术

**1）缠绕成型参数优化**

（1）缠绕成型算法寻优。

缠绕成型工艺方法和成型工艺过程中工艺参数的选取对制品性能的影响较大，控制复合材料缠绕成型工艺过程、优化成型工艺过程中的工艺参数是控制制品质量的关键。

基于成型过程数学建模及仿真方法的工艺参数研究已比较充分。根据PSO算法原理结合缠绕成型过程，将每一组工艺参数组合看成一个粒子，那么每个粒子所对应的适应值为层间剪切强度，利用神经网络模型作为适应度函数，便可在合理工艺参数范围（解空间）内对参数进行优化。缠绕成型过程BP神经网络模型能够准确地描述各工艺参数与层间剪切强度之间的非线性映射关系，该模型仿真误差小于8%。基于神经网络模型的工艺参数，PSO算法能够快速、准确地得到缠绕成型的全局最优工艺参数组合。

（2）机器人辅助纤维缠绕。

数控式纤维缠绕机在20世纪60年代中期由美国安德逊公司率先推出。1974年，哈尔滨玻璃钢研究院有限公司引进德国Bayer公司的WE-250型数字程序控制电液伺服纤维缠绕机。该机为4轴：主轴旋转、小车往复移动、绕丝头垂直于主轴轴线垂直面伸缩、绕丝头垂直于主轴轴线垂直面转角摆动。该机纱架置于车上，此车与绕丝头和浸胶槽所在的小车同步往复移动，以减小缠绕纱的张力波动。

20世纪80年代以来，微机控制纤维缠绕机发展甚快。哈尔滨玻璃钢研究院有限公司曾引进美国工程技术公司5K-48-360型微机控制纤维缠绕机，该机采用两台微机，分别用于计算和控制。中国航天科技集团公司第四研究院第四十三研究所（简称"航天四院四十三所"）曾引进德国Bayer公司的WEⅡ-220/1200-E-S/20型微机控制纤维缠绕机。该机最大出纱速度为1m/s，除通用缠绕程序外，还能做各种非线性缠绕和零度铺层，筒体、管、罐、球、锥等变径旋转体和某些非轴对称体均可缠绕。2004年创立的法国MFTech公司最早研究机器人缠绕并将其商业化，由该公司提供的机器人缠绕设备充分利用了机器人的柔性，可采用抓取模具和带动导丝头两种方式进行缠绕成型。

**2）增材制造路径优化**

研究人员对碳纤维长纤复合材料3D打印过程的成型路径进行合理规划，提出方向可调的"Z"字填充算法，采用填充角度动态可调的平行线扫描填充方式，并将相关联交线按照奇偶原则连接，减少跳转，实现路径连续最大化；提出了一种新型的三维打印方法，该方法考虑了负载传输路径和连续碳纤维增强长丝的各向异性特性，沿荷载传递路径铺设碳纤维结构，大大降低了应力集中，达到了准各向同性的性能，可用于制备碳纤维增强尼龙复合材料的复杂结构；提供了一种数值方法来研究在大面积增材制造聚合物复合沉积过程中螺杆旋流对预测纤维取向和相关有效弹性性能的影响。采用弱耦合分析方法，利用有限元法对聚合物熔体流动进行数值模拟，模拟聚合物LAAM喷丝头熔体流动和纤维取向。随后出现的4D打印技术，又在3D打印技术的基础上增加了一个时间维度，使制品可以随外界环境发生相应变化。

## 3.9 本章小结

本章结合目前航空航天领域复合材料成型技术的相关应用，选取复合材料热压罐成型工艺、复合材料模压成型工艺、复合材料纤维缠绕成型工艺、复合材料拉挤成型工艺、复合材料液体成型工艺、复合材料整体成型工艺、复合材料增材成型工艺等典型的构件成型方法，以复合材料的成型工艺过程、成型系统组成、成型技术要点为主线，着重介绍了复合材料成型工艺原理、成型过程中的原材料选用、成型系统及设备的组成和操作、成型过程中的具体流程以及复合材料制品的实际应用等方面，形成了完整的复合材料成型知识体系框架。同时对复合材料构件成型技术智能化发展过程中的先进技术进行介绍，在关注复合材料成型技术知识的基础性、系统性、完整性和实用性的基础上，兼顾了近年来有关复合材料成型工艺各方面发展的新颖性和创新性。

## 习　　题

1. 复合材料成型所使用的热压罐由哪些系统组成？每个系统的具体作用是什么？
2. 短纤维模压成型工艺相对于片状模压料模压成型技术和块状模压料模压成型工艺的缺点是什么？
3. 拉挤成型工艺过程分为哪几步？请简述其大致流程。
4. 请简要说明复合材料液体成型技术的优点及缺点。
5. 如何应对整体化结构的固化变形？
6. 纤维增强热塑性复合材料的激光粉末床熔融成型过程中工艺参数对构件力学性能有哪些影响？
7. 复合材料液体成型固化过程中主要监控的物理量有哪些？

# 第4章 复合材料构件的切削与连接技术

成型的复合材料不能直接用于生产制造,需要经过二次切削加工工艺。二次切削加工工艺是指通过刀具将工件上的多余材料去除,获得所要求的几何形状、尺寸精度和表面质量的方法和过程。这也就是说,切削加工工艺会对材料的去除过程产生直接影响。就切削 CFRP 而言,其刀具材料和结构、加工工艺参数、工艺特点、加工过程是否冷却等因素都会对 CFRP 材料加工效率、表面质量以及预期的结构强度产生影响。

CFRP 材料的机械连接结构同样有别于传统的金属材料,需要根据材料结构和性能特点对材料连接结构进行合理的参数设计,保证连接接头的强度和寿命。随着 CFRP 材料在航空制造领域的应用比重不断增大,其二次加工方法和质量也越来越受到重视,目前在基本的二次加工方法上进行诸多改进、优化,提高了二次加工效率,一定程度上改善了加工后表面质量,为二次加工的切削参数选取提供了依据,优化了复合材料连接接头的承载性能。目前航空复合材料的主要二次加工操作包括切边、制孔,主要的装配方法包括铆接、螺接等。

## 4.1 复合材料的切边工艺

切边工艺是复合材料制备成型后进行的边缘修整操作,以调整零件适应设计需求,主要的切边工艺有铣边工艺和激光切割工艺。

### 4.1.1 铣边工艺

**1. 铣边刀具及工艺参数**

复合材料零件的边缘修整是复合材料零件脱模后进行的第一次也是强制性的加工操作,该操作广泛使用常规加工。

**1)铣边的主要工艺参数**

选择合理的加工参数对提高加工表面质量尤为重要。碳纤维增强复合材料(CFRP)铣削加工表面质量的好坏直接影响工件的耐磨性、抗腐蚀性、抗疲劳能力以及零件的装配精度。影响 CFRP 加工表面质量的因素主要有工件材料纤维方向角、加工参数和刀具材料等。

(1)纤维方向角。纤维方向角对层合板形式的 CFRP 铣削加工质量有重要的影响,研究发现纤维方向角为 0°~45°时,表面质量较好,其中 45°时最优,超过 45°时表面质量较差。

(2)加工参数和刀具材料。加工参数对表面粗糙度的影响规律为:一般随着进给速度增大而增大,随着切削速度增大而减小,随着切削深度的增加而降低。使用硬质合金刀具时切削速度不宜过大,速度太大易产生大量的切削热,加速刀具磨损,一般切削速度选择为 40~80m/min,每齿进给量应小于 0.04mm/z(齿)比较合理。

**2)铣削复合材料刀具**

由于碳纤维增强复合材料切削加工时无法使用切削液冷却,所以切削区温度高,直接影响刀具的寿命和工件的加工精度及表面质量。因此在加工碳纤维增强复合材料时，刀具材料不但要有硬度高、耐磨性强和摩擦系数低等特性，而且刃口需要锋利以便在切削过程中能快速切断纤维，减少毛刺、分层和崩边等加工缺陷的产生。

鉴于 CFRP 难加工的特性，用于其加工的理想刀具材料应具有以下特性：较小的晶粒尺寸，可确保制造出更锋利的切削刃；高硬度（包括高的热红硬性），以提供优异的耐磨性能；良好的韧性（高的抗拉强度和断裂韧性），确保锋利的切削刃在切削时不会发生崩刃或变形；良好的导热性，可使切削区迅速散热；良好的热稳定性，确保刀具在切削高温下保持性能稳定；较低的化学亲和力或反应活性（与工件材料之间）。

对于 CFRP 切削加工来说，一方面，碳纤维一般都具有高硬度的特性，在钻削过程中充当磨粒的作用，因而相比于普通金属材料的切削加工，复合材料钻削更易导致钻头的磨损；另一方面，磨钝后的切削刃会导致切削力增大、切削温度上升，分层和纤维抽出等加工缺陷迅速增多。目前，用于加工复合材料的刀具材料主要有高速钢、硬质合金和 PCD 三种材料。陶瓷材料因其抗机械和热冲击性能较差不适合用于加工复合材料。高速钢钻头因其耐磨性太差、硬度太低等缺陷也很少被采用。虽然 PCD 刀具具有更好的刀具耐用度，然而 PCD 材料价格昂贵，限制了其广泛应用。相比之下，硬质合金刀具以其硬度高、耐磨性好以及更好的经济性获得了更为广泛的应用。

碳纤维增强复合材料铣刀结构原则上要考虑降低或抵消轴向切削力。针对 CFRP 铣削加工，主要的刀具类型有菠萝铣刀、人字齿铣刀、小螺旋角铣刀、直槽铣刀和电镀金刚石刀具，用于碳纤维复合材料层合板的铣削、轮廓铣和修边。

**2. 铣边损伤及抑制方法**

现阶段，有关 CFRP 铣削加工损伤评价方法的研究相对较少。铣削加工损伤主要出现在 CFRP 的表层边缘处。而且，无论铣削方式和铣削参数如何变化，都会引发三种独立的损伤形式。其中，表层纤维缺失，即纤维拔出，通常出现在距离被加工边缘一定距离处的区域内；未切断纤维，即毛刺，通常暴露在被加工边缘；松散纤维，通常附着在被加工边缘。另外，与其他两种损伤形式相比，毛刺在加工中更为常见。总之，铣削加工损伤多位于边缘表层，具有形貌不规则、分布无规律的特点。采用一维最大长度可以分别评价毛刺和撕裂损伤的程度。现有的铣削加工损伤评价方法主要以损伤的一维最大长度作为衡量标准。在合理评价 CFRP 加工损伤程度的基础上，为有效降低铣削 CFRP 构件加工损伤程度，国内外学者分别通过改进刀具结构和工艺，开展了相关的研究，具体包括以下方面。

**1）刀具参数及材料**

目前，直刃铣刀或螺旋刃铣刀是工程中最常用于铣削 CFRP 的刀具，如图 4-1 所示。而在使用该类铣刀切削 CFRP 时，极易出现加工表面不平整、表层损伤严重（可达到毫米甚至厘米量级）的现象，使得构件的铣削质量往往难以直接满足工程验收标准。

针对刀具的优化主要在基本几何参数方面进行。通过研究，发现了 CFRP 铣削质量随刀具前角、后角、切削刃钝圆以及螺旋角的变化规律，部分研究还给出了具体的几何参数优选范围。由于其未充分结合 CFRP 材料去除和损伤形成机理，因而只能在一定程度上抑制 CFRP 构件的加工损伤，也无法有效地解决铣削 CFRP 表层损伤的抑制问题。

(a) 直刃铣刀　　　　　　　　　　　(b) 螺旋刃铣刀

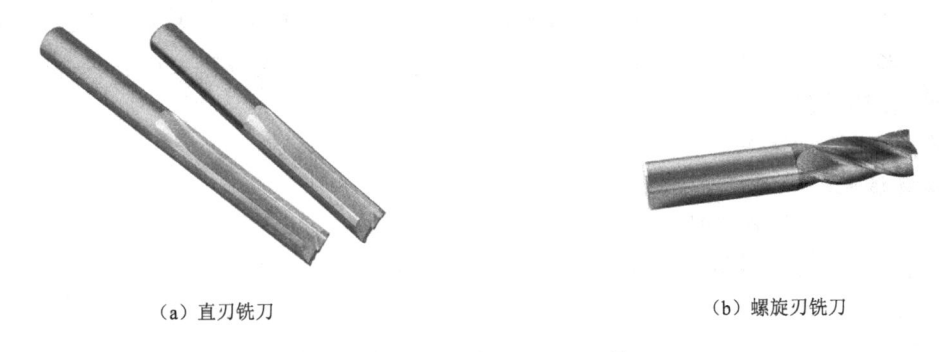

图 4-1　直刃铣刀和螺旋刃铣刀

**2）工艺参数**

除改进刀具结构外，通过改进工艺，研究铣削 CFRP 构件加工损伤的抑制方法，发现铣削 CFRP 表层平均损伤程度随进给速度提高而明显增加。研究还发现：进给速度是对表层损伤程度影响最大的因素，切削速度的影响次之，而切深对表层损伤程度的影响最小。除研究切削速度、进给速度、切深等常规铣削工艺参数外，纤维切削角的合理控制也是抑制铣削 CFRP 表层损伤的关键。

## 4.1.2　激光切割工艺

### 1. 激光切割原理

激光切割作为一种成熟的热加工工艺，已经成功应用到复合材料的加工中。其原理为由激光器发出的水平光束经透镜聚焦，在聚焦处聚成一极小光斑，使材料很快被加热至气化温度，蒸发形成孔洞，随着光束的移动，并配合辅助气体吹走熔化废渣，使孔洞连续形成宽度很窄的切缝，完成对材料的切割，如图 4-2 所示。激光加工过程中无须装夹加工工具，可实现非接触式加工，减少了因接触应力而对复合材料带来的损伤；聚焦的高能激光束作用于材料局部区域的能量可达 $10^8 \text{J/cm}^2$ 以上，使工件材料瞬间熔化蒸发，实现高效率加工；由于聚焦光斑小，其热影响区小，可以达到精密加工的要求。根据激光器作用方式的不同，激光加工通常可分为两种：连续激光加工和脉冲激光加工。激光在加工脆硬材料时可一次成型，适应性强，但是其切割效率随着纤维铺层方向的变化而变化，切削方向的不同也会导致热影响区发生变化。激光切割 CFRP 时的缺点主要表现为加工后会产生一系列热损伤问题，如热应力、微裂纹、纤维拔出、材料分层等。此外，激光加工还常与其他加工方式组合形成复合加工。激光复合加工技术包括激光辅助切削技术、激光水射流复合切割技术、激光复合表面改性技术、激光复合焊接技术、激光与电火花复合加工技术及其他激光复合加工方法。

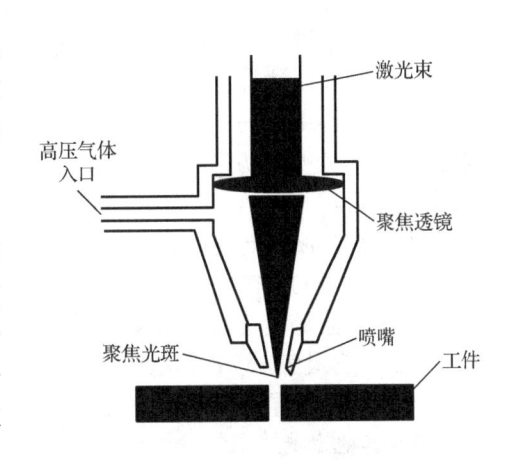

图 4-2　激光加工原理

激光加工 CFRP 时，材料的去除方法主要是基于材料热蒸发和热熔化的原理。当有氧气存在时，会发生氧化放热促进光热效应，加快去除效率。CFRP 与激光相互作用的去除机理主要分为热熔化、热蒸发、光化学反应、机械剥蚀等。机械剥蚀表现为在材料蒸汽、热应力、辅助加工等多能场共同作用下，对软化的材料进行机械去除。激光切割 CFRP 的去除机理主要取决于波长和脉宽。

**2. 激光切割工艺参数**

**1）激光波长**

树脂等聚合物作为基质时对不同波长的吸收率不同，波长越短，树脂对其吸收率越高。当波长超过 650nm 后，树脂几乎不吸收激光，所以当波长大于 650nm 时树脂的去除主要是依靠碳纤维导热，热影响区（heat affected zone，HAZ）较大。但波长也不是越短越好，准分子激光在加工时，几乎没有热传递和扩散现象，虽然可以获得好的加工质量，但是准分子激光加工成本高，同时准分子激光重复频率低，加工效率低，不适合用于工业生产。

激光波长越短，单光子能量越高，同时由于波长越短，树脂对激光的吸收率越高。在单位时间内，单位面积中材料获得的能量更多，可以更快实现材料的去除，在很大程度上抑制了热传递和扩散的过程。若波长足够，即光子能量足够大，则可以直接将材料的化学键打断去除，实现"冷加工"。而波长越长，单光子能量越低，树脂对激光的吸收率越低，此时 CFRP 主要是通过热效应去除，热累积严重，HAZ 大。所以为了获得较好的加工质量，可以选择较短波长的激光进行加工。

**2）激光作用时间**

激光与材料的相互作用过程中，根据脉冲持续时间，可以将其分为两类：第一类是连续或长脉冲激光；第二类是短脉冲或超短脉冲激光。连续或长脉冲激光作用时间大于材料弛豫时间，材料通过热效应达到去除效果，产生较大的 HAZ；而短脉冲或超短脉冲激光作用时利用产生的等离子体等方式去除材料，有利于提高加工精度。

为了获得更好的加工质量，激光与材料的相互作用过程是重点方向。评价切割质量的因素有：切口宽度、切口深度、基质蒸发宽度、基质后退宽度、切口锥角、基质损坏区和切割的表面形态。

为了减少激光与材料相互作用的时间，采用高速多道次切割时，每次扫描时升华材料的量少，有较多的散热时间，可以显著减少热影响区；同时切缝中的残渣也较少。如果采用多道次切割，但每道切割之间没有间隔时间，热影响区的减小比较有限。重复频率和切割速度对 HAZ 影响最大，较长的脉冲宽度、较低的重复频率产生的 HAZ 越小；切割速率越高，HAZ 越小；当脉冲能量与切割速度之比为 2～4J/（mm/s）时，HAZ 最小。

**3）其他激光参数**

通过研究平均输出功率、激光束光斑直径和通过次数，发现切缝的宽度取决于光束直径，切缝深度随着功率密度的增加而增加，并且可以增加总能量密度获得高的材料去除率。相同激光功率下，光束直径越小，功率密度越高，则单位时间内材料获得热量更多，材料去除更快。

当激光能量密度大于材料烧蚀阈值时，碳纤维气化，光斑照射区域中碳纤维传递到树脂的能量将树脂通过热效应、机械剥蚀等方式去除，由于激光与材料相互作用的时间极短，热传递和扩散极少，热损伤低。当激光能量密度小于材料烧蚀阈值时，需要延长激光与材料相互作用的时间来实现材料的去除，在此过程中热传递和扩散严重，增加材料热损伤。

为实现低损伤加工，应增加单位时间内材料吸收激光的能量，在最短时间内去除材料，抑制加工过程中的热累积现象。所以，使用高功率、高切割速度、高脉冲能量、低重复频率、小光斑直径、短脉冲宽度、多道切割等工艺可以获得 CFRP 更小的热损伤。

### 3. 激光切割损伤及抑制方法

激光切割损伤主要是切割区域附近产生的热损伤,主要用热影响区表征,热影响区往往伴随着材料力学性能退化及加工壁面粗糙度变大、结构颜色外观改变等问题。如图 4-3 所示,热影响区本质上可视为材料被去除区域(如切缝)与远离能场的材料本征性质区域之间的过渡区域。

HAZ 是在碳纤维蒸发之前的一段时间内生成的,因此减少 HAZ 的策略就是缩短激光与材料相互作用的时间或者通过降低能量密度,减少材料单位时间内吸收的能量来减少热累积。在减小加工边缘热影响区尺度方面,研究发现至少可考虑两类原理来应对:一是缩短激光与材料相互作用的时间,其原理为通过缩短作用时间对抗热扩散效应、抑制有助于热影响区形成的热扩散长度;二是通过外界环境(如冷却液体的冲刷)对流冷却加工区域,抑制达到热损伤的温度等条件。

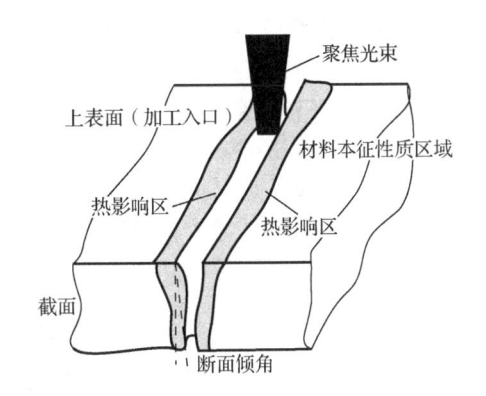

图 4-3 激光加工纤维增强复合材料的边缘热影响区

由于沿碳纤维轴的导热系数比基体材料高两个数量级,因此热量主要沿碳纤维轴流动。此外,蒸发或升华碳纤维所需的能量比基体高一个数量级以上。在激光束与材料的相互作用过程中,碳纤维气化需要的时间比树脂气化需要的时间长。在此期间,由于纤维具有良好的导热性,大量的热量通过碳纤维传导并释放到基体上,产生热累积,导致基体过热直至热解,纤维则从基体中脱黏,形成热影响区。

在激光与材料相互作用时,由于材料的去除会产生较大的反向蒸汽流,后续激光发生散射和损失,降低加工效率和质量。实践中发现,在加工过程中增加辅助气体不仅可以清理加工区域残渣、抑制热传递和扩散现象,还可以克服上述反向蒸汽流问题,提高加工效率,且可获得更高的加工质量。

#### 1)气体辅助

使用气体辅助激光切割,随着气体压力的增大,可以在相同时间内带走更多的热量,减少 HAZ,但是气体压力对纤维拔出现象影响不大;如果气体压力过大,加工区域会形成涡流,削弱气流的冷却作用。

气体辅助激光加工 CFRP 过程中,高速气流带走加工区域的残余热量,有效降低了 HAZ;同时高速气流有利于清理加工产生的残渣,减少对激光的散射和吸收,促进激光和材料的相互作用,提高激光加工质量和效率。在氮氧混合气体辅助激光加工 CFRP 过程中,氧气与碳纤维和树脂会发生氧化放热反应促进材料的去除,同时氮气的冷却作用可以降低加工区域中的残余热量,使 HAZ 更小,因此氮气中混合少量氧气可以加快材料的去除并提高加工质量。此外,采用较低能量中等频率加工时可以有效地控制纤维拔出现象;增加气体压力有利于去除加热软化后的材料,提高加工质量;但过大的气体压力,会在加工区域表面形成涡流,降低气流冷却效果。

#### 2)液体辅助

对比气体和水下两种辅助激光切割实验,水下切割能有效地减小 HAZ;在气体辅助时材料 HAZ 表现为上窄下宽,水下切割 HAZ 表现为上宽下窄,主要因为水具有比气体更高的比热容,冷却效果更强,对基体的热损伤更小,且切槽底部的 HAZ 比顶部小;而气流带走了部分热量,但是传递到底部的热量不能去除较多的材料。

在水射流辅助激光加工的基础上，利用全反射原理将激光限制在一较小直径的水束中，通过水束引导至工件表面，再对工件进行加工，其原理如图 4-4 所示。利用水射流引导激光技术切割 CFRP，针对切割形状、热影响区、表面质量、加工效率等进行研究，通过与常规激光加工相比较，结果表明，水射流引导激光加工技术能有效地提高加工质量，降低热影响区，具有高清洁度。这是因为在激光加工的同时，水束就对加工区域进行了有效冷却和冲蚀，大大减少了热累积现象，同时带走了加工残渣，具有高清洁度。但是由于水束的实时冷却，热量损失严重，降低了激光加工效率。

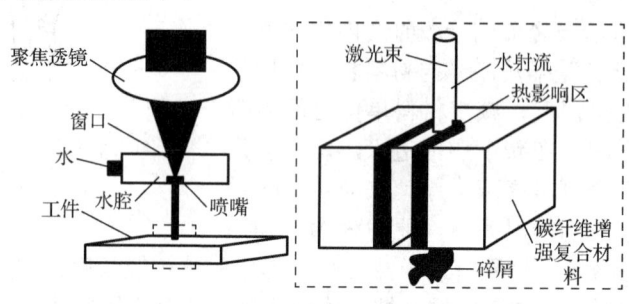

图 4-4　水射流引导激光加工原理

## 4.2　复合材料的制孔工艺

CFRP 目前作为新型飞机中的首选结构材料已被广泛应用于机身和机翼的承力部位，飞机的主承力构件受载情况复杂，故对材料强度、装配连接质量都提出了更高的要求。制孔工作是 CFRP 构件进行机械加工最多的操作，对后续装配结构的质量有很大影响。目前主要的常规制孔方法有钻孔、超声振动辅助钻孔和螺旋铣孔。

### 4.2.1　钻孔工艺

在钻削加工过程中，通过钻头与工件沿钻孔轴线方向上的相对运动，来去除多余的材料，维持相对运动需要在钻头上施加推力和扭矩来实现，如图 4-5 所示。

**1. 钻削刀具及工艺参数**

**1）钻削刀具材料**

严重的刀具磨损和复合材料分层损伤是实现 CFRP 高效精密切削加工最具挑战的难题。针对刀具快速磨损问题，CFRP 加工刀具需选择耐磨性好的刀具材料和涂层来延长刀具寿命。对于 CFRP 钻削分层，可通过优化刀具结构和加工工艺来控制分层缺陷。当前，先进刀具材料和涂层技术、优化的刀具结构及加工工艺已成为实现 CFRP 高效高质量切削加工的重要途径。

目前用于 CFRP 切削加工的刀具材料主要以硬质合金、聚晶金刚石（PCD）、化学气相沉积（CVD）金刚石涂层为主。硬质合金制孔刀具可以通过刃磨形成各种几何结构，有利于控制切削力分布，减小轴向力，加大钻削扭矩，防止分层并快速切断纤维；但是硬质合金刀具的抗磨损性能在 CFRP 制孔过程中仍存在不足，刃口磨损钝化将造成制孔质量下降。PCD 刀具通过与硬质合金整体烧结后，再进行刃磨，可获得非常锋利的刃口，

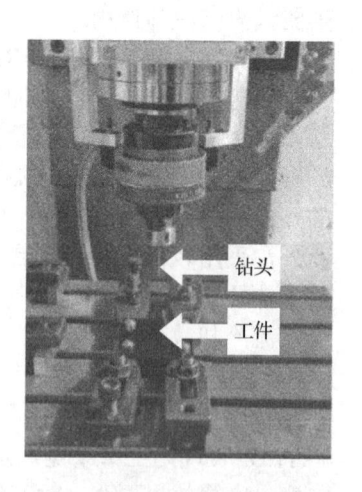

图 4-5　钻削工艺示意图

同时具有非常低的表面摩擦系数以及超高的硬度与强度，在 CFRP 制孔过程中可以很好地切断纤维，获得良好的制孔质量。CVD 金刚石涂层具有接近天然金刚石的高硬度、高弹性模量、高热导率、良好的自润滑性及化学稳定性等优异性能，可大幅提高硬质合金制孔刀具的抗磨损性能，其极低的摩擦系数也使得 CFRP 加工过程中的摩擦力减小，切削温度降低，从而减小复合材料出口分层、毛刺、撕裂等损伤。此外，金刚石涂层硬质合金刀具综合了硬质合金材料和 PCD 材料的优点，在大幅提升刀具抗磨损性能的同时保持了硬质合金刀具抗冲击性能的优点，而在刀具生产成本上又远低于 PCD 刀具，已成为 CFRP 切削加工最具潜力的刀具材料。

**2）钻削刀具结构**

钻头的主要特征参数有前角、后角、顶角、螺旋角和横刃长度，为了改善钻头在加工纤维增强复合材料时的加工性能，可以通过改变这些特征参数来改变钻头的几何结构。刀具的几何结构和材料对切削力、被加工零件质量和刀具磨损具有重要影响。刀具几何结构的选择不当可能带来因摩擦而导致过高的加工温度、刀具磨损率以及切削力，选择合适的刀具几何结构和相应的加工参数能够实现无缺陷制孔。在 CFRP 钻削加工方面，为改善复合材料制孔质量和效率，一系列专用几何结构刀具得到了开发与应用，如改良麻花钻（modified twist drill）、匕首钻（dagger drill）、多面钻（multi-faceted drill）、三尖钻（brad spur drill）、套料钻（core drill）等。麻花钻作为最常见的钻孔刀具，具有结构简单的特点。在 CFRP 切削加工中，大负前角的横刃易引起过大的轴向力并引起分层损伤。因此，通常采用 X 形或 S 形修磨方式来改变横刃几何结构。匕首钻严格来讲是一种钻、铰复合刀具，由于有周向侧刃作为主切削刃直接参与钻孔，更易形成无毛刺、表面高质量的孔。多面钻指钻头的后刀面多于两个，一般采用双锋角和双后刀面的钻尖设计来实现八面以上的后刀面。双锋角的作用主要体现在延长主切削刃、平均切削载荷、提高刀具耐用度，并在钻头外缘处形成一段锋角更小的主刃，有利于纤维的高效切断。双后刀面的作用主要体现在减小 CFRP 切削加工中的回弹现象，使刀具的后刀面尽量不与已加工表面发生摩擦。三尖钻则是在钻头外缘转点处设计两个凸出的尖刃口，专门用于纤维的切断，抑制孔出口毛刺及撕裂的产生。

**3）刀具磨损**

CFRP 在切削加工中的刀具磨损机理主要为磨粒磨损（abrasive wear）和刃口钝化（cutting edge rounding，CER），在某些条件下也可能形成月牙洼磨损和黏结磨损。刀具磨损机理与 CFRP 的增强相属性有直接关系，碳纤维有着极高的硬度（HRC53～65），刀具与工件的接触区域极易因为摩擦作用形成剧烈的磨粒磨损，在此过程中一般伴随着显著的后刀面磨损现象。刃口钝化主要有两方面原因：一方面，刀具刃口微崩刃以及刀具工件接触面内破碎纤维的微观摩擦作用会导致刀具刃口的磨损；另一方面，CFRP 的非均质性导致切削力波动极大，刀具刃口容易产生微裂纹，导致合金颗粒断裂或脱离基体表面。产生后刀面磨损的主要原因可归结为后刀面与复合材料纤维之间的摩擦作用以及纤维的回弹现象。

由于 CFRP 碳纤维增强相和树脂基体在强度和硬度上有着明显的差异，刀具在切削时受到不均匀、周期性变化的载荷。CFRP 的两相组成材料在热成型过程中也会由于热物理性能的差异以及成型工艺造成内应力，在切削加工中这部分内应力的释放会使刀具受到非均匀的变化载荷作用。另外，碳纤维本身的硬脆性也会在切削加工中对刀具形成冲击载荷。这些因素综合作用的结果就是在 CFRP 切削过程中，刀具的加工条件十分恶劣，受到低周的动态变化载荷以及冲击载荷的共同作用。因此，刀具的切削刃极可能在这种载荷条件下产生疲劳破坏或冲击破坏。当刀具强度不足或达到疲劳寿命时，就会发生崩刃等破损现象。

**4）钻削力和热**

钻削碳纤维增强复合材料时产生的推力和扭矩，对刀具的寿命和加工孔的质量有较大的影响，尤其是对分层的影响。复合材料的各向异性和不均匀性使钻削时的力、扭矩和热的准确预测非常困难。

与传统金属合金相比，CFRP 的切削热与切削温度都处于较低水平。常用的环氧树脂基碳纤维增强复合材料一般对温度变化较为敏感，即树脂的工作温度较低，过高的工作温度会使热固性环氧树脂发生玻璃化转变，出现软化、炭化失效等不可逆变化。树脂的过热会直接导致增强相碳纤维失去保护和支撑，CFRP 的强度和刚度也会因此失去。因此，对于 CFRP 而言，切削过程中的热将间接影响切削力的行为特征。此外，切削过程中产生的切削热在已加工表面上易累积，引发缺陷，如烧伤、起毛、撕裂等。

### 2. 材料去除机理及失效准则

**1）不同切削方向下的材料去除机理**

碳纤维增强复合材料的切削去除机理与单相均质金属材料完全不同，碳纤维增强复合材料的切削过程主要为碳纤维受挤压、剪切、弯曲和拉伸后直接发生脆性断裂而形成切屑。碳纤维增强复合材料的切削除受到材料属性的影响外，还受到碳纤维取向分布的影响。不同的纤维取向下，纤维所受的应力不同，其切除机理存在较大差异。以单束碳纤维的切削受力模型分析碳纤维增强复合材料的切削去除机理，如图 4-6 所示（$\theta$ 为单束纤维与切削方向的夹角，即纤维取向；$F_r$ 为切削力；$F_\tau$ 为切削力沿垂直纤维轴向的分力；$F_\sigma$ 为切削力沿纤维轴向的分力；$M_\sigma$ 为纤维所受的弯曲应力）。

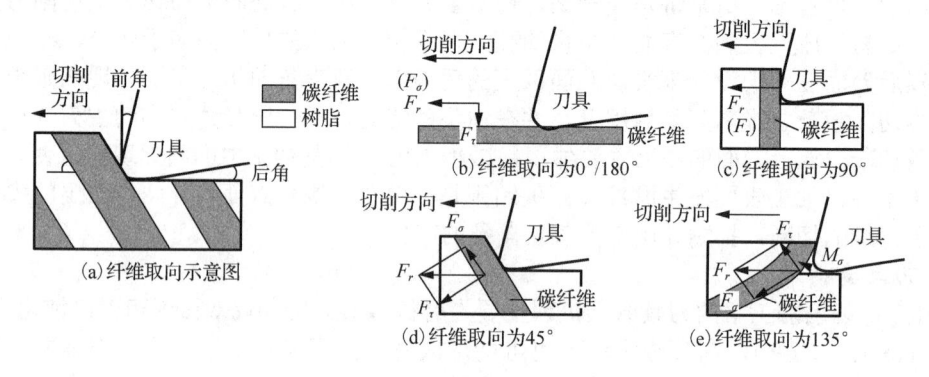

图 4-6 碳纤维的切削受力分析

（1）$\theta = 0°/180°$。

切削方向与纤维轴向平行，切削力 $F_r$ 与纤维轴向平行，形成沿纤维轴向的挤压应力或拉伸应力 $F_\sigma$。此外，在切削过程中，由于 CFRP 材料的变形回弹和切削振动，纤维将受到沿垂直纤维轴向的压缩应力 $F_\tau$。由于树脂基体的强度远低于碳纤维，在挤压应力或拉伸应力 $F_\sigma$ 的作用下，碳纤维与树脂的界面首先发生分离，刀具前方的纤维被掀起。随着刀具的继续挤压，被掀起的部分最终在压缩应力和弯曲应力的作用下发生断裂而形成切屑。

（2）$\theta = 90°$。

切削方向与纤维轴向垂直，切削力 $F_r$ 与纤维轴向垂直，形成沿垂直纤维轴向的剪切应力 $F_\tau$。在剪切应力 $F_\tau$ 的作用下，树脂基体由于强度低而发生破裂。树脂基体破裂后，碳纤维成为承载主体，剪切应力 $F_\tau$ 对碳纤维形成剪切作用，在剪切作用下碳纤维发生脆性剪切断裂。

（3）$0° < \theta < 45°$。

切削力 $F_r$ 可分解为沿纤维轴向的拉伸应力 $F_\sigma$ 和垂直纤维轴向的剪切应力 $F_\tau$，在拉伸应力 $F_\sigma$ 和剪切应力 $F_\tau$ 的作用下，纤维受到拉伸和压缩作用而发生脆性断裂。随着 $\theta$ 的增大，纤维所受的剪切作用越明显。

（4）$135°<\theta<180°$。

切削力 $F_\mathrm{r}$ 可分解为沿纤维轴向的压缩应力 $F_\sigma$ 和垂直纤维轴向的剪切应力 $F_\tau$，此外刀具前端材料在刀具向前推挤的作用下发生弯曲，在纤维内部形成一定的弯曲应力 $M_\sigma$。在压缩应力 $F_\sigma$、剪切应力 $F_\tau$ 和弯曲应力 $M_\sigma$ 的综合作用下，纤维发生脆性断裂。

**2）复合材料失效准则**

在达到某一强度极限而破坏失效时复合材料会显示出各种各样的损伤失效方式，其中包括纤维失效、基体开裂、屈曲和分层破坏。

（1）纤维失效（或纤维断裂）是复合材料损伤机制中最容易进行判定损伤失效模式之一，该现象在复合结构的载荷达到纤维承载强度极限时随即发生。

（2）基体开裂是复合材料内部的一种损伤形式，这种损伤会使复合材料层与层之间出现裂纹和孔隙。

（3）屈曲是复合材料在压缩或剪切载荷下发生的结构变化现象，虽然屈曲不一定会导致复合材料失效，但是由屈曲产生的结构上的大变形、弯曲和结构稳定性上的损失，通常会促进其他类型的损坏并导致结构性的崩溃。

（4）分层是由较大的厚度方向的应力引起复合材料层合板层与层之间的分离，这种分离会引起显著的结构损伤，特别是在复合材料侧向压缩和钻削加工中。

纤维失效：复合材料纤维的损伤失效是导致复合材料整体完全破坏的重要原因，因为纤维是复合材料中主要的载荷承载体。复合材料的纤维损伤也是复合材料损伤研究中最易被观测到的一种破坏模式。

当复合材料整体的拉力逐渐增加时，层内纤维的张力也在逐渐增加，一旦有单个纤维达到强度极限则立即产生断裂失效。当复合材料的整体受压应力达到一定临界值时，复合材料层内纤维微观结构发生屈曲失稳和扭结等结构缺陷，从而导致复合材料纤维局部因屈曲过大而产生压缩破坏。虽然纤维的压缩破坏过程比拉伸破坏过程的产生机理更复杂，但是也可以用极限强度理论对其进行阐述。例如，表 4-1 中的最大应力准则、Hashin 失效准则、Chang-Chang 失效准则和 Puck 失效准则，它们都是通过分别建立拉伸和压缩两种破坏模式下的复合材料所受的各向应力和各主方向强度极限之间的关系式来判断纤维失效的发生模式。特别要说明的是 Chang-Lessard 失效准则，它们在分析纤维主方向压缩失效时，利用纤维屈曲强度来进行判断。纤维失效过程也可用极限应变进行解释，如最大应变准则。

表 4-1 纤维破坏失效准则

| 失效准则 | 表达式 | 备注 |
| --- | --- | --- |
| 最大应力准则 | $\sigma_1 \geqslant X_T$ | 拉伸失效 |
|  | $\sigma_1 \geqslant X_C$ | 压缩失效 |
| 最大应变准则 | $\varepsilon_1 \geqslant \varepsilon_{1T}$ | 拉伸失效 |
|  | $\varepsilon_1 \geqslant \varepsilon_{1C}$ | 压缩失效 |
| 二维 Hashin 失效准则 | $\left(\dfrac{\sigma_1}{X_T}\right)^2 + \left(\dfrac{\tau_{12}}{S_{12}}\right)^2 \geqslant 1$ | 拉伸失效 |
|  | $\left(\dfrac{\sigma_1}{X_C}\right)^2 \geqslant 1$ | 压缩失效 |

续表

| 失效准则 | 表达式 | 备注 |
|---|---|---|
| 三维 Hashin 失效准则 | $\left(\dfrac{\sigma_1}{X_T}\right)^2 + \dfrac{\tau_{12}^2 + \tau_{13}^2}{S_{12}^2} \geq 1$ | 拉伸失效 |
| | $\left(\dfrac{\sigma_1}{X_C}\right)^2 \geq 1$ | 压缩失效 |
| Chang-Chang 失效准则 | $\sqrt{\left(\dfrac{\sigma_1}{X_T}\right)^2 + \dfrac{\dfrac{\tau_{12}^2}{2G_{12}} + \dfrac{3}{4}\alpha\tau_{12}^4}{\dfrac{S_{12is}^2}{2G_{12}} + \dfrac{3}{4}\alpha S_{12is}^4}} \geq 1$ | $\gamma_{12} = \dfrac{\tau_{12}}{G_{12}} + \alpha\tau_{12}^3$，$\alpha$ 为系数，下角标 "is" 表示原位 |
| Puck 失效准则 | $\dfrac{1}{\varepsilon_{1T}}\left(\varepsilon_1 + \dfrac{v_{f12}}{E_{f_1}} m_{f\sigma} \cdot \sigma_2\right) \geq 1$ | 拉伸失效，$m_{f\sigma}$ 为应力放大因子 |
| | $\dfrac{1}{\varepsilon_{1C}}\left\|\varepsilon_1 + \dfrac{v_{f12}}{E_{f_1}} m_{f\sigma} \cdot \sigma_2\right\| + 100\gamma_{21}^2 \geq 1$ | 压缩失效，$m_{f\sigma}$ 为应力放大因子 |
| Chang-Lessard 失效准则 | $\sigma_1 \geq \overline{X_C}$ | $\overline{X_C}$ 为纤维屈服强度 |
| 二维 Hou 失效准则 | $\sqrt{\left(\dfrac{\sigma_1}{X_T}\right)^2 + \left(\dfrac{\tau_{12}}{S_{12}}\right)^2} \geq 1$ | 拉伸失效 |
| | $\sqrt{\left(\dfrac{\sigma_1}{X_C}\right)^2 + \left(\dfrac{\tau_{12}}{S_{12}}\right)^2} \geq 1$ | 压缩失效 |
| 三维 Hou 失效准则 | $\sqrt{\left(\dfrac{\sigma_1}{X_T}\right)^2 + \dfrac{\tau_{12}^2 + \tau_{13}^2}{S_{12}^2}} \geq 1$ | 拉伸失效 |
| | $\sqrt{\left(\dfrac{\sigma_1}{X_C}\right)^2 + \dfrac{\tau_{12}^2 + \tau_{13}^2}{S_{12}^2}} \geq 1$ | 压缩失效 |

基体失效：复合材料层合板中基体材料的失效往往是比较复杂的。对于聚合物基复合材料来说，基体材料为高分子树脂，其本身在复合材料的制备过程中就易产生微裂纹和缺陷，产生的原因往往与高分子树脂材料的纳观结构有关，是无法避免的。此外，复合材料中基体的强度要远小于纤维主方向上的强度，复合材料损伤初期多发生在基体相中。

如表 4-2 所示，在判断复合材料基体失效时，除了最简洁的最大应力准则和最大应变准则外，基于强度理论的二次表达式形式的 Hashin-Rotem 准则是最基本的基体失效判据。

表 4-2 基体破坏失效准则

| 失效准则 | 表达式 | 备注 |
|---|---|---|
| 最大应力准则 | $\sigma_1 \geq Y_T$ | 拉伸失效 |
| | $\sigma_1 \geq Y_C$ | 压缩失效 |
| 最大应变准则 | $\varepsilon_2 \geq \varepsilon_{2T}$ | 拉伸失效 |
| | $\varepsilon_2 \geq \varepsilon_{1C}$ | 压缩失效 |
| Hashin-Rotem 准则 | $\left(\dfrac{\sigma_2}{Y_T}\right)^2 + \left(\dfrac{\tau_{12}}{S_{12}}\right)^2 \geq 1$ | 拉伸失效 |
| | $\left(\dfrac{\sigma_2}{Y_C}\right)^2 + \left(\dfrac{\tau_{12}}{S_{12}}\right)^2 \geq 1$ | 压缩失效 |

续表

| 失效准则 | 表达式 | 备注 |
| --- | --- | --- |
| 二维 Hashin 失效准则 | $\left(\dfrac{\sigma_2}{Y_T}\right)^2+\left(\dfrac{\tau_{12}}{S_{12}}\right)^2\geq 1$ | 基体开裂 |
|  | $\dfrac{\sigma_2}{Y_C}\left[\left(\dfrac{Y_C}{2S_{13}}\right)^2-1\right]+\left(\dfrac{\sigma_2}{2S_{13}}\right)^2+\left(\dfrac{\tau_{12}}{S_{12}}\right)^2\geq 1$ | 基体压碎 |
| 三维 Hashin 失效准则 | $\dfrac{(\sigma_2+\sigma_3)^2}{Y_T^2}+\dfrac{\tau_{12}^2-(\sigma_2\times\sigma_3)}{S_{23}^2}+\dfrac{\tau_{12}^2-\tau_{13}^2}{S_{13}^2}\geq 1$ | 拉伸失效 |
|  | $\dfrac{(\sigma_2+\sigma_3)}{Y_C}\left[\left(\dfrac{Y_C}{2S_{23}}\right)^2-1\right]+\dfrac{(\sigma_2+\sigma_3)}{2S_{23}}+\dfrac{(\tau_{23}^2-[\sigma_2\times\sigma_3])}{S_{23}^2}+\dfrac{(\tau_{12}^2+\tau_{13}^2)}{S_{12}^2}\geq 1$ | 压缩失效 |
| Chang-Chang 失效准则 | $\sqrt{\left(\dfrac{\sigma_2}{Y_T}\right)^2+\dfrac{\dfrac{\tau_{12}^2}{2G_{12}}+\dfrac{3}{4}\alpha\tau_{12}^4}{\dfrac{S_{12is}^2}{2G_{12}}+\dfrac{3}{4}\alpha S_{12is}^4}}\geq 1$ | 基体拉伸失效:$\gamma_{12}=\dfrac{\tau_{12}}{G_{12}}+\alpha\tau_{12}^3$,$\alpha$为系数,下角标"is"表示原位 |
| Chang-Lessard 失效准则 | $\sqrt{\left(\dfrac{\sigma_2}{Y_{T_{is}}}\right)^2+\dfrac{\dfrac{\tau_{12}^2}{2G_{12}}+\dfrac{3}{4}\alpha\tau_{12}^4}{\dfrac{S_{12is}^2}{2G_{12}}+\dfrac{3}{4}\alpha S_{12is}^4}}\geq 1$ | 基体拉伸失效:$\gamma_{12}=\dfrac{\tau_{12}}{G_{12}}+\alpha\tau_{12}^3$,$\alpha$为系数,下角标"is"表示原位 |
|  | $\sqrt{\left(\dfrac{\sigma_2}{Y_C}\right)^2+\dfrac{\dfrac{\tau_{12}^2}{2G_{12}}+\dfrac{3}{4}\alpha\tau_{12}^4}{\dfrac{S_{12is}^2}{2G_{12}}+\dfrac{3}{4}\alpha S_{12is}^4}}\geq 1$ | 基体压缩失效:$\gamma_{12}=\dfrac{\tau_{12}}{G_{12}}+\alpha\tau_{12}^3$,$\alpha$为系数,下角标"is"表示原位 |
| Puck 失效准则 | A 模式:<br>$\sqrt{\left(\dfrac{\tau_{21}}{S_{21}}\right)^2+\left(1-\dfrac{P_{21}^{(+)}y_r}{S_{21}}\right)^2\left(\dfrac{\sigma_2}{v_T}\right)^2}+\dfrac{P_{21}^{(+)}\sigma_2}{S_{21}}\geq 1-\left\|\dfrac{\sigma_2}{\sigma_{1D}}\right\|$ | 基体拉伸失效:$P_{21}^{(+)}=-\left(\dfrac{\mathrm{d}\tau_{22}}{\mathrm{d}\sigma_2}\right)_{\sigma_2=0}$ |
|  | 对于二维平面应力模型:<br>B 模式:$\theta_{fp=0°}$,<br>$\dfrac{1}{S_{21}}\left[\sqrt{\tau_{21}^2+\left(P_{21}^{(-)}\sigma_2\right)^2}+P_{21}^{(-)}\sigma_2\right]\geq 1-\left\|\dfrac{\sigma_1}{\sigma_{1D}}\right\|$<br>当 $\sigma_2<0$ 时, $0\leq\left\|\dfrac{\sigma_2}{Y_C}\right\|\leq R_{22}^A/\|\tau_{21c}\|$<br>C 模式:$\theta_{fp=0°}$,<br>$-\left\{\left[\dfrac{\tau_{21}}{2\left(1+P_{22}^{(-)}S_{21}\right)}\right]^2+\left(\dfrac{\sigma_2}{Y_C}\right)^2\right\}\dfrac{Y_C}{\sigma_2}\geq 1-\left\|\dfrac{\sigma_1}{\sigma_{1D}}\right\|$<br>当 $\sigma_2<0$ 时, $0\leq\left\|\dfrac{\sigma_2}{Y_C}\right\|\leq\|\tau_{21c}\|/R_{22}^A$ | 基体压缩失效<br>$P_{21}^{(-)}=-\left(\dfrac{\mathrm{d}\tau_{21}}{\mathrm{d}\sigma_2}\right)_{\sigma_2=0}$, $R_{22}^A=\dfrac{Y_C}{2\left(1+P_{22}^{(-)}\right)}$<br>$R_{21}^A=S_{21}/2P_{21}^{(-)}\times\left(\sqrt{1+2P_{21}^{(-)}Y_C/S_{21}}-1\right)$<br>$P_{22}^{(-)}=P_{21}^{(-)}R_{22}^A/S_{21}$, $\tau_{21}=S_{21}\sqrt{1+2P_{22}^{(-)}}$<br>$f_w=1-\dfrac{\sigma_1}{\sigma_{1D}}$ |
| 二维 Hou 失效准则 | $\sqrt{\left(\dfrac{\sigma_2}{r_T}\right)^2+\left(\dfrac{\tau_{12}}{S_{12}}\right)^2}\geq 1,\ \sigma_2\geq 0$ | 基体开裂 |

续表

| 失效准则 | 表达式 | 备注 |
|---|---|---|
| 三维 Hou 失效准则 | $\sqrt{\dfrac{1}{4}\left(-\dfrac{\sigma_2}{S_{12}}\right)^2+\dfrac{Y_C^2\sigma_2}{4S_{12}^2 Y_C}-\dfrac{\sigma_2}{Y_C}+\left(\dfrac{\tau_{12}}{S_{12}}\right)^2}\geqslant 1,\ \sigma_2\geqslant 0$ | 基体冲击 |
| | $\sqrt{\left(\dfrac{\sigma_2}{Y_T}\right)^2+\left(\dfrac{\tau_{12}}{S_{12}}\right)^2+\left(\dfrac{\tau_{23}}{S_{23}}\right)^2}\geqslant 1$ | 基体开裂 |
| | $\sqrt{\dfrac{1}{4}\left(-\dfrac{\sigma_2}{S_{23}}\right)^2+\dfrac{Y_C^2\sigma_2}{4S_{23}^2 Y_C}-\dfrac{\sigma_2}{Y_C}+\left(\dfrac{\tau_{12}}{S_{12}}\right)^2}\geqslant 1$ | 基体冲击 |

面内失效：复合材料的面内剪切损伤也是导致复合材料破坏的主要原因之一，在外部作用比较复杂的情况下，复合材料在面内产生的剪切破坏经常伴随着复合材料拉伸或压缩破坏而出现。最大应力准则和最大应变准则主要判断在主平面 1-2 面内的剪切强度和极限剪应变是否达到临界极限。Hashin 失效准则和 Chang-Lessard 失效准则则是引入主应力及主应力方向的拉伸和压缩强度来辅助判断复合材料面内剪切失效的发生，如表 4-3 所示。

表 4-3　纤维-基体剪切失效准则

| 失效准则 | 表达式 | 备注 |
|---|---|---|
| 最大应力准则 | $\tau_{12}\geqslant S_{12}$ | |
| 最大应变准则 | $\gamma_{12}\geqslant \gamma_{12}^{\text{ultimate}}$ | $\gamma_{12}^{\text{ultimate}}$ 为极限剪应变 |
| 二维 Hashin 失效准则 | $\left(\dfrac{\sigma_1}{X_T}\right)^2+\left(\dfrac{\tau_{12}}{S_{12}}\right)^2\geqslant 1$ | |
| Chang-Lessard 失效准则 | $\sqrt{\left(\dfrac{\sigma_1}{X_C}\right)^2+\dfrac{\dfrac{\tau_{12}^2}{2G_{12}}+\dfrac{3}{4}\alpha\tau_{12}^4}{\dfrac{S_{12is}^2}{2G_{12}}+\dfrac{3}{4}\alpha S_{12is}^4}}\geqslant 1$ | $\gamma_{12}=\dfrac{\tau_{12}}{G_{12}}+\alpha\tau_{12}^3$，$\alpha$ 为系数，下角标 "is" 表示原位 |

面外失效：复合材料由于纤维-基体界面性能较差，在失效时经常会伴有分层损伤出现。在钻削、铣削或是在弯曲、扭转载荷的作用下面外失效时常发生，严重影响复合材料机械强度性能。由于分层损伤具有一定的特殊性，不是所有失效准则都对分层损伤判据进行了定义。几个具有分层破坏判据公式的失效准则如表 4-4 所示。

表 4-4　复合材料分层失效准则

| 失效准则 | 表达式 |
|---|---|
| 最大应力准则 | $\sigma_3\geqslant Z_T$，$\tau_{13}\geqslant S_{13}$，$\tau_{23}\geqslant S_{23}$ |
| 三维 Hashin 失效准则 | $\left(\dfrac{\sigma_3}{Z_T}\right)^2+\left(\dfrac{\tau_{23}}{S_{23}}\right)^2+\left(\dfrac{\tau_{13}}{S_{13}}\right)^2\geqslant 1$ |
| 三维 Hou 失效准则 | $\sqrt{\left(\dfrac{\sigma_3}{Z_T}\right)^2+\left(\dfrac{\tau_{23}}{S_{23}}\right)^2+\left(\dfrac{\tau_{13}}{S_{13}}\right)^2}\geqslant 1$ |

## 3. 钻削损伤
### 1）分层

在诸多加工缺陷中，分层被公认为是对制孔质量有致命影响的一种，它是指 CFRP 层合板在材料内部发生的层间结合失效。一方面，分层缺陷会造成 CFRP 层合板抗拉强度的下降，另一方面，在交变疲劳载荷的工作条件下，分层会进一步扩展并最终造成构件服役寿命的提前终止。

从钻削机理的角度来分析，钻头在钻削 CFRP 时主要产生轴向力和扭矩。其中，轴向力产生垂直应力，引起Ⅰ型撕裂破坏；扭矩会产生面外剪切应力，引起Ⅲ型裂纹破坏。钻孔分层和撕裂主要是这两种类型裂纹破坏作用的结果；钻孔偏斜则会产生Ⅱ型裂纹，如图 4-7 所示。

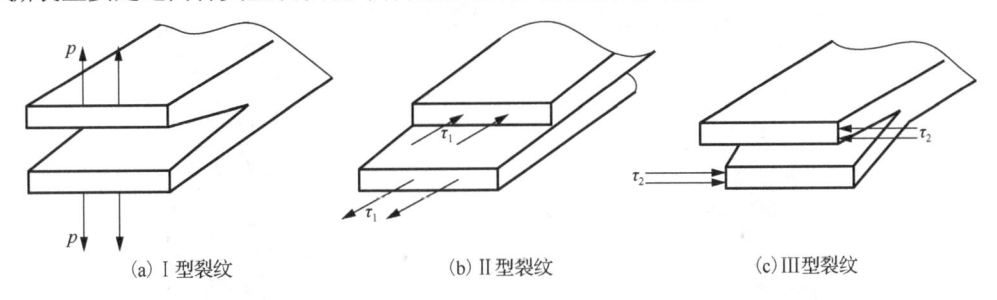

(a) Ⅰ型裂纹　　(b) Ⅱ型裂纹　　(c) Ⅲ型裂纹

图 4-7　CFRP 的钻削裂纹形式

CFRP 的钻削分层机理可以表示为

$$L = L_F + L_M \tag{4-1}$$

其中，$L$ 为钻削制孔总分层；$L_F$ 为轴向力引起的分层；$L_M$ 为扭矩引起的分层。钻削加工 CFRP 层合板时分层缺陷有两种类型：一种是发生在钻削入口处，称为剥起分层（peel-up delamination）；另一种是发生在钻削出口处，称为推离分层（push-out delamination），其各部分分层机理如图 4-8 所示。

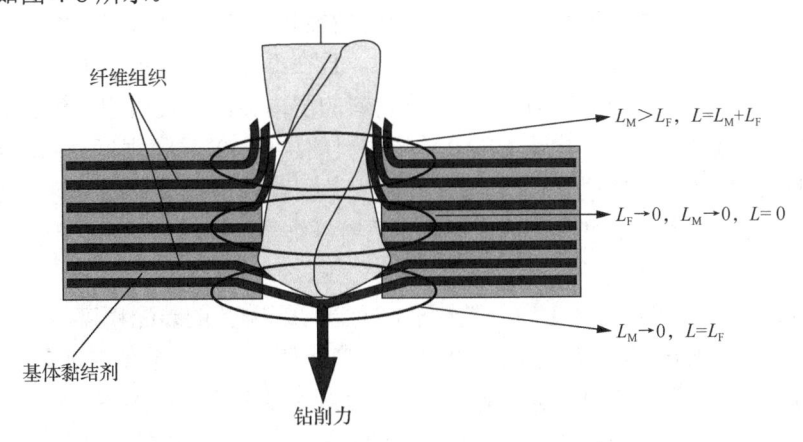

图 4-8　CFRP 钻孔时各部分分层机理示意图

如图 4-8 所示，钻头主切削刃在切削碳纤维时，碳纤维受推力与钻头前部未切削部分间产生一面外剪切应力，引起Ⅲ型裂纹破坏，入口侧主要以Ⅲ型裂纹破坏为主。当钻头钻至层合板中间部分时，已钻削部分已较厚，抗扭能力已较强，Ⅲ型裂纹破坏消失，故层合板中间部分几乎无分层产生。钻头在钻至出口侧时，由于钻头前端未切削层厚度已很薄，在钻削轴向力的作用下，势必会产生较大的变形，从而引起未切削部分与已切削部分间的较大垂直应力，造成Ⅰ型裂纹破坏，出口侧分层主要由Ⅰ型裂纹破坏所引起。

**2）撕裂**

撕裂缺陷是除分层之外另一种对复合材料制孔质量影响较大的缺陷，撕裂是一种在最外层材料发生的缺陷损伤。无支撑的最外层CFRP在$90°<\theta<180°$条件下易沿纤维方向形成基体撕裂，并在$\theta=90°$的纤维方向上出现最严重的撕裂。在制孔加工时，最外层材料的纤维方向是固定的，因此沿周向加工时逆纤维切削关系只出现在固定区域上，如图4-9所示。在制孔加工中，CFRP单向层合板的撕裂缺陷出现的区域具有方向性，主要出现在二、四象限。

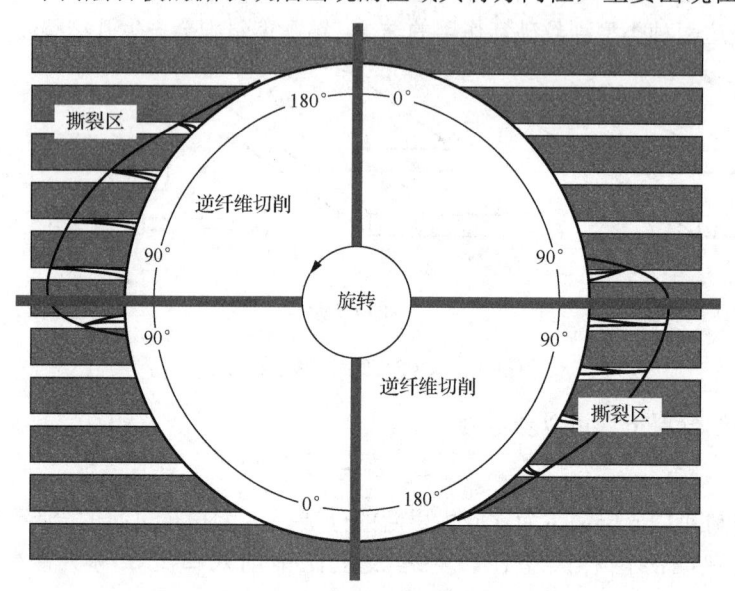

图4-9 钻削CFRP层合板时的撕裂缺陷形成区域

CFRP单向层合板的典型撕裂缺陷包括入口侧撕裂和出口侧撕裂，出口侧撕裂缺陷一般大于入口侧，撕裂扩展方向是沿着纤维方向进行的，且在纤维方向与孔壁垂直处（$\theta=90°$）的撕裂最严重。撕裂缺陷主要由CFRP单向层合材料的层内各向异性引起，撕裂缺陷发生在孔进出口的最表面一层材料内部。由于CFRP单层材料的层内90°抗拉强度最弱，当切削力达到此方向强度的极限时会产生树脂黏结失效，并萌生微裂纹。由于最外层材料缺乏来自基体的足够支撑作用，这些微裂纹会在切削力的影响下沿着纤维继续扩展，严重时形成撕裂缺陷。

**3）毛刺**

毛刺是碳纤维未被切断而产生的一类缺陷，会直接影响孔的装配精度。与分层和撕裂较为类似，毛刺同样主要出现在缺乏基体支撑的进出口两侧，且出口毛刺较进口毛刺更为严重。按照毛刺形成的机理不同，CFRP单向层合材料的毛刺主要分为两种类型：Ⅰ型毛刺和Ⅱ型毛刺。Ⅰ型毛刺与出口分层缺陷类似，是由未被切断的纤维束被直接推出孔口形成的，毛刺与制孔刀具的进给方向相反；Ⅱ型毛刺则是周向切削时未被切断的纤维束，毛刺与制孔刀具的旋转方向相同。

无支撑的单层CFRP单向层合板在$0°<\theta<30°$范围内，易出现未切断纤维，即毛刺缺陷，且在此范围内$\theta$越小毛刺缺陷越明显，这类毛刺属于Ⅱ型毛刺。在制孔加工时，最外层材料的纤维方向是固定的，因此沿周向加工时纤维方向角$\theta$较小的顺纤维切削关系只出现在固定区域

上，如图 4-10 所示。在制孔加工中，CFRP 单向层合板的 II 型毛刺出现的区域具有方向性，主要出现在一、三象限，且靠近 $\theta=0°$ 的区域。

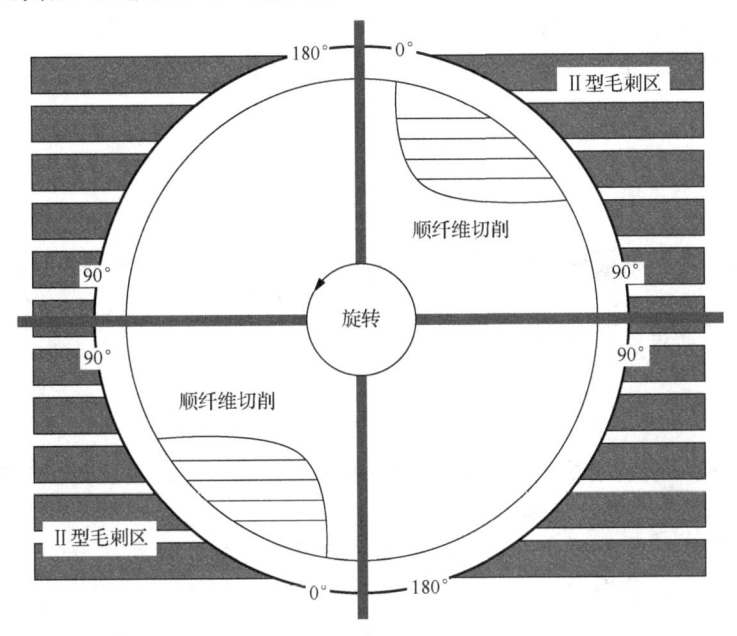

图 4-10 钻削 CFRP 层合板时的毛刺缺陷形成区域

I 型毛刺缺陷主要由 CFRP 单向层合材料的层间各向异性引起，II 型毛刺由 CFRP 单向层合材料的纤维各向异性引起，两种毛刺缺陷的形成机理如下。

（1）I 型毛刺缺陷的形成机理与出口分层缺陷类似，主要由于 CFRP 层间的 90°结合强度远低于其他方向的材料强度，造成纤维束极容易在制孔轴向力的作用下被推离材料基体，形成毛刺缺陷；I 型毛刺出现的位置是撕裂最严重的 $\theta=90°$附近。

（2）II 型毛刺缺陷则是由 CFRP 的各向异性造成的，由于碳纤维的抗拉强度极高，在 0°<$\theta$<30°顺纤维方向角的条件下切削碳纤维时极容易形成树脂被切断，而纤维未被拉断的情况，这部分未被及时拉断的纤维束在孔口堆积，即形成 II 型毛刺缺陷；另外，在较小顺纤维方向角的条件下，CFRP 的 90°压缩刚度较小，工件材料易形成让刀，这也是 II 型毛刺缺陷产生的重要原因。

**4）损伤评价方法**

对毛刺缺陷的评价有一维评价方法和二维评价方法，一维评价方法用毛刺的总长度与孔直径间的比值来表征，二维评价方法用毛刺的面积与加工孔公称面积的比值来表征，一维评价方法由于只考虑长度的影响，不能全面地达到描述和评价毛刺缺陷的目的。对毛刺缺陷采用面积法进行评价，记毛刺的评价系数为 $\varphi_b$，令

$$\varphi_b = \frac{\sum_{i=1}^{n} A_{bi}}{A_{\text{norm}}} \tag{4-2}$$

其中，$A_{bi}$ 为第 $i$ 条毛刺的面积；$n$ 为总的毛刺条数；$\sum_{i=1}^{n} A_{bi}$ 为毛刺的总面积；$A_{\text{norm}}$ 为加工孔的公称面积。

对撕裂的评价，常用的有长度法和面积法。长度法采用撕裂的最大长度与孔公称直径的比值来进行评价，面积法一般采用撕裂的总面积和撕裂的理论最大面积的比值来进行评价描述，以一种改进的面积法来对撕裂进行评价，该评价方法通过比较撕裂的总面积与孔的公称面积来达到准确直观描述钻削撕裂的目的，记撕裂的评价系数为 $\varphi_s$，令

$$\varphi_s = \frac{\sum_{j=1}^{m} A_{sj}}{A_{\text{norm}}} \tag{4-3}$$

其中，$A_{sj}$ 为第 $j$ 段撕裂的面积；$m$ 为撕裂的总段数；$\sum_{j=1}^{m} A_{sj}$ 为撕裂的总面积。

对分层缺陷的评价，常用的二维评价系数为

$$\varphi = \frac{A_d}{A_{\text{norm}}} \tag{4-4}$$

其中，$A_d$ 为最外层分层的面积。该式只考虑最外层的分层缺陷，而忽略了材料内部的分层缺陷，因此不能全面地评价制孔分层缺陷。

一种基于体积的三维分层评价系数，记孔的分层缺陷系数为 $\varphi_d$，令

$$\varphi_d = \frac{V_d}{V_{\text{norm}}} \tag{4-5}$$

其中，$V_d$ 为发生分层材料的体积；$V_{\text{norm}}$ 为发生分层的孔名义圆柱体积。经分析有

$$V_d = \sum_{k=1}^{p} h A_{dk} \tag{4-6}$$

其中，$A_{dk}$ 为 CFRP 材料第 $k$ 层的分层面积；$p$ 为总的分层数；$h$ 为 CFRP 材料单个铺层的厚度。又由于

$$V_{\text{norm}} = \sum_{t=1}^{N} h A_{\text{norm}} \tag{4-7}$$

其中，$N$ 为碳纤维复合材料总的铺层数。

将式（4-6）和式（4-7）代入式（4-5）可得

$$\varphi_d = \frac{\sum_{k=1}^{p} h A_{dk}}{\sum_{t=1}^{N} h A_{\text{norm}}} \tag{4-8}$$

则有

$$\varphi_d = \frac{1}{N} \sum_{k=1}^{p} \frac{A_{dk}}{A_{\text{norm}}} \tag{4-9}$$

**5）损伤抑制方法**

为改进复合材料钻削的加工质量，除了改变刀具材料和刀具的几何参数，还可以从以下几个方面进行改进。

(1) 预制导向孔。

采用导向孔进行钻削：横刃对轴向推力的贡献占总推力的 40%~60%，而导向孔可削弱横刃的影响，采用导向孔后，能在很大程度上减少分层。导向孔起到的作用取决于孔的大小，导向孔太小则不能完全覆盖横刃，而导向孔过大又可能在预钻过程中产生不必要的分层。

(2) 增加支撑板。

在复合材料钻削时为了减小钻削损伤，常在工件的背部增加一个辅助支撑。辅助支撑对减轻分层有着积极的影响。辅助支撑可以通过以下几种方式来实现：①在工件上直接增加一层保护性层板；②采用辅助支撑板；③采用预钻导向孔，并将其定位在工件下方的钻孔区域中。

## 4.2.2 超声振动辅助钻孔工艺

**1）超声振动辅助钻孔工艺原理**

难加工材料的使用使得常规钻孔方法难以满足加工要求，超声振动辅助钻孔工艺的出现缓解了这一问题。超声轴向振动钻削对制孔质量有着明显的改善提高，其工作原理是：首先，超声波发生器能够将 220V、50Hz 的交流电转换产生超声电频振荡信号，同时给换能器提供能量；其次，换能器将电频信号转换为超声频机械振动。然而因为换能器的材料为压电陶瓷，其伸缩变形小，因此需要借助设计变幅杆来放大换能器产生的机械振动。变幅杆的工作原理是在不考虑传播损耗时通过任一截面的振动能量都是恒定的，能量密度随着截面的减小而增大，振幅因此被变幅杆放大，最后传递到刀具系统进行使用加工。超声振动钻削工作原理如图 4-11 所示。

**2）超声振动辅助钻孔工艺分类方法**

超声振动辅助钻削技术属于振动钻削技术的一种。超声振动辅助钻削技术按不同的分类方式可分为以下几类。

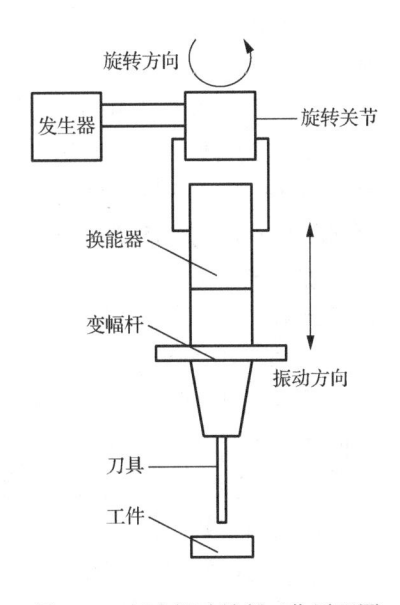

图 4-11 超声振动钻削工作原理图

(1) 根据振动性质的不同可分为自激振动钻削和强迫振动钻削。自激振动钻削是利用系统自身运行产生的振动进行加工，而强迫振动钻削是由外部电路驱动换能器产生有规律的、可控的振动进行加工，目前采用的超声振动辅助钻削技术多为强迫振动钻削。

(2) 根据振动方向的不同可以分为轴向振动钻削、扭转振动钻削以及轴向扭转复合振动钻削。轴向振动钻削是指振动方向与钻头轴线方向一致，扭转振动钻削是指振动方向与钻头旋转方向一致，轴向扭转复合振动钻削是轴向振动钻削与扭转振动钻削的结合。

(3) 根据振动来源的不同，可分为工件振动和刀具振动两种实现形式，在生产中多应用刀具振动方式。

**3）超声振动辅助钻孔工艺的优势**

与传统的麻花钻钻孔相比，超声振动辅助钻孔技术具有明显的优势，主要表现在：①钻削力和钻削扭矩小；②改善断屑和排屑性能；③提高孔壁表面质量；④延长钻头寿命。超声振动辅助钻孔工艺在加工复合材料上有更好的表现。此工艺能降低刀具磨损、提高加工孔的表面质量和精度。超声钻削可以显著减少钻削轴向力，极大地减少钻削分层损伤。CFRP 超声辅助钻削的有限元仿真以及实验研究表明，超声钻削可以显著减少 30%的轴向力，极大地减少了钻削分层损伤，但是钻削温度有所上升。在进给方向附加超声振动钻削加工 CFRP/钛合金叠层材料，可以有效减小钛合金切屑的几何尺寸，从而使切屑不会堆积在材料表面而损伤 CFRP 孔壁。

### 4.2.3 螺旋铣孔工艺

螺旋铣孔原理为刀具在高速自转的同时以一定半径绕孔轴线公转并保持轴向进给，因此，刀具的切削运动由刀具本身的自转、绕孔轴线的公转及轴向进给三个运动复合而成，刀具中心在工件内沿螺旋轨迹进给。

同样作为制孔的工艺技术，螺旋铣孔与传统的钻孔有很大区别，主要体现在以下两方面。

（1）在钻孔过程中，钻头中心的速度为零，材料通过钻头的挤压作用切除，导致轴向力加大；而在螺旋铣孔过程中，刀具中心的轨迹为螺旋线，刀具中心的速度不为零，材料去除不再是由于挤压而是由于剪切作用，从而导致轴向力相对于钻孔减少 1/10～1/8。

（2）在钻孔加工时，切削刃与工件材料始终接触，切削区的温度一直较高；相反，螺旋铣孔过程中侧刃为断续切削，刀刃与工件接触位置随时变化，接触时间很短，切削区的温度远低于钻孔，同时断续的切削方式易于排屑。

螺旋铣孔工艺独特的切削方式使其在对 CFRP/Ti 复合结构制孔时相比传统钻削具有以下明显优势。

① 轴向切削力小，可有效降低 CFRP 孔出口的撕裂和分层风险，提高孔出口质量。

② 易于排屑和散热，可减少孔表面热损伤和钛合金切屑对已加工孔表面的划伤，提高孔表面质量。

③ 制孔效率高，有效减少制孔工序，节省换刀时间和换刀次数，避免繁杂的制孔准备工作，提高加工效率。

④ 刀具成本低。螺旋铣孔的排屑和散热优势可减少刀具因温度积累而造成的磨损和失效，延长刀具的使用寿命。

**1. 刀具及工艺参数**

目前，螺旋铣制孔刀具的相关研究很少，针对航空难加工材料，主要涉及刀具材料（包括涂层材料）、刀具几何参数、刀体结构以及冷却、排屑结构方面的研究。

（1）刀具材料。在航空难加工材料螺旋铣制孔过程中，产生较多的切削热，且刀具磨损严重，因此对刀具材料提出了要求，主要包括高硬度、高强度和高耐磨性；高韧性且抗冲击能力强；热硬性高、化学稳定性强且抗热冲击能力强。螺旋铣制孔刀具主要经历了具有 PCD 刀尖的硬质合金刀具、钎焊 PCD、金刚石芯棒、传统铣刀、金刚石涂层刀具和 TiAlN 涂层刀具。其中，硬质合金刀具和 TiAlN 涂层刀具在高韧性、抗冲击和通用性方面具有优势。

（2）刀具几何参数。刀具几何参数的设计是刀具设计中的关键，决定着刀具的切削性能。螺旋铣制孔刀具的结构参数主要包括切削角度、刃型、刀尖、前刀面等。目前，螺旋铣制孔刀具常见的前角取值为 0°～15°，后角为 10°～30°，螺旋角为 30°～45°。刃型主要包括直线形和圆弧形两种。刀尖的类型与刃型紧密相关，决定着刀具的锋利程度，通常采用增加过渡刃的方法增强刀尖强度。前刀面的几何形状影响切屑成型和排屑过程，通常以螺旋槽代替。

（3）刀具冷却、排屑结构。在螺旋铣制孔过程中，由于工件材料、加工参数和刀具磨损等因素的影响会产生切削热积聚和切屑堵塞现象，加工质量急剧恶化、刀具磨损严重，甚至断刀而无法加工。针对以上问题，对螺旋铣制孔刀具进行冷却孔和排屑槽设计。冷却孔设计通常采用中心冷却的方式，冷却孔沿刀具轴线贯穿刀体。

**2. 螺旋铣孔损伤**

尺寸精度是制孔加工中的重要考核指标。对复合材料/钛合金叠层结构进行螺旋铣孔加工时，由于螺旋铣孔为偏心加工，加工时存在径向切削分力，刀具受力产生指向加工孔中心的弹性变形，导致实际孔径小于理论孔径，如图 4-12 所示。图中，$F_{fN}$ 为径向切削力，$V_c$ 为切削速度，$V_{ft}$ 为切向进给速度。并且随着径向力的增大，刀具变形增大，实际孔径也逐渐变小。由于切削钛合金产生的切削力更大，刀具变形更严重，两种材料之间产生了孔径差异，钛合金的孔径始终小于复合材料。螺旋铣孔加工中刀具磨损是影响尺寸精度的重要因素，刀具磨损后，加工孔直径会迅速减小，导致制孔精度变差。

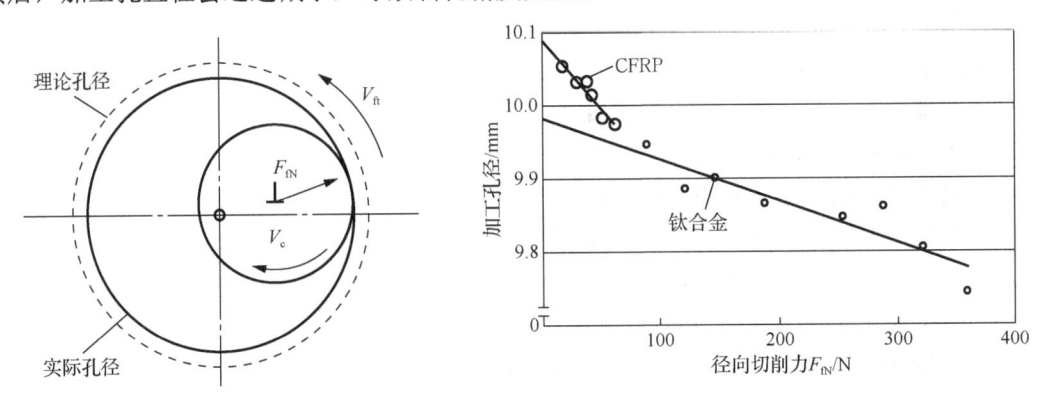

图 4-12 径向切削力对加工孔径的影响

螺旋铣孔加工时轴向力为偏心载荷，且主要载荷方向为切线方向，使得螺旋铣孔加工复合材料时更不容易产生分层。采用螺旋铣孔进行复合材料制孔时的切削温度明显低于传统钻孔，这是螺旋铣孔能够抑制复合材料加工损伤的重要原因。在复合材料出口毛刺方面，螺旋铣孔与传统钻孔相比，随着制孔数量增多，螺旋铣孔产生的毛刺始终少于传统钻孔。

## 4.3 复合材料的连接工艺

飞机结构的整体化设计大大减少了复合材料构件的制孔和连接需求，但是从设计、工艺及成本方面考虑，部分部件的分离仍然是必需的，这些分离部件也就需要进行连接来传递载荷。复合材料的连接也是决定复合材料构件性能的重要一环，主要的连接方法包括胶接、机械连接和混合连接等，前两种连接方法应用更多。

### 4.3.1 胶接工艺

胶接是通过胶黏剂将零件连接成装配件。胶接是现代飞机结构中常用的一种连接方法。在通常情况下，胶接可作为铆接、焊接和螺栓连接的补充。胶接工艺不需要制孔，也不会产生较高的操作温度，避免减小连接件有效承载面积和结构受温变影响破坏组织状态，能充分利用连接件强度；胶接工艺分布均匀，可以有效规避局部应力集中问题，延长接头疲劳寿命；相比于机械连接接头，胶接接头重量轻，可采用薄壁结构；胶接工艺适用范围广泛，可根据使用功能要求设计接头、选取胶黏剂。

**1. 胶黏剂**

用在航空航天主承力结构的胶黏剂应具有如下性能：一是与被胶接件的相容性好，即黏接强度要高，不至于在胶接件界面发生破坏；二是在尽量低的温度下固化；三是与被胶接件的热膨胀系数要接近；四是满足环境要求，相对湿度影响应尽可能小；五是有较好的综合力学性能；六是工艺性好，使用方便；七是胶接的耐久性应高于结构所预期的寿命。

液体的（或流态的）胶黏剂在浸润被黏物表面之后，必须通过适当的方法使它变成固体，即本身产生足够强的内聚力，这样，胶接接头才能承受各种负荷，这个过程称为固化。胶黏剂的固化方法根据胶黏剂的性质而定。

选择胶黏剂需考虑温度效应，但事实上，只要低于胶黏剂玻璃化转变温度一定数值，胶接连接强度对温度并不是非常敏感的。但在低温时，强度却显著下降。

常见胶黏剂按照主剂材料成分主要有如下几类：

（1）环氧树脂（epoxy，EP）；
（2）聚酯树脂（polyester allkyd，PAK）；
（3）酚醛树脂（phenol-formaldehyde，PF）；
（4）有机硅树脂（organosilicone，SI）；
（5）聚酰亚胺树脂（polyimide，PI）；
（6）双马来酰亚胺树脂（bismaleimide，BMI）；
（7）氰酸酯树脂（cyanate ester，CE）；
（8）聚苯并咪唑树脂（polybenzimidazole，PBI）。

表 4-5 对上述几类胶黏剂进行了比较。

表 4-5 各类胶黏剂的比较

| 种类 | 优点 | 缺点 |
| --- | --- | --- |
| 环氧树脂 | 工艺性能好，固化收缩性好，化学稳定性好，机械强度高 | 硬度一般，热强度低，耐磨性差 |
| 聚酯树脂 | 机械和电气特性好，价格低，耐沸水，耐热，耐酸，耐环境 | 仅用于次要构件 |
| 酚醛树脂 | 热强度高，耐酸性好，价格低，电气性能好，瞬间耐高温 | 需高温高压固化，造价贵，有腐蚀性，收缩率较大 |
| 有机硅树脂 | 耐热，耐寒，耐辐射，绝缘性好 | 强度低 |
| 聚酰亚胺树脂 | 耐热，耐水，耐火，耐腐蚀，长时间耐高温 | 需高温固化，造价高，有腐蚀性、多孔性 |
| 双马来酰亚胺树脂 | 耐热，电绝缘性好，透波性好，耐辐射，阻燃性好，良好的力学性能和尺寸稳定性 | 需高温高压固化，造价贵 |
| 氰酸酯树脂 | 高耐热性，极低的吸水率，电性能优异，透波率极高，透明度好 | 需高温高压固化，造价贵 |
| 聚苯并咪唑树脂 | 耐热性能优异，尤其是瞬间耐高温性更为突出，耐酸碱介质，耐焰和有自灭性，良好的力学性能和电绝缘性 | 固化温度高，制备工艺复杂，成本过高，黏接强度过低 |

服役环境对胶黏剂性能影响显著,主要表现在以下几个方面:
(1) 胶黏剂在高温时变弱且变为塑性状态,在低温时变为脆性状态;
(2) 所有胶黏剂的屈服应力和模量随温度和湿度的增加而减小;
(3) 胶黏剂的塑性行为引起显著的剪切变形;
(4) 胶黏剂吸湿后力学性能显著退化;
(5) 环境条件影响胶黏剂的破坏模式及力学性质。

胶黏剂的选择可以从连接类型、连接功能、使用条件和生产工艺等几个方面考虑,主要因素如下:
(1) 环境要求,包括最高温度和最低温度、相对湿度、气体或液体腐蚀、光照、辐射;
(2) 所需胶黏剂的类型,如膜状胶、糊状胶、液状胶、单组分、双组分等;
(3) 所需的力学性能,如剪切、拉伸和剥离强度;
(4) 耐久性要求,考虑疲劳、损伤、冲击、振动,所需环境的耐老化性能等;
(5) 最大允许成本;
(6) 胶层厚度或者间隙填充能力;
(7) 胶黏剂的固化速度和适用期;
(8) 是否需要经过有关部门的特殊认定;
(9) 可以接受的健康和安全标准。

**2. 胶接试件制备**

胶接试件制备工艺过程的主要工序包括:预装配、表面制备、涂胶和烘干、装配、固化、胶缝清理和密封。

进行预装配是为了检查零件间的协调关系和胶接面的贴合程度,并进行必要的修配,以达到装配准确度的要求。表面制备的目的是:除去表面污物;改变表面粗糙度;改变表层结构形态;改变表面物理、化学性质;提高表面防腐蚀能力。涂胶和烘干是指及时在处理好的材料表面涂一薄层底胶,并烘干,然后在夹具中进行被连接件装配,并根据胶黏剂属性在一定温度和压力下进行一段时间的固化。以下主要介绍试件表面制备和胶接前准备。

*1) 表面制备的重要性和目的*

胶黏剂对被黏表面的浸润性以及胶接界面的分子间作用力是形成优良胶接的基本条件,其中被黏材料的表面特性起着重要作用。复合材料制件进行表面处理的目的是获得良好的表面活性,以增加胶黏剂与复合材料的亲和力。表面制备工艺仅仅影响被胶接件表面很薄一层的化学性质和形态,并不改变其下方材质的力学和物理性质。通过表面制备可以提高连接的力学性能,改进在恶劣环境下的连接耐久性,增加构件的服役寿命,并且使得难以胶接的材料能够进行胶接。

对于高性能的结构胶接,油漆、氧化膜、油、灰尘、离型剂和其他表面污染物必须彻底清除。表面制备的工作量与所需的胶接强度都和耐老化环境有关。在胶接组件中,金属的表面清洁比复合材料更为关键,表面处理方法的选择主要依赖以下因素:强度和耐久性的考虑,经济上成本的考虑,制备耗费时间的考虑。

*2) 表面制备的方法*

表面制备的方法按照有无化学反应可以分为钝性和活性两类。钝性表面处理(即机械打磨和溶剂清洗)只清洁表面和除去弱连接的表面层,不改变其化学性质;活性表面处理(即阳极化、化学蚀刻、激光和等离子处理）改变其表面的化学性质。

（1）机械处理。

机械处理一般是指在被黏表面脱脂后，使用钢丝刷或砂纸等进行手工打磨，或使用喷砂等进行机械腐蚀，除去表面的锈迹、污物、氧化皮等有害层，并生成粗糙的表面组织。机械处理主要包括砂纸打磨和喷砂两种方法。打磨之后应清洁表面，绝不允许留下丝毫打磨材料。

（2）溶剂脱脂。

对被黏表面的脱脂处理，应根据油污性质选用有机溶剂（如丙酮、汽油、甲苯、异丙醇）、碱性溶液或表面活性剂进行脱脂，主要是除去有机材料，如润滑脂、油和蜡，靠用脱脂棉沾溶剂擦拭、浸渍或喷射完成，详见 ASTMD2651。溶剂脱脂一般和机械打磨联合使用，可除去更多的污染物，并改变表面形貌（增加表面的粗糙度）。

（3）化学处理。

化学处理主要指酸或碱处理。它适用于对常用金属材料和某些聚合物进行表面处理。它是在用机械处理和脱脂处理方法后，进一步清除被黏表面的残留污物以改善表面的可黏性。

（4）物理处理。

物理处理指暴露于活性电荷或粒子中，如电晕放电、等离子体、火焰、紫外线辐射或臭氧。

（5）底胶。

在新处理好的材料表面应及时涂一层薄薄的底胶，可化学上改变表面（即硅烷耦合介质、铬酸盐保护涂层）。涂底胶的作用有：①湿润聚合物基材，增加表面浸润性；②当黏合剂不能黏合时，帮助渗透于基材表面；③与黏合剂共同形成黏着于基材的一层薄膜物质；④在胶接前（储藏时）用于保护用其他方法得到的首选基材表面；⑤增加连接强度和耐环境性。

**3）不同材料的表面制备方法**

对于复合材料与金属件间的胶接，金属需要更为严格的表面制备。金属不仅要求采用蒸汽或者溶剂脱脂清洁表面，而且要求采用耐腐蚀底胶，保护刚刚被处理过的表面，以便得到金属表面长期的胶接耐久性。

（1）复合材料。

大多数高性能复合材料采用可去除的尼龙或者涤纶织物的剥离层。没有表面制备不可能实现良好的胶接。除掉剥离层，并且马上胶接。

对于无剥离层表面采用的方法有：①表面机械打磨，采用研磨布或者精细的 No.240～No.280 金刚砂布和喷砂处理，砂粒可以是铝、硅，或者其他磨料介质；②用洁净无绒的棉布和丁酮或丙酮清洁表面，进行脱脂；③胶接前在室温下彻底干透。

（2）铝合金。

对于铝合金，采用溶剂脱脂，碱洗，化学除氧（蚀刻），磷酸阳极化和涂底胶 BR6747-1、Metlbond6725-1 或 BR127。

（3）钛合金。

对于钛合金，采用机械打磨或喷砂、溶剂或蒸汽脱脂、铬酸阳极化或铬酸盐氢氟酸蚀刻。

（4）不锈钢。

对于不锈钢，采用磷酸盐溶液。

(5) 钢。

对于钢，用溶剂擦拭灰尘并脱脂，如丙酮或异丙醇；用清洁精细的研磨料喷砂或研磨；再次用溶剂清洗松动（自由）的微粒；如果采用底胶，应在表面制备 4h 内实施。

结构材料的胶接工艺比较精细复杂。以铝合金试片的胶接为例，表面需要经过除油、打磨、磷酸阳极化、烘干、涂覆底胶及主胶、叠合、定位、加压、加热固化和冷却等多道工序。除了上述表面制备要求外，胶接还应注意以下几点。

（1）试件表面要干燥，绝不能有水分；否则，对于金属件，由磷酸阳极化产生的氧化层很容易与其分离，引起灾难性的破坏。

（2）试件装配要保证对中，加压要均匀，施加均匀的夹持压力 5～50psi（1psi≈6.895kPa）；机械夹持需要坚固耐用的夹具。

（3）正确地混合/施加胶黏剂。

（4）为了获得最大的性能，胶黏剂必须正确地进行固化或者后固化。

（5）控制胶层厚度均匀。

要特别注意水分的危害性。黏合性取决于基材的表面能，界面处的水能降低基材的表面能，使胶接很难或甚至不可能。已经发现，在未烘干的增强环氧层压板中仅仅 0.2%的预结合水分就能降低胶接剪切强度的 80%。

防止水分的措施如下。

（1）胶接前要对复合材料层压板干燥足够长的时间，除去其已吸收的少量水分，这是最重要的。

（2）使未固化的胶膜远离潮湿。

（3）胶接时需要有良好的排气功能。

（4）胶接铺贴时间不可过长。

**3. 胶接设计**

*1）胶接设计的基本原则*

与金属材料的胶接相比，复合材料结构的胶接具有如下特点。

（1）碳纤维复合材料沿纤维方向的线膨胀系数很小$(0.43～0.60)\times 10^{-6}/℃$，它与金属胶接时，由于线膨胀系数差别较大，在高温固化后会产生较大的内应力和变形。因此，胶接连接设计时应尽量避开与金属件胶接（尤其是铝合金），必要时可采用线膨胀系数小的钛合金零件。

（2）由于碳纤维复合材料层间拉伸强度低，易在连接端部层压板的层间产生剥离破坏，因此，对较厚胶接件，不宜采用简单的单搭接连接形式。

从强度观点考虑，胶接连接设计的基本原则如下：

（1）选择合理的连接形式，使胶层在最大强度方向受剪力；尽可能避免胶层受到法向力，以防止发生剥离破坏；

（2）尽可能减小应力集中；

（3）力求避免连接端部层压板发生层间剥离破坏；

（4）在高温工作时，所选胶黏剂的热膨胀系数应与被胶接件相近；

（5）承受动载荷时，应选低模量韧性胶黏剂。

**2）胶接类型及强度比较**

胶接一般指的是二次胶接或者共胶接。通常共固化预成型胶接的性能都远优于共胶接的性能。

胶接连接方法一般分为如下三类。

（1）共固化（co-curing）：两个或两个以上零件经过一次固化成型而制成的一个整体制件的工艺方法。所有树脂和胶黏剂在同一次工艺过程中固化。

（2）共胶接（co-bonding）：把一个或多个已经固化成型而另一个或多个尚未完全固化的零件通过胶黏剂（一般为胶膜）在一次固化中固化并胶接成一个整体制件的工艺方法，又称为"二步共固化"。注意：之前固化好的零件需要细心地进行表面制备；另外，在界面可能需要附加胶黏剂。

（3）二次胶接（secondary bonding）：两个或多个已经（预）固化的复合材料零件通过胶接连接在一起，其间仅有的化学反应或热反应是胶的固化。同样，每一个事先已经固化的零件都要仔细地制备胶接面；通常需要很好地设计夹具以便在加工中对准和夹紧零件；先前已经固化的零件由于再次固化可能有一定的风险。

**4. 胶接基本连接形式及选择**

**1）胶接基本连接形式**

胶接连接形式主要可分为两大类：面内连接和面外连接。面内连接是指平面形搭接，以受面内拉伸载荷为主，胶层承受剪力；面外连接用于正交形式的构件，主要承受面外拉伸载荷，通常称为拉脱载荷。

（1）面内连接。

面内连接构型大多用于板类构件之间的连接。面内连接的基本形式包括以下4种构型[图4-13（a）]：

① 单搭接和双搭接；
② 单搭接板对接和双搭接板对接；
③ 单阶梯形搭接和双阶梯形搭接；
④ 单斜面搭接和双斜面搭接。

上述第①类和第②类连接都有等厚度和端部斜削两种形式。

面内连接还有其他形式[图4-13（b）]：

① 单下陷连接和双下陷连接；
② 榫形连接；
③ 楔形连接；
④ 波浪形连接。

（2）面外连接。

面外连接的典型连接形式包括（图4-14）：

① Pi形连接；
② T形连接；
③ L形连接。

这类连接构型用于板类构件与梁、肋、桁条等的连接。

图 4-13 面内连接

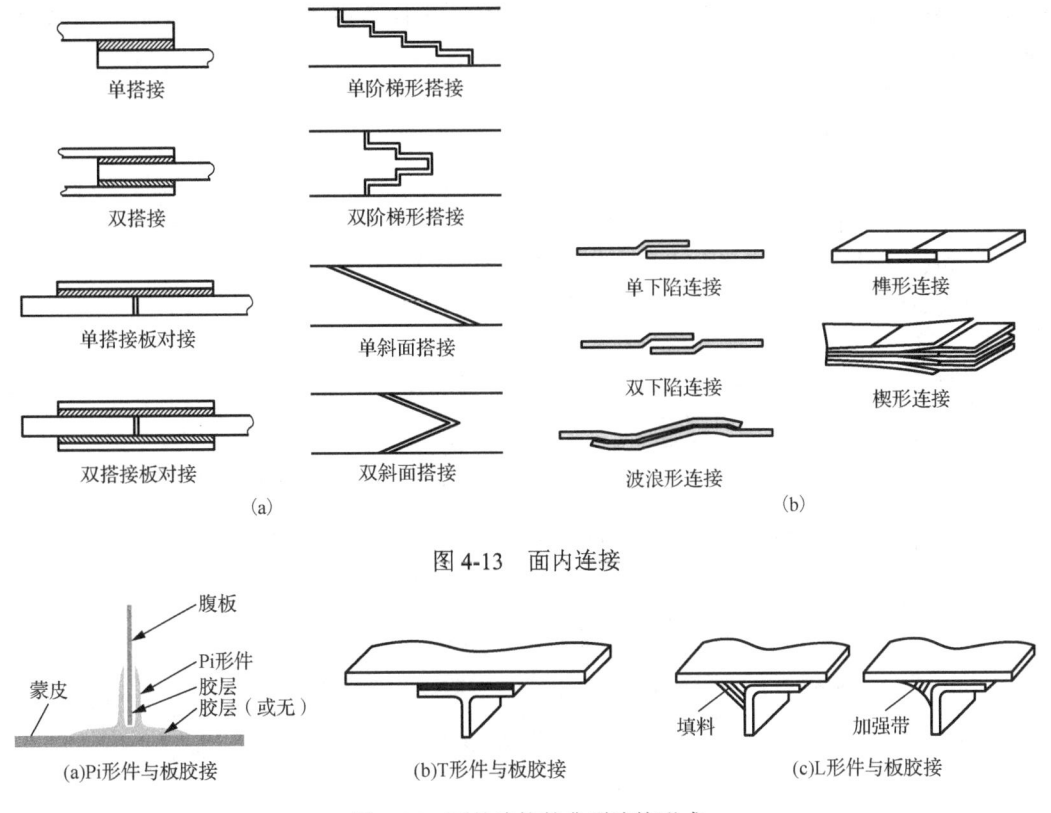

图 4-14 面外连接的典型连接形式

**2) 胶接类型选择**

(1) 选取原则。

设计的目标应使制造工艺尽可能简单，成本尽可能低，同时连接强度不低于连接区以外被胶接件的强度。胶接连接承剪能力很强，但抗剥离能力很差。应根据最大载荷的作用方向，使所设计的连接以剪切的方式传递最大载荷，而其他方向载荷很小，不致引起较大的剥离应力。连接形式的选择视具体要求而定。

(2) 薄板情况。

当被胶接件比较薄（$t<1.8$ mm）时可采用单搭接。但是，对于无支撑单搭接连接，载荷偏心产生附加弯矩，胶接连接的两端出现很高的剥离应力而使连接强度降低，因此需要增大搭接长度与厚度之比，使 $l/t=50\sim100$，以减轻这种偏心效应。当两个被胶接件刚度不等时，偏心效应更大，应尽量避免选用单搭接。若单搭接有支撑（如梁、框、肋等），变形受到了限制，偏心效应减轻，可将其视作双搭接来进行分析。

(3) 中等厚度板情况。

对中等厚度板，采用双搭接或双搭接板连接比较合适，对于韧性胶黏剂，优化的搭接长度与厚度之比 $l/t\approx30$。

(4) 厚板情况。

当被胶接件很厚（$t>6.35$ mm）时，须选用斜面或阶梯形连接。斜面的搭接角度为 6°～8°，可获得很高的连接效率。但是，由于所需角度非常小，贴合面的精度要求很高，致使工艺上很难实现。因此，对较厚的被胶接件，通常采用阶梯形搭接。阶梯形搭接具有双搭接和斜面搭接两种连接的特性,通过增加台阶数,使之接近于斜面搭接角(一般为 6°~8°),每一阶梯胶层接近纯剪状态,同样可获得较高的连接效率。

**5. 胶接失效及强度分析**

**1)胶接载荷类型**

胶接连接一般有 5 种载荷类型,分别是面外拉伸、面外压缩、面内拉伸、劈裂和剥离(图 4-15)。其中面内拉伸受力形式,对于被连接结构件来说是面内拉伸载荷,对于胶层来说是承受剪切力。劈裂载荷模式要求两个零件都是刚性且外力作用在接头边缘。剥离载荷模式要求一个或者两个零件是柔性的,即薄截面。

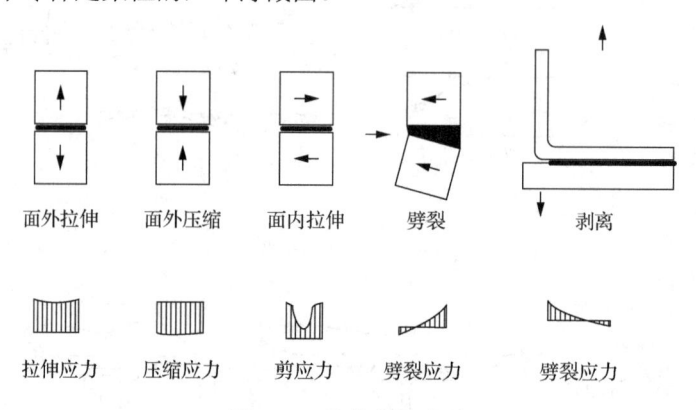

图 4-15 胶接载荷类型

上述载荷对胶层主要产生 5 种应力方式:

(1)由面外拉伸载荷产生的拉伸应力;

(2)由面外压缩载荷产生的压缩应力;

(3)由作用在被胶接件上的面内拉伸产生的剪应力,另外扭转或纯剪切载荷也产生剪应力;

(4)由作用在刚性厚的被胶接件连接末端的面外拉伸载荷产生的劈裂应力;

(5)由作用在薄的被胶接件上的面外载荷产生的剥离应力。

实际上,胶接连接会同时承受其中的几种载荷。设计胶接连接的目的是要使胶黏剂处于剪切或者压缩状态,此时胶接连接最强。应当避免垂直于胶缝的外载荷。尽量减少拉伸、劈裂或者剥离形式的受载,这些受载形式应力的存在会损害连接强度和疲劳性能。

**2)胶接破坏模式**

胶接破坏模式与胶层厚度、被胶接件的材料和厚度、表面制备、环境条件、频率(疲劳试验)等因素密切相关。胶接破坏模式按照破坏机理可分为两类:黏附破坏和内聚破坏。黏附破坏是胶黏剂和被黏物界面处发生的目视可见的破坏现象,也称为界面破坏。内聚破坏是胶黏剂或被黏物中发生的目视可见的破坏现象。

胶接连接在面内拉伸载荷作用下,胶接破坏模式按照破坏发生的位置可分为以下 3 种(图 4-16):被胶接件破坏、胶层破坏和界面破坏。

(1)被胶接件破坏。

被胶接件(或者基板)破坏的特征是破坏发生在被胶接件而不是胶层,这种破坏当载荷超过被胶接件强度时发生。这种破坏包括:

① 被胶接件拉伸破坏[图 4-16(a)];

② 被胶接件剥离破坏[图 4-16(b)]。

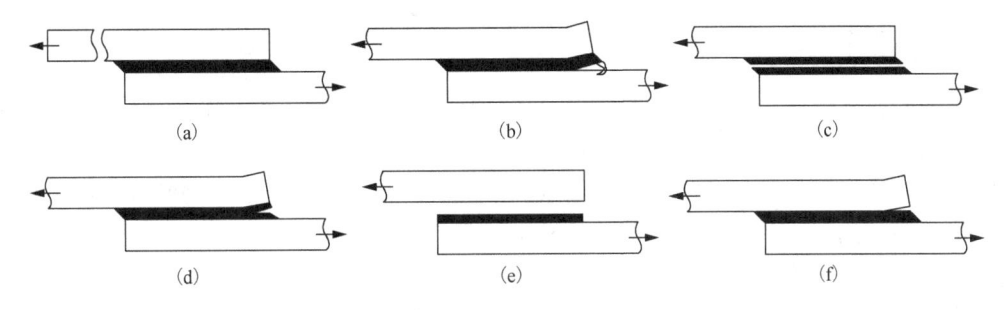

图 4-16 胶接破坏模式

(2) 胶层破坏。

胶层破坏的特征是破坏主要发生在胶层内部,也称为内聚破坏,当载荷超过胶黏剂强度时发生。这种破坏包括:

① 胶层剪切 [图 4-16 (c)];
② 胶层剥离 [图 4-16 (d)]。

(3) 界面破坏。

界面破坏的特征是破坏发生在胶层-被胶接件的界面。这种破坏包括:

① 界面剪切 [图 4-16 (e)];
② 界面剥离 [图 4-16 (f)]。

被胶接件和胶层破坏是主要发生的破坏模式,界面破坏一般可以避免。除发生基本破坏模式外,还会发生组合破坏。胶接连接发生何种模式破坏,与连接形式、连接几何参数、邻近胶层的纤维方向及载荷性质有关。在连接几何参数中,被胶接件厚度起着极为重要的作用。当被胶接件很薄,连接强度足够时,被胶接件发生拉伸(或拉弯)破坏;当被胶接件较厚,但偏心力矩尚小时,易在胶层发生剪切破坏;当被胶接件厚到一定程度,胶接连接长度不够大时,在偏心力矩的作用下,将发生剥离破坏。对于碳纤维复合材料层压板,由于层间拉伸强度低,剥离破坏通常发生在层间(双搭接也如此)。剥离破坏将使胶接连接的承载能力显著下降,应力求避免。

影响胶接强度的主要因素总结如下。

(1) 连接形式对胶接连接强度有非常重要的影响。

(2) 胶黏剂非均匀剪应变分布的主要原因是被胶接件的拉伸弹性模量。

(3) 被胶接件刚度不等将使连接两端的受载不一样,最高的应力发生在较柔性元件的加载端,这就导致连接强度降低。

(4) 区分胶黏剂强度和连接强度是很重要的。采用较强的胶黏剂,连接强度可以不增加。

(5) 厚的胶层往往含有的缺陷增加,质量难以控制。一般胶层的厚度以 0.10~0.25mm 为宜。

(6) 被胶接件的热失配是指热膨胀系数不一样,这是复合材料与金属混合连接的固有问题。热失配构件胶接连接承载能力往往要下降。

(7) 如果胶黏剂在其工作温度范围内使用,温度影响不重要。

(8) 胶接连接常见的缺陷类型包括脱胶、裂缝、孔隙、胶层厚度变异、固化不完全和表面制备缺陷等。任何胶接缺陷都将导致载荷在整个胶层上的重新分布而使胶层不连续处应力增加。

## 4.3.2 机械连接工艺

尽管随着整体化结构的应用,机械连接的构件大幅度减少,但是尚存分离面的连接传递的载荷更大,因此也就更为关键。采用整体制造工艺也要考虑飞机用途以及制造成本,沿用传统制造技术的机型对机械连接工艺的需求仍然庞大。另外,机械连接虽然有连接效率低的缺点,但其突出的优点是安全可靠、工艺简单且便于施工、传递大载荷、受环境影响小、可重复装配和拆卸、检修方便,基本上能够满足现代飞机对疲劳性能的需求。因此,机械连接是其他连接方式不可替代的,在未来很长时间内仍然是飞机结构主要的连接手段之一。

### 1. 螺接和铆接简介

飞机结构常用的机械连接主要包括螺接、铆接等。

**1) 螺接**

复合材料的内部连接中,常用到大量的普通螺栓,其安装工艺和所用工具与金属结构相同,只是螺栓材料的选择应考虑电位腐蚀问题。对于碳纤维复合材料结构,最好选用钛合金螺栓。在普通螺栓的安装中,常遇到多钉连接的情况。安装时,不宜逐一将单个螺栓一次拧紧,而应均衡、对称地将所有螺栓拧紧。对于缝内密封的螺栓,需分两次拧紧。初次拧紧必须在密封剂活性期内完成,二次拧紧必须在初次拧紧后 20min 进行。两次拧紧须在密封材料施工期完成。

**2) 铆接**

由于复合材料具有延伸率小、层间强度低和抗撞击能力差等缺点,一般认为不宜进行铆接连接。但因铆接成本低、重量轻、工艺简单且适于用自动钻铆机进行自动化装配,所以国内外对复合材料结构的铆接工艺研究一直在进行。

### 2. 机械连接紧固件及选取原则

**1) 螺栓**

受拉螺栓连接所传载荷沿螺栓轴线作用,靠螺栓拉伸传力,与螺母旋合的螺纹参与受力,危险部分在螺纹部(从传力方向算起的第 1 圈旋合螺纹处),这部分的直径应能保证抗拉强度的需要。在复合材料应用中应尽量避免用受拉螺栓连接。

受剪螺栓连接所传载荷垂直于螺栓轴线,靠螺栓杆剪切和挤压传力,危险部分在光杆部分,这部分的直径应能保证栓杆的抗剪强度和杆与被连接孔壁互压的抗挤压强度的需要。在复合材料应用中应尽量采用这种受剪螺栓连接。受剪螺栓应采用紧配合。

螺纹紧固件包括普通螺纹和 MJ 螺纹两类。普通螺纹用于一般机械螺栓和 $\sigma_b$<930MPa 的航空航天螺栓。MJ 螺纹可以减少应力集中,用于航空航天专业和一般机械受冲击、振动或交变载荷的螺栓螺钉连接结构。特别是对于应力集中敏感的高度材料,$\sigma_b$>930MPa 或钛合金的航空航天螺栓,必须采用 MJ 螺纹。

普通螺栓连接一般均安装垫圈,特殊紧固件有时也需要加装垫圈。垫圈包括不同材料的平垫圈、齿型锁紧垫圈、弹簧垫圈、托板螺母用垫圈及预载指示垫圈等,且特点、作用各不相同,设计时可根据需要选择。垫圈的功用是:防松;调整被连接件厚度;保护被连接件的表面;增大被连接件的接触面积;隔绝存在电位差材料的接触,防止产生电化学腐蚀。

钛合金螺栓按结构分为普通螺栓和高锁螺栓;按螺栓头部形状分为六角头、100°沉头和平头;按螺杆部分为公差分间隙配合、过渡配合和干涉配合。

普通钛合金螺栓包括螺栓、螺母和垫圈 3 部分，属于可以拆卸的紧固件，安装需要两面放钉，两面拧紧，用于结构开敞部位。采用不锈钢垫圈和不锈钢抗剪螺母，可以防止损坏复合材料表面。

一副高锁螺栓系统由高锁螺栓和高锁螺母组成，必要时可以添加垫圈。高锁螺栓的螺纹端制有内六角盲孔，安装高锁螺栓螺母时，孔内插入六角扳手以防止拧紧螺母时螺栓转动。这种设计可使螺栓头尺寸小，无须制成六角体，相对于六角形螺母重量减少。安装方式需要两面放钉，但只需单面拧紧。

高锁螺母结构分为上、下两部分：上部六角体为工艺螺母，下部锥形体为工作螺母，结合部位有断颈槽。上部工艺螺母传递拧紧力矩，当拧紧力矩达到预定值时，高锁螺母头部的工艺螺母从断颈槽剪断面自行断落。

高锁螺栓和高锁螺母的连接一般认为属于不可拆卸的永久连接。相对于普通螺栓螺母连接，它们重量轻，疲劳性能好，自锁能力高，且能保证较高的稳定预紧力。

**2）铆钉**

铆接按钉杆镦粗情况的不同，可分为钉杆镦粗的铆接和钉杆局部变形的铆接。钉杆镦粗的铆接指使用的铆钉为实心铆钉；钉杆局部变形的铆接使用的铆钉为半空心铆钉与双金属铆钉。

（1）实心铆钉。

碳纤维复合材料的弱点是延伸率低、抗撞击能力差，因此用实心铆钉铆接碳纤维复合材料结构时，既不允许有大的干涉量，也不宜采用锤铆。为减少干涉量，孔径应大于钉径，镦头处应加垫圈，垫圈内径应小于孔径。

（2）半空心铆钉。

为避免钉杆镦粗而造成基体孔壁损伤，国外研制了仅钉尾产生变形而主杆部分基本不膨胀的半空心铆钉，减少了孔壁损伤，适于复合材料结构连接。

（3）双金属铆钉。

双金属铆钉是由 Ti-6Al-4V 作为杆体、Ti-45Nb 作为钉尾通过摩擦焊而成为一体的双金属紧固件。双金属铆钉的特点如下：

① 与同类剪切紧固件相比，这种紧固件能节省 10%～40%；
② 特别适于用自动钻铆机进行铆接。

**3）紧固件选用**

复合材料结构的连接紧固件需要注意四个问题：电位腐蚀、卡死、安装损伤和拉脱强度低。

（1）电位腐蚀：普通紧固件材料（如钢、铝合金）与碳/环氧接触有较大电位差，会产生电位腐蚀。为此，在复合材料结构上，通常采用与之电位相近的钛合金紧固件。

（2）卡死：像高锁螺栓这类大扭矩钛合金紧固件和 A286 螺母在拧到所要求的预载荷之前就会被卡住，这是由钛和 A286 螺母黏性大造成的。目前，皆选用不锈钢螺母与高锁螺栓搭配以解决这一问题。

（3）安装损伤：复合材料层间强度低，承受垂直于板面方向的冲击力，容易产生安装损伤，导致结构提前破坏。

（4）拉脱强度低：机械连接的复合材料接头的拉脱强度低。针对这一问题可以采取两种措施。一种是加大"底脚"。"底脚"的概念是指紧固件安装后的螺母、环帽和钉尾的承载面积。另一种是改进沉头形状。

紧固件的选择如下。

（1）紧固件主要分螺栓、铆钉两大类。螺栓用于承载较大，需要可拆卸的结构连接部位，而铆钉则用于不可拆卸的结构处，铆钉可应用的层压板厚度范围较小，一般为 1～3mm，且强度较低。在复合材料结构中尽可能采用压铆，否则可能损伤复合材料构件。

（2）在复合材料结构中，紧固件或被连接的结构元件是铝合金（无涂层）、镀铝或镀镉的钢件时，它们直接与碳纤维复合材料相接触在金属中会产生电化学腐蚀。

（3）尽可能采用拉伸头紧固件。因为剪切头紧固件端头较小，容易转动，可能引起孔的损伤。

### 3. 机械连接载荷和破坏模式

复合材料机械连接一般有受拉伸和受剪切两种载荷方式。受拉伸和受剪切是指对被连接板而言，紧固件在两种情况下都承受剪切载荷。飞机结构上的纵向连接一般主要承受拉伸载荷，而横向连接主要承受剪切载荷。由于复合材料板的拉脱强度较低，一般应避免复合材料机械连接主要承受面外拉伸载荷，也就是避免紧固件承受拉伸载荷。

复合材料机械连接的破坏模式有单一型和组合型两类。单一型破坏模式有层压板的挤压破坏、拉伸破坏、剪切破坏、劈裂破坏、拉脱破坏及紧固件的弯曲失效、剪断和拉伸破坏等多种形式。主要的单一型破坏模式及其预防措施如表 4-6 所示。组合型破坏模式为两种以上单一型破坏模式同时发生的情况，如拉伸-剪切（或劈裂）、挤压-拉伸、挤压-剪切和挤压-拉伸-剪切等。

表 4-6　机械连接主要的单一型破坏模式及其预防措施

| 破坏模式 | 预防措施 |
| --- | --- |
| 挤压破坏 | ① 连接设计以挤压强度为临界参数；<br>② 至少采用 40%的±45°铺层；<br>③ 在螺母下面加垫圈；<br>④ 如果有可能采用抗拉型凸头紧固件 |
| 净面积拉伸破坏 | ① 采用比铝结构更大的紧固件间距：铝的 $S/D$（间距/孔径）≥4，碳纤维/环氧树脂的 $S/D$（间距/孔径）≥5；<br>② 连接板加厚，以减小净应力 |
| 剪切破坏　劈裂破坏 | ① 采用比铝结构更大的端距，铝的 $e/D$（端距/孔径）≈1.7~2；碳纤维/环氧树脂的 $e/D$（端距/孔径）≈3~4；<br>② 至少采用 40%的±45°铺层；<br>③ 至少采用 10%的 90°铺层 |
| 拉脱破坏 | ① 沉头孔深度不应大于层压板厚度的 60%；<br>② 增加层压板厚度 |

续表

| 破坏模式 | 预防措施 |
| --- | --- |
| 紧固件剪切破坏 | ① 采用直径更大的紧固件；<br>② 采用高抗剪紧固件 |

机械连接的破坏模式主要与其纤维铺叠方式和几何参数有关，有如下几种情况。

（1）如果被连接的层压板 0°层含量过多则发生劈裂破坏，增大端距无济于事。
（2）如果 $e/D$ 过小则发生剪切破坏。
（3）如果 $W/D$ 过小则发生拉伸破坏。
（4）当铺层合理，$W/D$ 和 $e/D$ 足够大时发生挤压破坏。
（5）当板厚度与钉直径之比较大时，可能发生紧固件的弯曲失效和剪断破坏。

从既要保证连接的安全性又要提高连接效率出发，对于单排钉连接，应尽可能使机械连接设计产生与挤压型破坏有关的组合破坏模式。对于多排钉连接，除了挤压载荷外还有旁路载荷的影响，一般为拉伸型破坏；如果板的几何尺寸较有裕量，且钉材料韧性好和钉径偏小，有可能板没有被拉断，因钉弯曲严重而失效。

**4. 机械连接形式的选择**

复合材料结构的机械连接形式，按有无起连接作用的搭接板来分，主要有对接和搭接两类；按受力形式分，有单剪和双剪两类，其中每类又有等厚度和变厚度两种情况（图 4-17）。

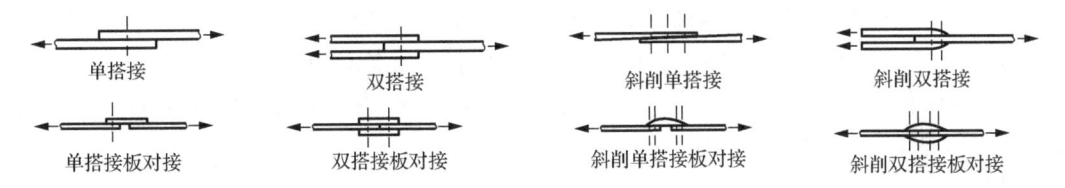

单搭接　　双搭接　　斜削单搭接　　斜削双搭接

单搭接板对接　　双搭接板对接　　斜削单搭接板对接　　斜削双搭接板对接

图 4-17　机械连接形式

复合材料机械连接形式的选择应注意以下几点。

（1）连接设计宜采用双剪连接形式。单剪形式的连接会产生附加弯曲而造成接头承载能力的减小和连接效率的降低，一般应尽可能避免。

（2）不对称连接形式，如单剪形式，推荐采用多排紧固件，紧固件的排距应尽可能大，使偏心加载引起的弯曲应力降低到最小。应注意到，当用增加层压板局部厚度的方法增强不对称连接时，随板厚的增加，由偏心导致的附加弯曲应力也更大，相当程度上抵消了材料厚度增加所起的作用。

（3）碳纤维树脂基复合材料的塑性较差，会造成多排紧固件连接载荷分配的严重不均匀。因此，多排紧固件连接尽量不要多于两排紧固件。钉孔应尽可能采用平行排列，避免交错排列，以提高连接强度，特别是疲劳强度。

（4）设计合理的斜削型连接可以提高连接强度。但是不合理的斜削形式的搭接连接的承载能力反而比等厚度连接形式的还要差。设计的关键是斜削搭接板厚度和紧固件直径的选择。

**5. 机械连接区的铺层设计**

连接区的铺层设计极为重要。连接区的孔周有较大的应力集中，这将明显降低机械连接的承载能力。为提高复合材料机械连接的强度和柔性，连接区的铺层设计一般应严格遵循以下原则。

（1）采用均衡对称铺层。采用均衡对称铺层可以消除由复合材料沿纤维方向和垂直纤维方向的热膨胀系数不同而在加温固化时所产生的内应力及由此而产生的翘曲。

（2）±45°层比例不低于40%，0°层比例不低于25%，90°层比例为10%～25%。等厚度层压板等直径多排钉连接，在高应力区的主承力接头部位，在 $S/D \leqslant 5\sim6$ 的情况下，其破坏模式一般为拉伸型破坏。为提高接头的承载能力，在上述铺层范围内适当增加0°铺层，以便提高拉伸强度。

（3）相同方向的铺层，沿层压板厚度方向应尽可能地均匀散开，不要把相同方向的铺层叠放在一起，使相邻层纤维间夹角最小，以提高层间剪切强度。

（4）连接区局部加厚。特别是对非常薄的层压板（如 $t \leqslant 0.76\text{mm}$），为避免 $D/t > 4$，局部加厚十分必要。同时应遵循一般规则 $D/t \geqslant 1$，以避免紧固件破坏。

（5）层压板表面铺设±45°层，可以改善层压板的抗压性能和抗冲击性能，表面铺设0°层有利于传递载荷。

（6）应避免在连接区拼接纤维。

（7）在载荷过渡区，中面两侧应有等量的+45°和-45°层。

**6. 机械连接强度的主要影响因素**

影响复合材料机械连接接头强度的因素远比金属多，了解这些因素，并在设计中加以考虑是很重要的。这些因素可以归纳为5类。

（1）材料参数：纤维的类型、取向及形式（单向带、编织布）、树脂类型、纤维体积含量及铺层序。

（2）连接几何形状参数：连接形式（搭接或对接、单剪或双剪等）、几何尺寸（排距/孔径、列距/孔径、端距/孔径、边距/孔径、厚度/孔径等）、孔排列方式。

（3）紧固件参数：紧固件类型（螺栓、抽钉、斜钉、凸头或沉头等）、紧固件尺寸、垫圈尺寸、拧紧力矩及紧固件与孔的配合精度。

（4）载荷因素：载荷种类（静载荷、动载荷或疲劳载荷）、载荷方向、加载速率。

（5）环境因素：温度、相对湿度、介质。

## 4.3.3 混合连接工艺

混合连接一般是指面内连接（胶接，包含共固化）方式与厚度方向的连接方式（包括螺栓、铆钉、缝线和Z-Pin等）联合使用。本节只简单介绍胶接与机械连接的混合连接。

混合连接是指在同一个结构连接中采用不少于两个以上的连接手段。原来主要是指胶接与铆接或者胶接与螺栓连接一起使用。近年来又出现胶接与自冲铆钉、共固化与螺栓混合连接。汽车应用中还采用胶接点焊的混合连接方法。另外还有混合胶接。混合胶接是指在同一个胶接面采用两种不同的胶黏剂，相互弥补不足。但目前通常采用的还是胶铆或者胶螺混合连接。典型胶螺混合连接结构如图4-18所示。

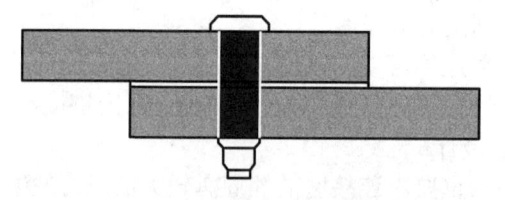

图4-18 胶螺混合连接结构

采用胶铆（螺）混合连接的目的一般是出于破损安全的考虑，想要得到比只有机械连接或只有胶接时更好的连接安全性和完整性，但是要根据具体情况应用得当，设计合理，否则将得不偿失。混合连接可以兼有机械连接和胶接之所长，存在互补的可能性，也可能兼有两者之所短。在胶接连接中采用紧固件加强，一方面可以阻止或延缓胶层损伤的发展，提高抗剥离、抗冲击、抗疲劳和抗蠕变等性能；另一方面也有孔应力集中带来的不利影响，且增加了重量和成本。胶接和机械连接的应力集中不在同一部位，胶接连接的应力集中发生在被胶接件端部的胶层和附近的复合材料，机械连接的应力集中发生在孔附近。采用混合连接，会使被胶接件端部局部应力集中得到缓和，同时又产生新的应力集中源。

## 4.4 复合材料的切削与连接装备

传统的材料切边、制孔与连接工艺成熟，对应的工艺装备随着自动化技术发展也愈发先进。顺应国家工业计划的需求，自动化精密加工技术与设备被引入来进行航空制造工作。自动化设备的引入提高了生产效率、加工精度，降低了工人劳动强度和加工成本，推动了航空制造的发展进程。

### 4.4.1 激光切割装备

考虑到传统激光加工纤维复合材料突出的热效应与航天产品损伤控制和外观质量控制的冲突，采用低热效应的超快激光或短波纳秒激光是必要的。因此在现有成熟数控机床技术的基础上，应重点发展基于超快激光或短波纳秒激光源的数控加工设备。机械部分采用龙门构型、激光加工头采用三维五轴加工头配合扫描振镜和场镜的形式。该种构型有望满足大尺寸、三维复杂结构航天产品的切割、刻蚀、铣削、焊接等高性能制造需求。

激光易于导向和聚焦，能很好地与工业机器人组合，因而在汽车制造等领域早已形成了诸如传统激光焊接机器人、切割机器人的先例。但因传统激光加工热损伤等，这些激光加工机器人无法用于航天纤维复合材料产品。可移动式加工机器人（图4-19）作为一种大型复杂结构制造装备，有望解决传统大行程数控机床尺寸大、造价昂贵、场地占用大等问题。

在目前可移动式机械加工机器人的基础上，可移动式超快激光加工机器人的发展值得期待，它有望为航天器大尺寸纤维复合材料的加工提供保障，克服超快激光传统数控机床因行程有限导致的加工结构尺寸受限这一不足，满足大尺寸纤维复合材料产品的表面清洗、宏观切割等需求（图4-20）。同时利用超快激光加工本身具有的跨尺度制造特点，结合可移动式激光加工机器人机械本体，有望实现从亚微米到数十米结构的纤维复合材料产品跨尺度制造。

图4-19 构建激光加工机器人的可移动式平台

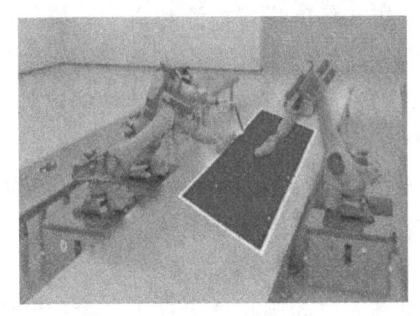

图4-20 基于超快激光的可移动式机器人加工FRP零件的构想

## 4.4.2 自动钻孔装备

飞机结构的复杂性与特殊性使飞机装配中的机械化自动制孔工艺有别于普通的机械加工。飞机装配的自动制孔具有两大特点：一是由于刀具出口端缺少支撑，自动制孔时系统整体结构刚性弱，不利于切削加工，影响制孔精度；二是制孔的叠层材料不同，切削性能差别较大，对刀具和切削参数具有特殊的要求。高精度、高效率的飞机装配制孔加工对自动制孔刀具提出了更高的要求。首先，自动制孔所选用的刀具应为钻铰锪一体的复合刀具；其次，所选刀具必须具有很高的精度与结构强度；最后，刀具必须具有很好的切削性能。

飞机结构零件的材料主要为铝合金、钛合金和碳纤维复合材料，铆接和螺接部位的叠层材料主要是上述 3 种材料或它们之间的不同组合。在装配制孔中，一般以切削加工性能差的材料为加工对象，同时兼顾其他材料的切削加工特点来选择刀具材料和设计刀具结构参数。

自动化制孔系统以工业机器人或大型数控机床为基础，配以移动平台、视觉找正模块、法向调平模块、制孔末端执行器等，融合孔变形分析、制孔工艺参数决策等技术，确保了组件的精准制孔。对于以工业机器人为基础的自动化制孔系统，单个工业机器人六个轴的运动范围相当有限，为了完成飞机组件不同区域的制孔任务，需要为机器人配置移动平台（也称机器人第七轴），扩大其运动范围。自动化制孔系统的控制系统按照功能可分为测量系统、参数设置、回零、手动控制和自动控制等部分。制孔时，首先利用测量系统建立坐标系，接着利用移动平台将机器人运动到合适的制孔区域，然后进行视觉找正和法向调平，确定待钻孔的位置和法向，最后机器人及其执行器开始执行自动钻孔、锪窝等任务。

在自动钻孔过程中的若干关键技术有以下几种。

（1）先进的制孔末端执行器设计。末端执行器是制孔系统的核心部件，直接完成孔的切削加工任务。除切削加工必需的主轴单元和进给单元之外，末端执行器通常还要集成其他多种机构。

（2）自动化控制技术。自动化制孔系统的控制系统既包括末端执行器切削加工的多运动控制，还包括机械手、数控机床等设备运动的控制，同时根据制孔需求还需集成工件位置视觉识别系统、刀具相对构件法向的调整系统、构件压紧和吸尘排屑等辅助系统、故障诊断系统等。

（3）制孔精度与质量控制。飞机装配对连接孔的加工精度和质量有较高要求。在制孔加工之前必须首先保证位置精度，制孔装置需要借助先进的位移传感器、视觉系统等对装配构件的位置和角度进行检测和自动补偿。

（4）高性能制孔专用刀具。刀具的切削性能直接影响制孔精度和质量及加工效率。高性能制孔刀具应具有科学合理的结构和几何参数，在加工中能够降低切削力与温度，避免加工缺陷的产生。

现在已经存在多种成熟的自动化制孔系统且投入了实际生产，主要为机器人自动制孔系统、柔性导轨自动制孔系统、爬行机器人自动制孔系统、并联自动制孔系统。

**1）机器人自动制孔系统**

机器人自动制孔技术是飞机柔性装配技术的一个重要应用和研究方向，相对于传统五坐标自动制孔机床，机器人自动制孔系统占用工厂面积较小，柔性度较大。自动制孔系统一般采用产品壁板不动而机器人移动的方式，灵活性较好，也能够很好地适应产品对象，同时可以极大地提高制孔效率和精度。机器人自动制孔系统主要由六坐标工业机器人、配套的末端执行器、控制系统及配件组成。

图 4-21 展示了机器人自动制孔系统的组成结构和工作方式，制孔机器人一般采用传统的六坐标工业机器人，并利用工业机器人自带的系统接口根据产品需要进行系统集成以及二次开发。机器人精密制孔系统根据需要对机器人进行加强加固，同时通过视觉系统等传感器对重复定位误差和变形误差进行反馈、修正和补偿，保证末端执行器的制孔位置精度和姿态精度。

机器人配有专门的机器人导轨，机器人沿导轨运动，完成对整个大型壁板产品以及多个产品的制孔工作，机器人导轨的运动一般作为机器人第七轴集成控制到机器人自动制孔系统中，末端执行器为制孔执行部件，吊装在机器人第六轴的法兰盘上，完成制孔、锪窝、探孔等工作，制孔过程的完成需要机器人自动制孔系统进行精确的空间多坐标系转换。

**2）柔性导轨自动制孔系统**

柔性导轨自动制孔设备是一种用于飞机自动化装配制孔的便携式自动化设备。一般机身和机翼都有大量的平缓曲面（如飞机机段对接区及主翼盒），柔性导轨自动制孔设备可以通过导轨的真空性吸盘吸附在壁板表面，并且可以完成任意角度的稳定吸附，根据需要完成钻孔、锪窝、法向检测、照相定位、刀具检测、压脚压紧及真空吸屑等工作。相对于传统的五坐标数控自动制孔机床、机器人自动制孔设备等设备，柔性导轨自动制孔设备具有无须占用厂房面积、价格便宜、重量轻、移动便携、导轨可根据需要拼接延长、柔性度高等特点，因此在机身和机翼装配的自动制孔中得到了广泛应用。

柔性导轨自动制孔系统如图 4-22 所示，主要由制孔系统、真空吸盘柔性导轨、运行底座、视觉系统、法向找正系统组成。NC 程序控制柔性导轨自动制孔设备的底座和钻孔主轴的运动，可以针对多种层合板结构钻削多种形式的孔而不需要传统多工位组合机床。

图 4-21 机器人自动制孔系统组成　　　　图 4-22 柔性导轨自动制孔系统

柔性导轨自动制孔系统是一个可移植式数控制孔系统，该系统可以与不同的产品相适应，更换产品时只需改变系统的一小部分即可，并且该系统可以给设备提供精确的孔位，以便保证钻孔质量和钻孔精度。柔性导轨自动制孔设备的离线编程系统可直接通过读取三维数模，进行数控编程即完成刀位文件。设备携带的传感器会自动检测壁板表面曲率，系统将根据曲率反馈值对主轴法向进行一定的修正。孔的位置精度将由设备自身携带的视觉系统保证。

### 3）爬行机器人自动制孔系统

在飞机装配过程中，需要将大量组合件装配成段件，然后再将段件装配成大部件。在这些装配工作中，制孔铆接都集中分布在结合部位，传统的大型自动制孔设备难以满足加工要求。为此，一些公司开发了柔性导轨与爬行机器人自动制孔系统。这两种自动制孔系统只是在设备运动方式方面与关节臂机器人有所不同，末端执行器的功能基本一致，主要适用于飞机对接部位的制孔。

爬行机器人自动制孔系统主要由多位置真空吸盘、制孔机器人、摄像系统等结构组成。该制孔设备从形式上看是一种多足式机器人，可以在机身表面行走。足上吸盘将设备吸附在工件表面进行制孔作业。对其末端执行器稍加改动便可配备紧固件孔注胶和紧固件安装功能。这类设备可用绝大多数航空航天材料（铝合金、碳纤维、玻璃纤维、凯芙拉纤维等）制成，特别适用于机身桶段蒙皮和机身段，同时也适用于其他各种几何形状飞机部件的装配制孔，具有便携、重量轻、速度快，且可靠性高的特点，能够满足飞机制造工业的特定需求，然而爬行机器人的偏心制孔能力很差，因此该设备主要应用于机身壁板的较平缓曲面的钻孔。

### 4）并联自动制孔系统

并联自动制孔系统主要由虚拟五轴并联机器人系统和末端执行器组成，能够完成复杂曲面部、组件的全方位自动制孔。

虚拟五轴并联机器人系统是由三自由度的并联机构和二自由度的串联机构串联而成的五自由度混联机构。虚拟五轴并联机器人系统综合了串联机床和并联机床的优点，克服了两者的不足之处，具有刚度高、承载能力强、机构灵活度高、动态性能好、响应速度快、工作空间范围大、重量轻、模块化程度高、技术附加值高和结构简单等突出的特点。虚拟五轴并联机器人系统的运动控制以开放式体系结构的数控系统作为基本结构的闭环控制系统，主要由工控机、运动控制器、伺服驱动器、伺服电动机和位移检测系统等组成。

## 4.4.3 螺旋铣孔装备

基于飞机装配领域的工程应用背景，Novator 公司最早开始螺旋铣孔专用加工设备的设计，开发了一款 E-D100 型螺旋铣孔末端执行器，并将其与工业机器人进行集成，形成了全自动螺旋铣孔装备，主要包括：基于数控机床和标准工业机器人的制孔平台，螺旋铣末端执行器、刀具及其他辅助设备。

### 1）制孔平台

螺旋铣制孔平台包括数控机床和工业机器人两种类型。其中，数控机床刚性强、精度高，可实现高质量稳定性切削，如图 4-23（a）所示。但是，机床体积庞大，不适用于飞机装配现场的狭窄加工空间。此外，螺旋铣制孔技术大幅降低轴向力水平，促进了工业机器人在飞机数字化装配领域的广泛应用。如图 4-23（b）、（c）所示，标准工业机器人 ABB4400 和 KUKA200 在螺旋铣制孔工艺研究早期就体现出高效、灵活和低成本的优势，并且适用于各种恶劣的工作环境。基于螺旋铣运动学特征，采用六自由度工业机器人，可实现自动化定位与制孔，从而进一步促进了工业机器人与螺旋铣技术的结合与发展。

(a) DMC70V　　　　　　　(b) ABB4400　　　　　　　(c) KUKA200

图 4-23　螺旋铣制孔平台

**2）末端执行器**

螺旋铣制孔末端执行器主要由刀具自转机构、公转机构、孔径调整机构和轴向进给机构四部分组成，分别实现螺旋铣加工过程中自转、公转、偏心设定和轴向进给四项运动。其中，孔径调整机构是关键部件。直驱旋转电机通过蜗杆对两个偏心套筒的作用，改变主轴与公转轴之间的距离，实现主轴偏心距的调节，最终确定偏心量的大小。螺旋铣制孔末端执行器的发展呈现出多类型、大参数、高精度的趋势。早期的执行器多以便携式为主，逐渐向多接口、大功率方向发展。

## 4.4.4　自动钻铆装备

### 1. 自动钻铆简介及关键技术介绍

自动钻铆是指在装配过程中利用自动化钻铆设备完成装配件的定位、夹紧、钻孔、锪窝、涂胶、送钉、铆接、铣平等工作，铆接完一个铆钉后自动定位至下一个铆钉位置。自动钻铆机是一种高效的自动化设备，它通过预先编制好的程序，全部由微机控制。制孔精度在 0.005mm 以内，窝的深度公差也可控制在 0.025mm 以内。自动钻铆技术集检测、制孔、铆接等多种功能于一体，涉及高精度定位技术、制孔质量在线检测技术、自动送钉技术、离线编程与仿真等多种关键技术。

**1）高精度定位技术**

高精度定位包括两方面的内容：机床自身定位精度与工件在机床中的定位精度，涉及高刚性机床结构设计与误差补偿技术、工件视觉自动定位技术、壁板法向测量技术。

（1）高刚性机床结构设计与误差补偿技术。由于自动钻铆系统承受的负载较大，尤其是压铆过程。一方面，压铆成型所需压铆力较大，另一方面，托架作为自动钻铆系统的重要组成部分，用于支撑、定位、夹紧飞机壁板，由于其自身尺寸长、重量大，托架自身变形严重，对加工点位置产生偏差，影响铆接质量。

（2）工件视觉自动定位技术。工件视觉自动定位技术用于精确定位工件在机床或机器人中的位置。常见的视觉测量系统硬件由工业相机、镜头以及环状 LED 光源等组成。

（3）壁板法向测量技术。理论上讲，根据飞机壁板模型能够获得壁板孔位点处的法向，然而由于实际模型与理论模型存在偏差,从而导致孔位点处实际的法向与理论法向存在差异。而孔的垂直度是影响加工孔质量的主要因素之一,它不仅会改变孔的直径,而且影响壁板的铆接质量,导致连接不可靠。

2)制孔质量在线检测技术

制孔质量对装配质量有重要影响,尤其是制孔直径及锪窝尺寸。美国 EI 公司于 2014 年基于激光轮廓仪,采用 Taubin 椭圆拟合算法,研制了一套非接触式的孔检测系统。该系统能够快速、高精度获得孔的轮廓信息,其测量示意图如图 4-24 所示。

3)自动送钉技术

自动送钉技术是将无序、散乱状态的铆钉整齐排列并按照需要依次输送到铆接工位,整个过程包括铆钉的定向、排列、存储、选择、分离及输送。自动送钉技术是实现自动钻铆技术的前提。

图 4-24 激光轮廓仪孔径测量示意图

4)离线编程与仿真

离线编程是根据产品的数学模型,从中提取出孔的位置及紧固件类型信息,从而规划机床运动轨迹,并根据紧固件类型生成自动送钉系统识别的相关指令,实现 NC 自动编程。离线仿真则是通过运动仿真及加工过程仿真,进行运动干涉检查、轨迹优化及铆接质量分析,检验加工程序的合理性,避免加工过程中造成碰撞,提高自动钻铆效率与钻铆质量。离线编程与仿真一般包括孔位及紧固件类型信息提取模块、数控自动编程模块、刀位文件生成模块和离线仿真模块。离线编程与仿真的最大难点在于孔位及紧固件类型信息的提取。首先,在建立产品数学模型时就需要导入每个孔位点处紧固件的信息;其次,由于飞机上孔位数量巨大、紧固件类型繁多,其铆钉信息的提取与存储工作量巨大。

### 2. 自动钻铆系统

1)自动钻铆机

自动钻铆机的形式和种类很多。床身有弓臂式的,有龙门式的。有的床身固定,工件移动;有的工件不动,床身移动。中航西安飞机工业集团股份有限公司为满足 ARJ21 机翼壁板干涉配合的质量要求,配合自动钻铆机开发了数控托架,实现了自动钻铆,填补了我国自动钻铆技术的空白。

2)机器人自动钻铆系统

机器人自动钻铆系统通常需要两个独立的机器人,它们分别位于铆接组件的两侧。在铆接过程中,机器人完成末端执行器的精确定位和定姿,由主动端末端执行器完成制孔、送钉等操作,被动端末端执行器对铆钉施加反作用力,实现铆钉的连接。铆接过程中,由监测及标定系统对加工及定位精度进行实时测量,整个系统由中央控制器按工艺顺序进行控制。

3)大型自动钻铆设备

环框形自动钻铆机是大型自动钻铆设备的一种,用于机身蒙皮装配的自动钻铆,其以环框形式架于工装之上。机床整体沿机身方向,利用轨道运动,加工部位分为两部分,上端加工部位沿环状轨道围绕机身蒙皮运动,可以实现定位、夹持连接件、钻紧固件、探测孔径、注入密封胶和安装紧固件等功能；下端为铆接辅助设备，能够在蒙皮下部运动，与上端加工部位共同完成蒙皮装配的铆接工作。

**4）电磁铆接系统**

自动化电磁铆接系统不但可以实现无头铆钉、有头铆钉的铆接，还可实现环槽钉、高锁螺栓的安装。电磁铆接工艺（应力波铆接）是利用大振幅的应力波（脉冲电流周围形成强脉冲磁场）使铆接连接件在几百微秒到一毫秒的时间内产生塑性变形。电磁铆接时，材料的成型时间极短，材料的镦头和膨胀几乎同时完成，因而干涉量均匀，疲劳寿命高。而普通铆接材料变形大，结构强度低，干涉不均匀。

## 4.5 复合材料构件加工过程智能技术及应用

随着科技的不断进步，智能制造逐渐成为行业发展的主流趋势。复合材料构件加工中使用智能技术对加工过程进行感知、分析和决策，可以有效提高加工质量和生产效率。目前，复合材料构件加工过程智能技术及应用已经取得了许多重要的突破，主要包括以下几个方面：智能刀具技术、过程监测技术、参数优化技术和切削仿真技术。

### 4.5.1 智能刀具技术

刀具作为切削加工中的工具终端，是机床的"牙齿"。作为离散制造过程中最活跃、状态变化最多的要素，刀具性能直接影响工件加工质量和生产效率。然而，复合材料特殊的力学性能，使得刀具在切削复合材料时受力情况复杂、易磨损，这给加工过程带来了巨大的不确定性；此外，不同工艺所需的刀具结构复杂、种类繁多、参数各异。以上对刀具在切削状态感知、自身切削性能调控、加工数据学习等方面提出了新要求。

智能刀具是相对于传统刀具而言的概念，传统刀具只能按照机床预先设定的切削参数和切削路线进行走刀，在加工过程中无法实现对切削状态的感知及自身切削性能的调控，仅具有"切削"功能。智能刀具则根据研究侧重点的不同，可单独或同时具有对切削状态感知、自身切削性能调控、加工数据学习的功能。按照刀具功能的不同，可将智能刀具分为"感知型"刀具、"受控型"刀具和"学习型"刀具。

"感知型"智能刀具通过对刀具结构进行改进设计，使刀具适合不同传感器的安装，从而实现对切削加工中切削力、切削热、振动等的测量，通过数据处理及特征提取对切削状态进行表征，实现对切削过程的状态监测。目前主要的切削力测量刀具包括：应变式切削力测量刀具、压电式切削力测量刀具、电容式切削力测量刀具和基于声表面波原理的切削力测量刀具。切削测温刀具多是将热电偶或薄膜传感器嵌入或粘贴在刀具切削刃附近，实现对刀具切削区域温度的拾取及测量，采用有线或无线的信号传输方式对数据进行采集。切削振动的测量多采用安装商用传感器的方式实现。

"受控型"智能刀具通过在刀具外部布置监测系统或通过刀具自身的监测系统实现对加工状态的监测，其控制系统通过对监测数据的分析，结合控制算法及驱动装置对刀具的切削性能进行在机调控，优化加工过程及加工质量和效率。目前，针对振动控制的智能刀具研究成果较为丰富，采用的刀具振动控制原理较多，刀具抑振结构各有不同，涉及多种智能材料的应用与控制。然而，对于切削力控制刀具依然需要在刀具结构、驱动器、控制算法方面开展大量的研究工作。此外，智能控温刀具依然需要在冷却结构、温度测量、智能控温算法、切削工艺控制等方面开展大量的研究工作。

"学习型"智能刀具是伴随工业互联网、大数据、云计算、人工智能技术的发展而产生的，在刀具具备感知系统与调控系统的基础上，利用工业互联网、大数据、云计算、人工智能等技术，完成智能刀具对数据储存、分析、挖掘、学习等功能，真正使智能刀具变得"聪明"。现有智能刀具的工作方式多是通过刀具自身或外部的监测设备获得刀具的切削状态信息，调控系统根据所获取的状态信息及建立好的控制程序对智能刀具进行性能调控，从而实现对加工过程的有效控制。此种方式只是对所获取的状态数据进行了在线处理，并没有实现对数据的储存、共享及依托人工智能的数据分析与挖掘，现有智能刀具的自动化程度较为完备，但智能不足，是弱智能刀具。因此，需进一步依托工业互联网技术实现对监测数据的快速存储与共享，同时借助大数据分析和深度学习等人工智能手段实现刀具性能的智能化调控，使智能刀具具有强智能。

近年来，国内外学者对智能刀具开展了大量的研究工作，主要针对的智能刀具为"感知型"刀具，针对"受控型"智能刀具、"学习型"智能刀具的研究相对较少。智能刀具作为加工中的工具终端，是智能加工中的重要一环，对智能刀具开展深入的理论及应用研究是智能制造的必然需求，在涉及重大装备复合材料零部件加工、特种加工及批量化生产中，智能刀具必然会替代传统刀具发挥重要作用。

## 4.5.2 过程监测技术

切削时主切削区周围产生极端压力和温度，往往会影响加工表面的质量。考虑到这种情况，通过先进的传感器系统观察切削区域，并使用硬件和软件信号处理设备收集传感数据非常重要。这种系统的主要元件是传感器，它可以测量确定的量值，如热量、压力和电流。孔加工操作的主要加工特性，即刀具磨损、表面粗糙度和尺寸精度。传感器主要分为切削力、振动、电流功率、温度、加工区域的声发射传感器以及多个传感器组合。

加工过程的智能监测技术，以多种传感器的传感信息为基础，结合高效高精的监测算法，与加工系统实现充分的融合，优化工艺工程，保障设备安全，提高生产效率。切削过程监测的主要检查对象如图4-25所示。

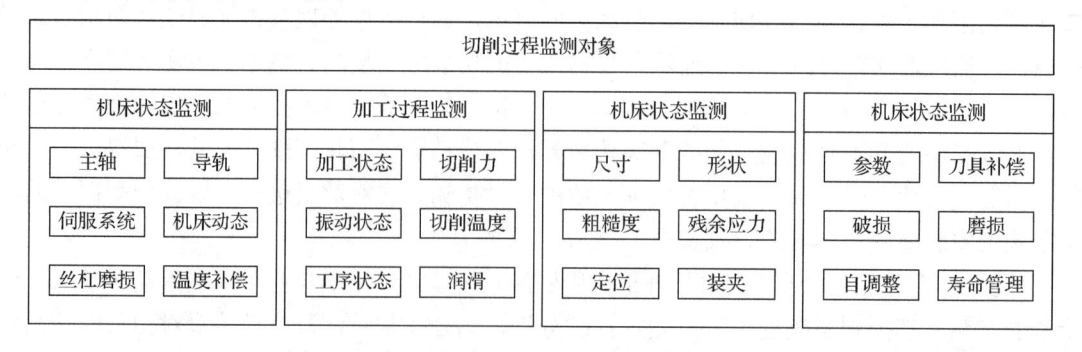

图 4-25 切削过程智能监测对象

常用的过程监测方法根据对目标观测方式的不同可以分为直接监测方法和间接监测方

法。直接监测方法是指通过对被监测对象的直接观测和测量，获取被监测对象的状态信息。直接监测方法有光学测量、接触探头测量、电阻法、放射性射线法、观察工件尺寸变化、观察刀具工件距离。在直接监测方法中，刀具寿命和磨损量是通过测量不使用刀具时刀具的体积减小量来确定的。直接测量具有很高的准确度，并已广泛应用于实验研究。直接测量技术有一些具体的缺点，可以分为以下几类：测量前必须停止切削过程；正常切削过程中刀具的磨损因第一次切削时发生的磨损而不同；体积测量给出错误的结果。在间接监测方法中，并不对被监测对象进行直接测量，而是通过测量与被监测对象有关的其他信息，间接推断被监测对象的信息。同样以刀具磨损监测问题为例，间接监测方法一般是通过监测切削过程中的切削力、热、振动等切削信号的变化，通过构建的信号与刀具磨损的关系模型，间接推断当前刀具的磨损状态。间接监测方法的准确度一般会低于直接监测方法，但因其灵活性和实用性，能够更好地用于解决复杂工厂环境的实际监测问题。

通过切削过程的切削信号采集、信号处理，可以基于特征工程提取信号特性参数，然后进行信号特征与待监测信号的关系建模，通过多种信号的结合分析，可以实现更精确的切削参数监测和加工过程决策指导。

## 4.5.3 参数优化技术

在复合材料加工过程中，切削参数的选择是影响工件表面质量的关键因素；此外，合理的切削参数也有助于提高生产效率、降低企业成本。在企业实际加工过程中会产生大量的历史切削数据，对历史切削数据进行合理分析可以获取数据中的隐含价值。目前，目标优化在各行业的应用极为广泛，它可以结合智能算法，在保证研究目标满足特定要求的条件下，使影响指标的因素取得最优解。鉴于此，切削参数优化成为复合材料加工领域的研究热点之一，常见的切削参数优化智能算法有优劣解分析法、人工神经网络、粒子群算法等。

基于优劣解分析法的切削参数优化过程是通过历史切削参数数据获得初始决策矩阵，进而确定加工效果评价属性模糊权向量及特征正负理想解，并计算每一个切削参数实例特征到正负理想解的距离，最终对切削参数实例降序排序，确定最优实例并输出最优切削参数。

基于人工神经网络的切削参数优化过程是利用人工神经网络强大的学习能力和泛化能力，通过输入层、隐藏层和输出层结构，对切削参数数据进行分析计算，得到准确反映切削参数间复杂关系的预测模型，训练好的模型会对新的输入给出科学合理的切削参数输出。

基于粒子群算法的切削参数优化过程是通过粒子的搜索范围来确定解空间中的信息，利用罚函数对满足所有约束条件的粒子进行标记，根据标记循环更新粒子极值与全局最优解，最终完成切削参数优化。

学者针对加工过程中切削参数优化问题开展了大量研究，目前切削参数优化方法的研究主要是通过改进智能优化算法确定优化目标函数，根据约束条件完成切削参数优化。

## 4.5.4 切削仿真技术

传统加工工艺在复合材料加工中仍持续占据主导地位，并且工艺改进很大程度上依赖实验探索。在计算机技术高速发展的环境下，切削仿真技术的应用为上述目的的实现提供了有力工具。一方面，通过高精度的仿真模型可以准确获得切削过程中基本的物理变量，如切削应力、应变、应变率、温度等。另一方面，还可以为加工性能的进一步预测提供基础数据，如表面完整性、刀具磨损、工艺稳定性等。目前，以离散元和有限元为首的切削仿真技术已应用到复合材料切削机理与工艺改进研究中。

**1. 离散元方法**

离散元方法（discrete element method，DEM）最早由 Cundall 和 Strack 于 20 世纪 70 年代提出并应用于岩石力学和土力学的研究。DEM 的基本思想是把不连续体分离为刚性元素的集合，使各个刚性元素满足运动方程，并用时步迭代方法求解各刚性元素的运动方程，继而求得不连续体的整体运动形态。离散元方法允许单元间有相对运动，不需要满足位移连续和变形协调条件，故计算速度快，所需存储空间小，尤其适合求解大位移和非线性的问题。近年来，一些研究者已采用离散元方法与其他数值分析方法相结合的手段来探究复合材料切削机理，主要通过正交切削方式研究了不同纤维取向下纤维的断裂形式以及纤维取向对已加工表面质量的影响。

**2. 有限元方法**

有限元方法（finite element method，FEM）是复合材料切削仿真中最常使用的方法。目前，复合材料有限元实体建模方法主要包括三类：宏观尺度模型、微观尺度模型和宏-微观多尺度模型。其中宏观尺度模型将复合材料假设为等效均质材料（equivalent homogeneous material，EHM）进行有限元仿真。微观尺度模型适用于研究材料微观去除机理，可用于揭示纤维/基体损伤与表面缺陷等形成机制。而采用宏-微观多尺度模型可研究纤维铺层方向对切削力、切屑形成、纤维损伤程度、基体损伤与脱黏的影响作用。建模时将切削区材料设定为微观模型而将远离切削区材料简化为 EHM 模型，可获得较好的仿真预测结果并极大地降低了仿真运算成本。目前复合材料切削有限元仿真常用失效准则主要包括最大应力准则、Tsai-Hill 破坏准则、Hashin 损伤准则和 Hoffman 损伤准则等。

随着仿真过程中材料模型的发展与计算机技术的进步，近年来仿真精度逐渐提高，有利于对切削力及切削温度进行准确预测，以及加工参数、刀具结构的选择。但是仿真技术在该领域的应用中仍然存在一定的问题和挑战，如需要建立新的考虑复合材料纤维-基体各向异性传热特性的力-热耦合损伤模型以更好地预测复合材料切削过程中的热损伤现象等。

## 4.6 本章小结

本章分别从复合材料切边工艺、复合材料制孔工艺、复合材料连接工艺、复合材料切削与连接装备、复合材料构件加工过程智能技术与应用五个方面介绍了复合材料构件切削与连接技术，以期形成复合材料构件切削与连接技术知识体系框架。首先，介绍了复合材料切削中常用的切边和制孔工艺；其次，总结了胶接、机械连接等在内的复合材料连接工艺；进而，概述了复合材料切削与连接过程中使用的自动化装备；最后，介绍了复合材料构件加工过程中的智能技术与应用。通过学习本章内容，读者能够获取复合材料构件切削与连接技术相关基础知识，并了解复合材料构件切削与连接智能化发展过程中的先进技术与应用。

## 习 题

1. 常用的铣削刀具有哪几个？选取这几种刀具的原因是什么？
2. 激光切割工艺会产生什么形式的损伤？请说明热影响区的概念。
3. 钻孔过程中钻削热的来源有哪些？
4. 请简述钻孔过程中分层损伤的分布位置及形式。
5. 请简述超声振动辅助钻孔工艺的原理。
6. 请简述螺旋铣孔工艺对比传统钻孔工艺的优势。
7. 请简述胶接件的制备流程。
8. 复合材料机械连接紧固件需要注意的问题有哪些？
9. 自动钻孔设备的种类有哪些？
10. 加工过程智能监测技术主要关注的对象有哪些？

# 第 5 章 复合材料构件的无损检测技术

本章将对复合材料构件制造与使用中涉及的无损检测技术进行讲解,包括复合材料构件无损检测特征、技术内涵与方法的简要说明,重点对声振检测技术、超声检测技术、射线检测技术、红外检测技术及激光干涉检测技术进行概念、原理和设备应用的讲解。

上述无损检测方式的检测原理不同,因此所能探测的对象、损伤范围和损伤形貌也有所不同。这些检测方式为飞机适航取证、疲劳检测和关键区域探伤等提供了有效的方式及手段。现阶段复合材料无损检测技术在准确率、效率等方面提出了更高的要求,尤其是对大尺寸构件、复杂主承力结构等部位的无损检测对服役性能及寿命起到了关键的保障作用,这催生了复合材料的无损检测智能化的进一步发展。在复合材料无损检测方式智能化方面,超声无损检测的智能化发展较为迅速,其在损伤三维可视化成像和损伤数据自动化处理等方面有较大的优势,所以在本章同时对航空复合材料智能检测技术较前沿的检测方式与手段及超声复合材料无损检测的智能化进行讲解。

## 5.1 无损检测技术概述

近年来,复合材料在民用飞机上的应用越来越广、用量越来越大,已经从早期的方向舵、升降舵、机翼活动面、整流罩等次承力件,逐渐过渡到中央翼盒、尾翼盒段、外翼盒段,乃至机身等大尺寸、大曲率、主承力零件。目前,波音 787 飞机的复合材料用量已经达到 50%,而空中客车 A350 飞机更是高达 52%。因此,复合材料的用量已经成为衡量现代民用飞机先进性的重要标志之一。随着复合材料制件结构更加复杂、尺寸更大、安全性要求更高,如何准确有效地评价复合材料制件的质量则成为亟待解决的关键问题,也是飞机适航取证的关键因素。对飞机进行无损检测也变成飞机适航取证的关键技术。

现代无损检测不仅要求发现缺陷,探测试件的结构、状态、性质,还要求获取更全面、准确和综合的信息,辅以成像技术、自动化技术、计算机数据分析和处理技术等,并与材料力学、断裂力学等学科综合应用,对制件的性能和质量做出全面、准确的评价。对于航空结构复合材料,无损检测已成为一种必不可缺的支持性技术,无损检测的目的主要有以下 3 个方面。

(1) 质量鉴定。在制件正式投入使用前,检查其是否达到设计质量标准,判断其是否能安全使用。这既是对制件质量的验收,也是对成型工艺合理性的评价。

(2) 质量管理。通过仪器对缺陷检测和分析,基本可以确定缺陷的类型和尺寸,进而确定缺陷产生的原因,即判断是由原材料质量引起的缺陷,还是成型工艺质量缺陷。将这些信息反馈到设计和工艺部门,可为改进产品设计和制造工艺提供依据。在制造过程中,阶段性的无损检测可及时发现工艺质量问题,避免不合格的产品继续加工,从而降低废品率,提高产品质量,降低成本。

(3) 在役检验。可以对在服役期间的部件进行定期检验，保障使用安全。在役检验不仅能及时发现隐患，还可以根据检测到的早期缺陷及发展程度（如疲劳裂纹的萌生和发展），在确定其形状、方位、尺寸、类型等的基础上，对该部件是否能继续使用及其安全运行寿命进行评价。

## 5.1.1 典型缺陷及损伤

复合材料因其组分的多样性和各向异性等因素影响，其内部质量存在难以预见性，因此无论是在材料工艺研究阶段，还是在结构设计制造阶段和服役阶段，都可能产生缺陷和损伤。按照习惯分类，通常将制造过程中产生的结构异常称为缺陷，而将使用和维护过程中产生的结构异常称为损伤。

从产生缺陷与损伤的原因来看，复合材料结构的损伤可以分为制造缺陷、使用损伤以及环境损伤。制造缺陷是指材料或结构在生产过程中由于工艺方法不合理、组分材料不合格或工人操作不当等造成的损伤。复合材料结构主要的缺陷形式有分层、脱胶、气孔、孔隙，几种典型缺陷的金相图片如图 5-1 所示。

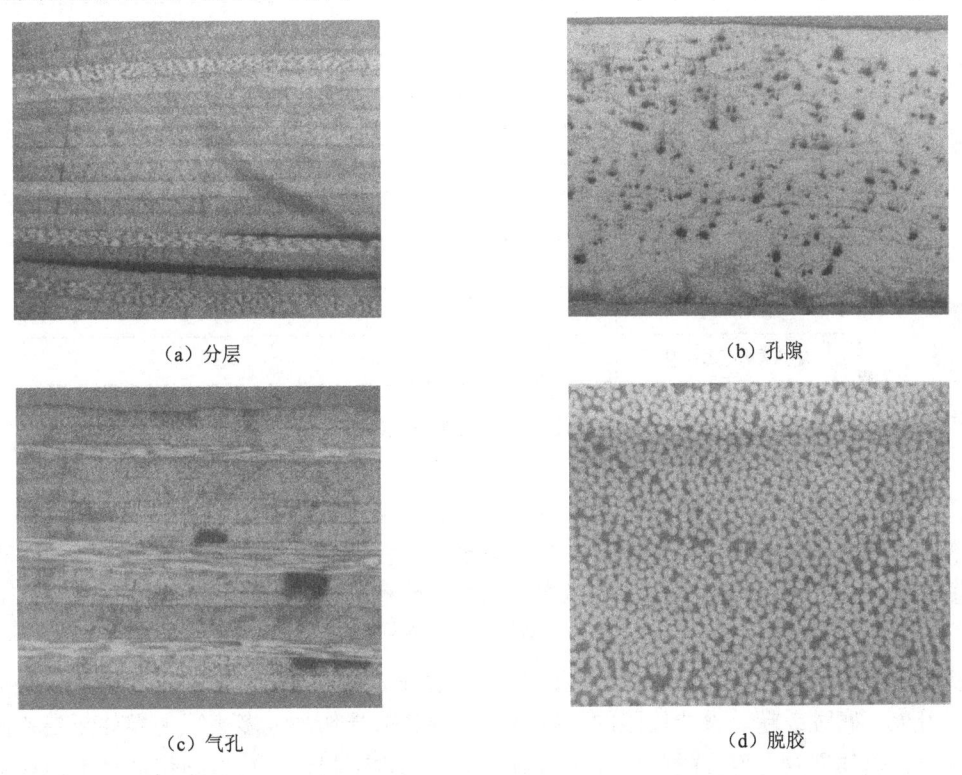

(a) 分层

(b) 孔隙

(c) 气孔

(d) 脱胶

图 5-1 常见缺陷类型

分层是复合材料层压结构中最常见的缺陷，通常有两类：一是指层压板内部不同层间存在的局部的明显分离，其特征为薄的大面积间隙；二是复合材料结构连接孔边缘产出的分层。脱胶是指复合材料黏接结构两侧材料未被黏接区域的现象，一般出现在夹芯结构或板/板胶接结构的黏接区域。气孔一般是由树脂间存在的空气和树脂中挥发物形成的孔洞形成的。孔隙率则是指复合材料内部的微型密集孔隙的含量，这些孔隙存在于纤维的丝间、束间和层间，呈明显的体积分布。复合材料结构中的缺陷可能是单一形式存在，也可能是多种缺陷形式并存。

使用损伤是指飞机在服役期间，由于操作失误引起的损伤，如冲击损伤、疲劳损伤；环境损伤是指飞机在服役期间由非人为操作引起的损伤，如雷击损伤。复合材料结构常见的损伤及产生原因见表 5-1。

表 5-1　复合材料结构常见的损伤及产生原因

| 损伤类型 | 损伤名称 | 典型原因 |
| --- | --- | --- |
| 制造缺陷 | 表面损伤 | 操作失误，脱模不当 |
|  | 孔隙 | 固化压力过低，树脂/纤维浸润性差，低分子挥发超标 |
|  | 分层 | 存在夹杂物，含胶量过低，固化工艺不合理 |
|  | 脱胶 | 胶接面贴合性差，胶接压力不够，胶膜工艺性差 |
| 使用损伤 | 表面划伤 | 尖锐物划伤 |
|  | 表面凹陷 | 践踏，冲击损伤 |
|  | 分层 | 工具跌落，设备跌落，维护台架撞击 |
|  | 脱胶 | 非设计面外载荷超载 |
|  | 边缘损伤 | 边角受到撞击，可拆卸部件使用不当，开闭引起的擦伤 |
|  | 穿透损伤 | 弹伤，尖锐物冲击 |
| 环境损伤 | 腐蚀坑 | 沙蚀，腐蚀性溶质作用 |
|  | 分层 | 冰雹冲击，跑道碎石冲击，鸟撞，热震，声震 |
|  | 穿透损伤 | 鸟撞 |
|  | 表面氧化 | 高温，雷击 |
|  | 夹层结构面芯脱黏 | 蜂窝芯进水，冲击环境 |

根据复合材料的损伤程度，可以将损伤分为许用损伤、可修损伤及不可修损伤。许用损伤是指该类损伤不会影响飞机结构的完整性，不需要立即修理，但应在规定的时间内按规定的方法进行永久性修理；可修损伤是指这类损伤将影响飞机结构的完整性或使用功能，必须进行临时性或永久性修理，或先进行临时性修理，再在规定的时间内按规定的方法进行永久性修理；不可修损伤是指这类损伤按现有方法进行修理后无法保持结构完整性或基本的使用功能，或者即使能修理但经济性很差，必须进行更换或返回给制造商。

使用过程中的损伤通常是由沙石、冰雹和鸟撞等引起的撞击损伤，以及重复载荷引起的疲劳、着火、腐蚀或超过设计极限的飞行操作所导致的损伤。大多表现为零件断裂和接头破坏、分层、基体裂纹、部分脱胶以及不可目视的结构内部损伤，这类损伤会严重地损害结构件的完整性。撞击能对航空复合材料的结构完整性和安全性构成最大威胁，因此撞击后的结构内部损伤以及撞击点周围的影响区域必须使用无损检测技术给出检测结论。

还有一种情况是由结构件中原有的工艺缺陷发展形成的危害极大的损伤。在生产制造阶段产生的工艺缺陷，有一些是由于受检测能力的限制而检测不出或是在设计验收标准以内的缺陷，还有其他一些漏检的缺陷，针对这类缺陷，也必须使用专门的无损检测技术及时进行监控。

## 5.1.2 无损检测的特征

航空复合材料无损检测的特点主要源于其材料、工艺及制造过程的显著不同，与传统的金属材料结构相比，航空复合材料结构是一种通过基体增强物之间的物理结合和铺层设计来达到预期性能的集设计、材料、工艺于一体的新型结构。其最为显著的特点是材料和结构的重量性能比（即比性能）好，材料和结构的可设计性强，材料利用率高，制造工序少，从材料制备工序到复合材料结构成型过程结束，往往仅需要两个热循环就能完成复合材料结构的制造。因此，一旦进入复合材料结构制造工序其输出结果就是结构件，而且复合材料结构越来越复杂，结构尺寸越来越大，整体结构越来越多，如飞机机翼、机身、壁板等。

任何缺陷的存在都将引起结构质量不合格，可能酿成巨大的损失。因此，通常要求对复合材料结构进行 100%无损检测。显然，要解决复合材料的无损检测，不能简单沿用金属材料无损检测思维惯性和方法，而必须根据复合材料的结构特点，研究和采用适合复合材料的无损检测技术和方法。

复合材料结构多为非等厚度结构，声波（acoustic）散射和衰减明显。复合材料无损检测技术的研究和方法在选择上必须结合具体的应用对象加以考虑。特别值得指出的是，复合材料通常不允许存在表面检测盲区，对于碳纤维复合材料层压结构，单个铺层的厚度小至 0.125mm，而且通常复合材料结构在厚度方向不存在加工余量之说。这也是与金属材料制件在选择检测方法和检测技术上的一个迥然不同的差别。同时，对于树脂基复合材料层压结构，必须充分考虑到其内部的微结构与所选择的无损检测方法在检测机理、缺陷信号成因上的有机联系。

复合材料结构和成型工艺众多，可能产生的无损检测信号（结果）指示"异常"的情况会明显不同。有些可能是缺陷，有些可能不是"缺陷"，这需要有针对性的研究和合理的案例与经验积累，才能给出正确的检测结果。总之，复合材料的缺陷表征与无损评估有自己鲜明的特点，且通常基于材料、成型工艺制造装配及结构与服役环境进行确定。

## 5.1.3 无损检测技术的内涵

无损检测的基本属性是在不伤及被检测对象的未来使用性能的情况下，采用声、光、电、物理、化学和机械等多种方法对材料内部连续性或缺陷进行非破坏性检测，检验工艺和产品质量符合性和系统运行的安全性，进行结构或者零部件的无损检测、材料微结构与性能评价、缺陷或者损伤评估、使用寿命关联分析和结构安全预测等。无损评估与无损检测的主要区别在于前者不仅要检出缺陷或者损伤，更要给出缺陷或者损伤的大小、性质等量化信息，甚至为损伤容限与缺陷接受阈值的确定、结构寿命评估、系统的可靠性和运营成本等提供支撑性的信息输入。因此，无损检测与评估技术是一门学科交叉非常宽泛的技术领域，涉及材料、冶金、机械、电子、信息、人工智能、数控、互联网技术（internet technology，IT）、物理、化学和力学等众多学科。无损检测技术的发展与一个国家科学自主研究的深度及工业发达的程度密切相关。当今科学技术已经日新月异，工业化的程度已经达到了空前规模，无损检测已经渗透到各个领域，特别是在现代科学研究和工业生产中，无损检测已成为一门高附加值的"绿色"技术。合理有效地利用无损检测技术可以帮助缩短研究周期，推进研究深度，节省研究成本，降低技术问题解决及产品评价的成本和质量成本。目前，无损检测技术已广泛应用于航空航天、船舶、车辆、能源、建筑、石化石油、地质、侦探和医学等领域，在材料评估、工艺检测和结构评估中起着非常重要的作用，也是保证工业系统或者设施（如飞机、压力容器、铁路等）安全、可靠和低成本运行的重要支撑技术，已成为现代航空航天材料与工艺研究及结构设计制造与产品设计制造和产品服役中的核心技术组成。

复合材料无损检测就是针对其材料及结构特征、成型工艺及其在材料研发、工艺研究、结构制造与产品服役过程可能产生的缺陷及其损伤行为，通过研究建立相应的无损检测方法和缺陷判别方法，采用合适的检测仪器设备，建立专门的检测标准与规程等，在不损伤复合材料未来使用性能的条件下，检验复合材料制备过程与制造工艺的符合性，给出产品质量评定或者接收建议。考虑到复合材料从材料的制备到结构制造过程的高度一体化和工艺过程暂不可逆的特点，还需对检出缺陷进行无损评估，以期提供有关缺陷的量化信息，如缺陷位置、大小、分布、深度和性质等，从而为复合材料的前期研究与缺陷表征提供基础数据。

目前，复合材料无损检测与评估主要包括：检测方法的研究建立、检测信号的获取与处理、检测信号的解读、检测结果的评定和检测结果的关联分析等几大部分，其相互间的技术联系和支撑关系如图 5-2 所示。

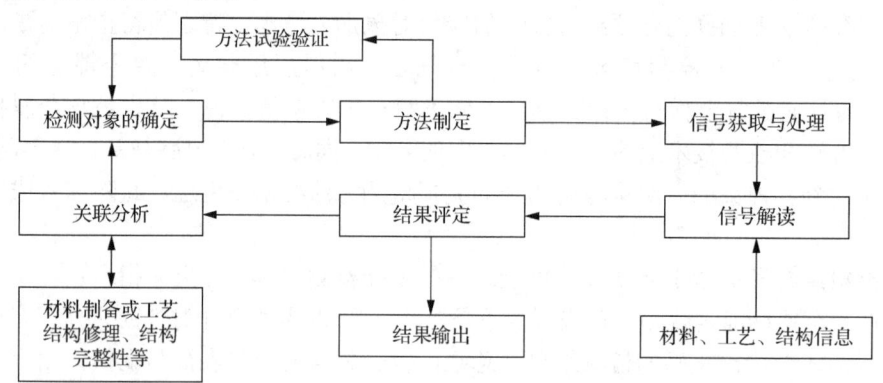

图 5-2 复合材料无损检测与评估

## 5.1.4 无损检测的主要手段

目前无损检测方法主要包括目视检测（visual and optical testing，VT）、超声检测（ultrasonic testing，UT）、射线检测（radiography testing，RT，如 γ 射线、X 射线）、电磁检测（electromagnetic testing，ET，如涡流）、磁粉检测（magnetic particle testing，MT）、渗透检测（penetrant testing，PT）、声振检测（sonic testing，ST）、声发射检测（acoustic emission testing，AE）、渗漏检测（leak testing，LT）等传统无损检测方法，还包括激光超声（laser ultrasonic，LU）、电磁超声（electromagnetic ultrasonic，EU）、空气耦合超声（air-coupled ultrasonic，AU）、超声-声发射（acousto ultrasonic，AU）、相控阵超声（ultrasonic phased array，UA）、激光干涉（laser interference，LI，如激光全息、胶片/数字全息和激光电子剪切）、红外检测（infrared testing）、微波检测（microwave testing）、太赫兹（THz）及声照相（acoustogra-phy）等新方法。表 5-2 给出了用于航空结构复合材料的无损检测技术，表中列出了适用于航空结构复合材料的无损检测技术及它们的适用性。

表 5-2  用于航空结构复合材料的无损检测技术

| 类型 | 方法 | 基本原理 | 可检缺陷类型 | 优缺点及局限性 |
| --- | --- | --- | --- | --- |
| 超声 | 超声波反射 | 检测回波时间及回波能量 | 测厚、分层、夹杂、裂纹、基体层间变化、空腔 | 要求选择声入射表面及良好的耦合条件，缺陷趋向与声束垂直 |
| | 超声波透射 | 测定透过声波衰减量 | 孔隙率、疏松、夹杂、分层 | |
| | 超声成像 | 计算机控制干涉成像 | 形象显示夹杂、空腔、孔隙率 | |
| 声振 | 声阻抗 | 分析反射波能量 | 基体强度和质量分析、脱黏、空腔分层、连接的整体性等 | 手工操作方便易行 |
| | 频谱分析 | 分析反射波频谱 | | 属实验室分析技术 |
| | 敲击法 | 可听的声调和声强度 | | 手工操作方便易行，费用低，灵敏度低 |
| 射线 | X射线照相 | 记录透过的射线 | 气孔、疏松、越层裂纹 | 辐射有害；需要胶片处理设备，检测裂纹的能力受X射线方向的影响，需专用设备定位X射线管和胶片 |
| | 实时检测 | 实时成像 | | |
| 热 | 温度测量 | 测量缺陷或损伤引起的温度分布变化 | 可探测复合材料和蜂窝材料中的积水、液体污染、外来物撞击以及内部夹杂、分层、空腔及芯子异常等 | 易携带、快速、实时成像直观、记录提供一个数字化的永久记录，以方便计算机处理；受被检表面及外界影响较大 |
| | 热成像术 | | | |
| | 振动热图 | 测量振动引起的热 | | |
| 光学 | 激光全息 | 测量加载引起的表面变形 | 近表面脱黏、分层、夹杂 | 外界环境干扰明显 |
| | 激光数字错位散斑 | | | |
| 渗透 | 着色法 | 利用渗透现象 | 与表面连通的分层、裂纹等 | 直观；渗透剂清除不方便，可能导致材料腐蚀变质 |
| | 充填法 | 进入液体不能渗透部位 | | |
| 涡流 | 涡电流感应 | 测涡流特性变化 | 检测导电纤维的体积含量及铺层 | 限于检测碳纤环氧复合材料 |
| 微波 | 微波 | 测量对微波的吸收或反射 | 气孔、分层、脱黏 | 设备复杂、费用较高 |
| 声发射 | 声发射检测应力波因子 | 检测声发射信息，损伤扩展的监控 | 可实现对构件强度及损伤扩展的监控 | 目前尚处于实验室阶段且不能描述损伤的几何形状和评价强度变化 |

迄今，还没有一种无损检测技术可以检测不同复合材料飞机结构的所有缺陷和损伤。在实际应用中，需要根据构件的形状、类型和要求检测的缺陷或损伤的类型、大小、位置、取向等特性以及检测设备的检测能力、操作使用的方便程度、检测工作的经济费用等诸多因素，选择一种或几种不同的方法互相补充。表 5-3 给出了对不同类型构件推荐选用的无损检验方法。

表 5-3　不同类型构件推荐选用的无损检验方法

| 结构类型 | 制件或缺陷的形状 | 选用的方法 |
| --- | --- | --- |
| 层合板结构 | 非特殊形状（等厚度平板） | 超声波接触法、C 扫描反射或穿透法、X 射线照相法、流、微波 |
| | 曲面成型结构（如正弦或异形凸、凹面） | 超声波脉冲回波测厚、X 射线照相法、声振法、光学检测 |
| 蜂窝夹芯结构 | 平面、等厚弧面夹芯 | C 扫描穿透或反射法 |
| | 楔形件、异形纯胶接与夹芯混合结构 | C 扫描反射法、超声波接触法 |
| 胶黏连接件 | 异形或模型件 | 超声波接触法 |
| | 等厚成型结构 | C 扫描反射或穿透法、X 射线照相法 |
| 在役的所有结构类型 | 平整光滑表面或近表面 | 应优先选择声振法、热成像或散斑成像 |
| | 结构内部夹杂、多余物及空腔等缺陷的扩展 | X 射线照相法 |

在上述各种检测方法中，技术上已成熟且应用最普遍的是超声波检测、声振检测和射线检测。近年来，这些方法已在自动化技术、探测器技术、信息处理和数据存储等方面取得了很大进展，在航空航天领域的复合材料构件的制造中发挥了极为重要的作用。在复合材料的无损检测中，超声波检测是其中应用最为广泛的方法之一。尤其是超声 C 扫描，由于显示直观且检测速度快，已成为飞行器零件等大型复合材料构件普遍采用的检测技术。

## 5.2　声振检测技术

### 5.2.1　声振检测的基本原理

**1）声振检测概述**

声振检测是最早获得广泛应用的无损检测技术之一，也是广泛应用于检测复合材料的无损检测技术之一。它通过对被检工件施加某种激励使其发生机械振动，测量和分析这个受激机械振动状态或它所发射声波的某个或某一些特征参量，通过分析测量到的特征参量数据，获取材料损伤的信息，实现对被检工件的无损检测。

声振检测技术是基于低频振动的声学检测技术。从检测原理来说，声振检测技术与超声波检测技术都属于声学检测技术。声学研究有两大基本内容，就是机械振动和机械波。声振检测技术与超声波检测技术等其他声学无损检测技术的主要区别就是其检测原理是基于被检工件的机械振动特性。机械振动的频率取决于结构的尺寸。由此带来声振检测技术的另一个特性，就是工作频率比较低。最初的声振检测技术的工作频率在声频范围内，对复合材料常用的频率范围低于 20kHz，现代的工作频率则可高达一百多千赫兹。尽管有些声振检测技术的工作频率已经在超声范围内，但出于历史原因，仍然将它们称为声振检测技术。声振检测有一些不同的称呼。国外有人称这一检测技术为声撞击法（acoustic impact method）或振动法（vibration method）等。其他还有一些不同的叫法，如声阻检测等，实际上它们只是声振检测技术的一种。

相比于其他无损检测技术，声振检测的特点是既经济又容易实现，具有装置简单、易操作等优点。而且，声振检测有一个特别的优点，就是常常可以不使用液体的声耦合剂。

然而，较低的频率也带来相应的缺点。低频意味着这些方法的检测灵敏度和分辨率都比较低。声振检测一般比较粗糙，不能像超声检测一样检测到很小的缺陷。声振检测技术在得到广泛应用的同时，又在不断地改进，向数字化和智能化方向发展。例如，现代数字敲击检测可以利用压电传感器采集被测件的振动特征，进而对信号加以精确的分析和处理，实现对被测件缺陷的精确检测，从而减小操作人员主观因素的影响，使检测过程更加便捷，检测结果更加客观、精确。

**2）声振检测数理基础**

声振检测的原理是声学振动，产生声学振动的结构系统实际是机械振动的体现。无论是敲击产生的振动还是压电产生的振动都和机械振动的模式相同，可以用机械振动的数学公式来表示。19 世纪以来，由于电学的迅速发展，对各种组合形式的电路也都可用数学公式来表示。人们发现机械振动和电磁振荡是十分相似的。因此，各种复杂的机械振动结构又可以用电路系统中的电感、电容、电阻组成的电磁振荡系统来等效描述，这种研究振动的方法称为机电类比。声学振动时传声媒介质点的是机械振动，这种质点振动系统可以认为其质量和弹性分别集中在某个元件上的集中参数振动系统。普通的有阻尼的弹簧振子系统（图5-3）就可代表这种机械振动。图中 $m$ 为质点的质量，设 $R$ 为摩擦阻，$K$ 为体积弹性常数，数量上等于弹簧产生单位长度变化所需作用力的大小，它的倒数称为柔顺系数，$C$ 表示弹簧在单位力作用下产生位移的大小。设质点在外力 $F$ 的作用下产生了位移 $x$，则弹簧振子的受迫振动方程为

$$F = m\frac{d^2x}{dt^2} + R_m\frac{dx}{dt} + \frac{1}{C_m}x \tag{5-1}$$

在简谐振动时，$F = F_m \cos \omega t$，则

$$F_m \cos \omega t = m\frac{d^2x}{dt^2} + R_m\frac{dx}{dt} + \frac{1}{C_m}x \tag{5-2}$$

如果改用振动速度来表示，则式（5-2）可改为

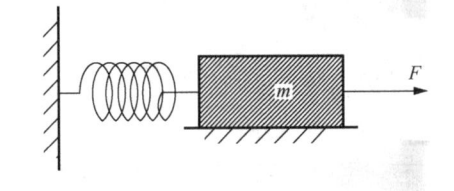

图 5-3　有阻尼的弹簧振子系统

$$F_m \cos \omega t = m\frac{d\dot{\varepsilon}}{dt^2} + R_m\dot{\varepsilon} + \frac{1}{C_m}\int \dot{\varepsilon} dt \tag{5-3}$$

可得稳态解为

$$\dot{\varepsilon} = \dot{\varepsilon}_m \cos(\omega t + \varphi') \tag{5-4}$$

$$\dot{\varepsilon} = \frac{F_m}{\sqrt{\left(m\omega - \frac{1}{\omega C_m}\right)^2 + R_m^2}} \tag{5-5}$$

$$\tan \varphi' = \tan\left(\varphi + \frac{\pi}{2}\right) = -\frac{1}{\tan \varphi} = -\frac{\left(m\omega - \frac{1}{\omega C_m}\right)}{R_m} \tag{5-6}$$

把图 5-3 的弹簧振子系统改用电感 $L$、电容 $C$、电阻 $R$ 的串联电路来表示，得到图 5-4 所示的简单的 LCR 串联电路。

把这个串联电路中通过的电流用 $i$，电容上积累的电荷用 $q$ 来表示，可得到在这串电路中的电压 $E = E_m \cos \omega t$ 为电感、电容和电阻三部分电压之和，即

$$E_m \cos \omega t = L \frac{\mathrm{d}^2 q}{\mathrm{d} t^2} + R \frac{\mathrm{d} q}{\mathrm{d} t} + \frac{q}{C} \quad (5\text{-}7)$$

或

$$E_m \cos \omega t = L \frac{\mathrm{d} i}{\mathrm{d} t} + R i + \frac{1}{C} \int i \mathrm{d} t \quad (5\text{-}8)$$

式（5-8）的形式和弹簧振子的振动方程是一样的。同样，可得到它的稳态解为

$$i = I \cos(\omega t + \varphi') \quad (5\text{-}9)$$

$$I = \frac{E_m}{\sqrt{\left(L\omega - \dfrac{1}{C\omega}\right)^2 + R^2}} \quad (5\text{-}10)$$

$$\tan \varphi' = -\frac{L\omega - \dfrac{1}{C\omega}}{R} \quad (5\text{-}11)$$

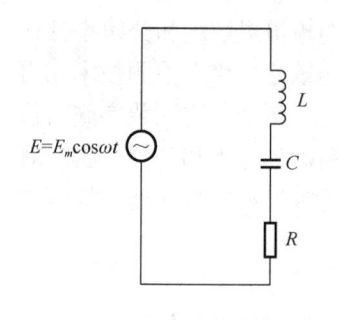

图 5-4 简单的 LCR 串联电路

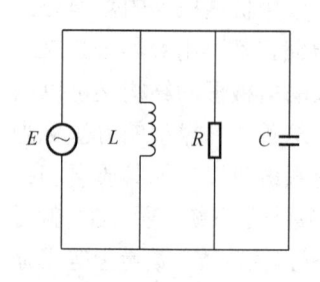

图 5-5 LCR 并联电路

我们也可以把图 5-3 的弹簧振子系统改用 $L$、$C$、$R$ 的并联电路来表示，如图 5-5 所示。在此电路中通过的交变电流 $i = I \cos \omega t$ 由三部分合成，即

$$I \cos \omega t = C \frac{\mathrm{d} E}{\mathrm{d} t} + \frac{E}{R} + \frac{1}{L} \int E \mathrm{d} t \quad (5\text{-}12)$$

## 5.2.2 声振检测方法

**1）声阻法检测**

声阻法是用来检测一层或多层薄蒙皮胶接质量的有效方法。它具有方法简单，检测触头与工件之间只需要干接触、不需要耦合剂、不受材料限制、不一定需要专制的仪器设备，可以实行自动记录和显像。可以单面接近检测等优点。它的不足之处是检测的稳定性和重复性差。图 5-6 是声阻检测的方块图，整个装置包括探测器、发射器、接收显示器、机械传动装置四部分。其中探测器包括测试支架和换能器两部分。测试支架是用来固定换能器的机械装置，它的作用是固定换能器的位置、保证换能器与工件表面垂直接触、可以将换能器升降并对工件产生一定的静压力。测试支架对检测效果的影响很大，如果换能器固定得不好，会产生附加振动、引起检测信号损耗过大和变形。如果换能器与工件不能垂直接触，就会降低检测灵敏度。由于声阻法对实际检测条件要求较高，因此手动检测很难控制。

换能器是整个检测装置的关键部件，声阻法常用的换能器辐射杆有图 5-7 所示的几种形状。其中图 5-7（a）是等截面的，图 5-7（b）是圆锥形的，图 5-7（c）是阶跃形的，图 5-7（d）是复合形的。辐射杆采用圆锥形和阶跃形能加大换能器辐射弯曲振动的激发强度。声阻检测按照测量信号的不同，可分为振幅法、频率法和相位法。

**2）谐振法检测**

谐振法又称声波共振（sonic resonance，SR）或超声共振（ultrasonic resonance，UR）或超声共振声谱（ultrasonic resonance spectroscopy，URS）法，也称为声谐振法，主要是基于某个给定的结构在声波激励下，在被检测结构中引起的声谐振特性，如谐振峰（幅值）、谐振频率、相位等的变化进行缺陷检测。它分为双晶声谐振检测方法和单晶声谐振检测方法，用于

不同的复合材料及胶接结构的室内外无损检测。

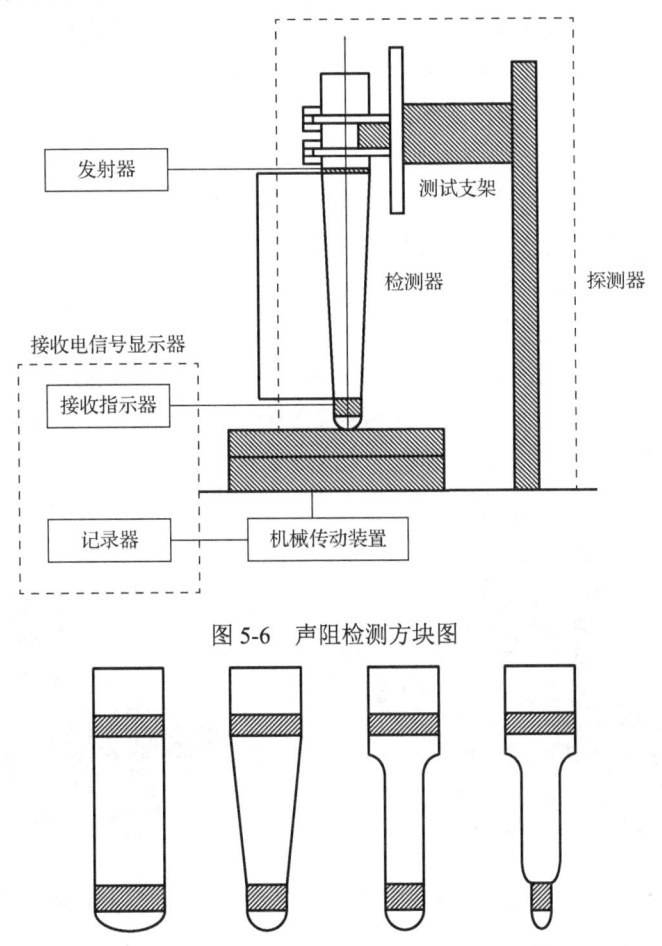

图 5-6 声阻检测方块图

图 5-7 常用的几种辐射杆形状

（1）双晶声谐振检测方法。

通常采用连续波激励时，发射晶片和接收晶片通过一传声柱分开，换能器与被检测零件采用面接触液体耦合，如图 5-8 所示，检测频率一般为 10～300kHz，可采用连续波和脉冲包络信号进行声振激励。

通常要求换能器具有较宽的频带特性，由于被检测结构类型不同，其构成的等效系统的谐振特性不同。因此，要求换能器的带宽至少要涵盖被检测结构检测点周围的等效系统的谐振频率，一般根据被检测结构选择相应的宽带换能器。

双晶声谐振检测法的主要优点有：缺陷检出能力强，甚至对一些模拟弱黏结都有一定的潜在检出能力；检测信号穿透能力强，可以用于多层板-板胶接结构的检测；发射和接收分开，有利于抑制激励信号对接收信号的干扰和检测信号的信噪比、检测灵敏度的提高；可检测出复合材料及胶接结构中的脱层和分层等缺陷；可用于室内外场合胶接结构的无损检测；对多层板-板胶接结构有较好的检测能力和检测成本廉价等。

双晶声谐振检测法的主要不足有：采用面接触液体方式，需要与被检测零件表面之间通过液体耦合剂保持良好的耦合,扫查速度受被检测结构表面状态及耦合效果影响明显,通常检测效率不高;检测灵敏度随检测深度增加而下降;需要对比试块和进行谐振调节;不易实现自动扫查,不易实现大面积结构的检测;对曲面结构检测有一定的限制;对变厚度或者结构变化区,需要进行分区调谐和检测等。

(2) 单晶声谐振检测方法。

发射晶片和接收晶片为同一压电晶体,换能器的结构如图 5-9 所示,采用特制的圆柱形压电晶体直接作为换能器,通过夹持架使压电晶体的负极以合适的压力直接与被检测零件表面通过面接触液体耦合,使压电晶体处于自由振动模式工作,检测频率一般为几十千赫兹到几百千赫兹,一般采用脉冲包络作为激励信号。通常要求换能器具有较宽的频带特性。由于被检测结构类型不同,其构成的等效系统的谐振特性不同,需要选择不同的压电晶体作为换能器,而且要求换能器的带宽至少要涵盖被检测结构检测点周围的等效系统的谐振频率,一般根据被检测结构选择相应的宽带换能器。

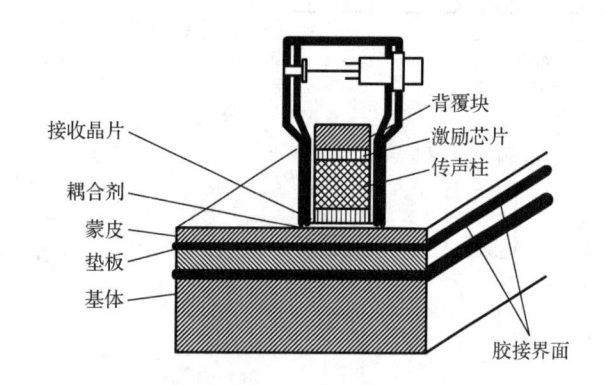

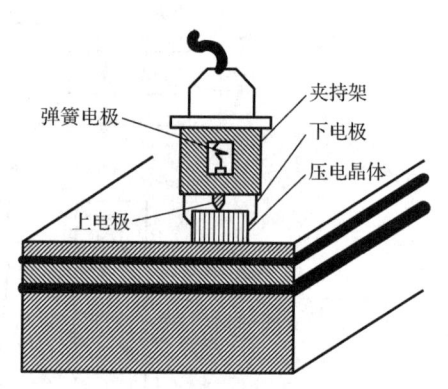

图 5-8 板-板胶接和蜂窝胶接结构的双晶声接触谐振检测法

图 5-9 单晶声谐振检测法

单晶声谐振检测法的主要优点是:缺陷检出能力强,对一些模拟弱黏结都有一定的潜在检出能力,甚至可以获得一些有关胶接强度方面的检测指标;压电晶体采用自由振动模式,有利于抑制换能器自身结构产生的谐振影响,获得更直接的被检测结构中的谐振特性的变化,有利于检测灵敏度和缺陷检出能力的提高;换能器的激励效率高,可以用于多层板-板胶接和夹芯胶接结构的检测;可检测出复合材料及胶接结构中的脱层和分层等缺陷,甚至可以获得胶接强度或者弱黏结方面的信号指示;对多层板-板胶接结构和蜂窝胶接结构有较好的检测能力;检测成本廉价等。

单晶声谐振检测法的主要不足是:采用面接触液体方式,需要与被检测零件表面之间通过液体耦合剂保持良好的耦合,且扫查速度受被检测结构表面状态及耦合效果影响明显,通常检测效率不高;难以实现自动扫查,不易实现大面积结构的检测;对曲面结构检测有一定的限制;对变厚度或者结构变化区,需要进行分区调谐和检测;换能器的压电晶体表面直接与被检测结构表面接触,容易磨损和损坏;检测灵活性不如声阻和双晶声谐振操作方便等。

## 5.2.3 声振检测仪器及工艺

声阻仪是基于声阻法(acoustic impedance method, AIM)检测原理的一种便携式检测仪器,主要包括探伤仪、换能器、扫描记录装置和对比试块。声阻仪主要适用于各种蜂窝胶接结构、板-板胶接结构的无损检测，通常需要针对不同材料及不同类型的胶接结构、应用场合、检测的环境等选择适当的声阻检测仪和换能器。选择适当的声阻检测仪是保证缺陷检出的基本条件，目前用于声阻法检测的仪器有很多不同的选择，已在工程上得到实际应用的声阻仪可分为模拟式、数字式和多功能数字式。

（1）模拟式声阻仪及其特点。

模拟式声阻仪主要由换能器、激励单元、调频单元、信号接收单元、信号处理单元、报警与指示单元等构成。在工程结构检测中，匹配不同的换能器可实现单点声阻检测和双点声阻检测。模拟式声阻仪体积小、价格低、非常实用，可用于多种胶接结构的室内外和工序间的快速无损检测。

（2）数字式声阻仪及其特点与适用性。

数字式声阻仪是在模拟式声阻仪的基础上发展起来的，通过采用数字电路和微处理器与软件技术，实现声阻检测信号的数字化和参数化设置与显示等。数字式声阻仪的基本构成如图 5-10 所示，主要由换能器、激励单元、压控调频单元、D/A 变换单元、信号接收单元、信号处理单元、A/D 变换单元、微处理器、报警指示、参数显示以及 C 扫描定位单元等部分组成。

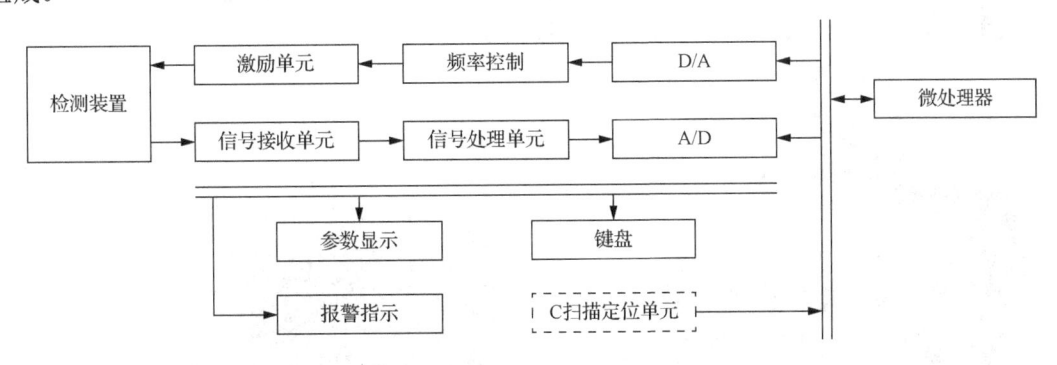

图 5-10　数字式声阻仪的基本构成

与模拟式声阻仪相比，数字式声阻仪主要的改进为：①通过 D/A 变换和压控技术实现激励信号（频率）的数字化控制和设置，便于实现最佳激振频率的自动选择；②利用 A/D 转换和 D/A 转换技术，帮助自动形成缺陷判别法则所需要的缺陷区/好区比对校准信息输入，以便形成缺陷判别法则，进行缺陷自动报警指示和缺陷记录；③通过声波定位技术，还可以实现声阻检测结果的 C 扫描记录、存储和评定等。DAMI-C 属于典型的数字式声阻仪，如图 5-11 所示，其是 Votum 公司生产的一种典型的数字式声阻仪，具有多种声阻检测模式，非常轻小，具有检出缺陷的 C 扫描记录、存储和大小评定功能，是目前检测适用性和缺陷检出能力非常强大的一款轻巧的数字式声阻检测仪。

图 5-11　数字式声阻仪及工作界面

数字式声阻仪最大特点之一就是可以实现检测频率自选和参数化报警设置以及检测结果的存储和检出缺陷的C扫描记录。而模拟式声阻仪最主要的优势是检测信号的保真性好，调频严格连续且准确，廉价适用。

（3）多功能数字式声阻仪及其特点与适用性。

多功能数字式声阻仪是在数字式声阻仪的基础上发展起来的，其继承了数字式声阻仪的特点和优点，同时功能上有所扩展，将声阻和声谐振检测，甚至敲击法和低频超声波的检测功能进行了集成，提升和拓宽了声振检测的能力和检测适用性。目前多功能数字式声阻仪可分为两类，一类是基于声振检测功能进行集成的多功能数字式声阻仪；另一类是基于声振检测功能和低频超声进行集成的多功能数字式胶接检测仪。以下列出这两类多功能检测仪器的特点和适用性。

① 基于声振检测功能进行集成的多功能数字式声阻仪。

主要对声振检测中的声阻、声谐振和敲击等检测模式进行了集成，增加了涡流方面的检测功能，明显提高了声振检测仪器对不同材料及其胶接结构的检测适用性和检测能力与检测功能，同时可以实现复合材料及胶接结构的声振检测、敲击法检测和导电材料结构的涡流检测，如DAMI-C就属于多功能数字式声阻仪，如图5-11和图5-12（a）所示，与专门的声定位系统配合使用，可以对检出缺陷进行C扫描记录。

（a）DAMI-C　　　　　　　　　　（b）Bondmaster

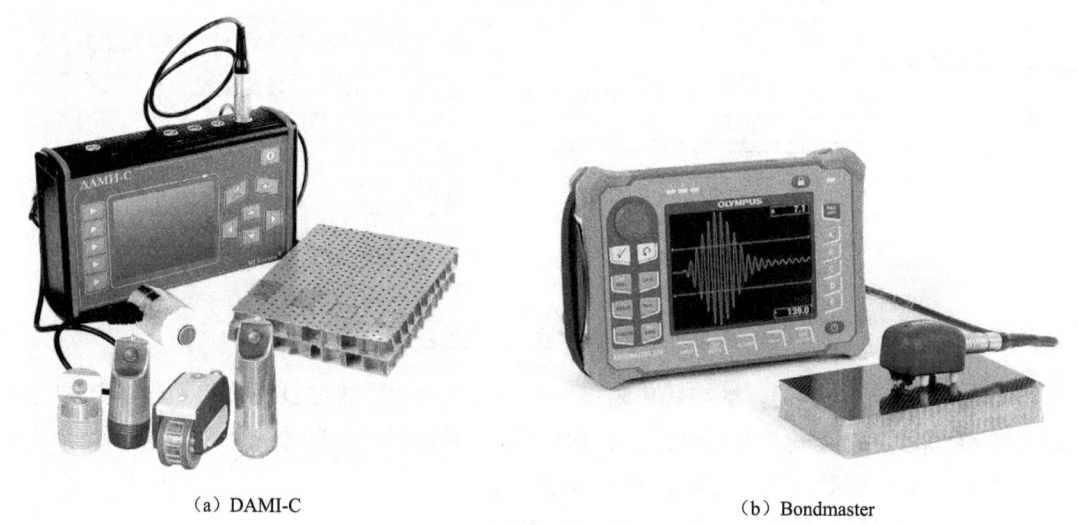

图5-12　多功能数字式胶接检测仪

② 基于声振检测功能和低频超声进行集成的多功能数字式胶接检测仪。

主要对声振检测中的声阻、声谐振等检测模式进行了集成，增加了低频超声波检测方面的功能，提高了声振检测仪器对复合材料及胶接结构的检测适用性和检测能力与检测功能，同时可以实现复合材料及胶接结构的声振检测和低频超声波检测，如Bondmaster检测仪就属于这方面的多功能数字式声阻仪，如图5-12（b）所示，其在声阻检测功能的基础上，增加了声谐振检测功能，在此基础上，还增加了低频超声波收-发检测功能，丰富了声振检测仪的功能，提高了声振检测仪和声振检测方法的适用性和缺陷检出能力。

## 5.3 超声检测技术

### 5.3.1 超声检测概述

超声检测是目前应用最广泛的无损检测技术，其检测方法是利用超声波对被检物体进行照射，超声波在复合材料中传播时遇到结构相异界面将会产生声束的反射、折射和散射等现象。从缺陷界面返回的回波包含了关于缺陷的诸多信息。例如，通过分析回波到达的时间可以导出缺陷的位置、从回波的幅度可以估计缺陷的当量的大小等，这便是超声检测。

超声检测是通过对超声波传播过程中声场参量的改变进行获取分析，进而达到对被检物体内部结构特征评估的目的。用于描述超声声场的两个物理量分别为声场的声压与声强。另外，声阻抗是对声波在界面的作用趋势的重要参数。介质的声学性质能够通过声阻抗的大小来反映，影响超声波在相异界面间传播过程中的能量分配。

超声检测的一般步骤为：首先，激励声源产生超声波，采用一定的方式（如水耦、干耦等）使超声波进入待检工件；其次，超声波在待检工件中传播并与工件材料及其内部存在的缺陷相互作用，使得超声波的传播方向、相位或能量幅值等特征发生改变；然后，通过超声波检测设备接收改变后的超声波，分析超声波能量分布（声压分布）、频率改变等现象；最后，根据分析处理得到的超声波特征，评估被检工件内部是否存在缺陷及缺陷的特征。

### 5.3.2 超声检测原理

**1）基础知识**

超声检测的基本依据是检测超声波传播过程中声场的改变，对其进行分析和处理，来评估材料内部特征。超声声场是指介质中超声波存在的区域，声压和声强是描述声场的物理量。声阻抗则是表征超声波在界面上的行为的一个重要参数。

声压：在超声波传播的介质中，某一点在某一时刻所具有的压强与没有超声波存在时该点的静压强之差，用 $P$ 表示。声场中，每一点的声压是一个随时间和距离变化的量，其基本公式为

$$P = -\rho c \omega A \sin \omega \left( t - \frac{x}{c} \right) \tag{5-13}$$

其中，$\rho$ 为介质的密度；$c$ 为介质中的声速；$\omega$ 为角频率；$A$ 为质点的振幅；$x$ 为距离；$t$ 为时间。将 $\rho c \omega A$ 称为声压的振幅，通常将其简称为声压，用符号 $p$ 表示，$p = \rho c \omega A$。超声检测仪荧光屏上脉冲的高度与声压成正比，因此通常读出的信号幅度比等于声场中的声压比。在超声检测中，声压的大小反映缺陷的大小。

声强：指在垂直于超声波传播方向的平面上，单位面积上单位时间内所通过的声能量，常用 $I$ 表示：

$$I = \frac{1}{2} \rho c A^2 \omega^2 = \frac{p^2}{2\rho c} \tag{5-14}$$

声阻抗：超声声场中任一点的声压与该处质点振动速度之比称为声阻抗，常用 $Z$ 表示：

$$Z = \frac{P}{u} = \frac{\rho c \omega A}{\omega A} = \rho c \tag{5-15}$$

可见声阻抗的大小等于介质的密度与介质中声速的乘积。声阻抗直接表示介质的声学性质，超声波在两种介质组成的界面上的反射和透射能量分配由两种介质的声阻抗决定。

**2）超声检测的显示方式**

超声无损检测技术可以将试样内部情况以图像的方式直观地反映出来，最常见的超声信号显示方式为 A 型显示、B 型显示和 C 型显示，简称为 A 扫描、B 扫描和 C 扫描。其中 A 型显示是最基本的显示方式，直观地以回波信号的方式反映试样的内部情况，B 型显示和 C 型显示均是在 A 扫描信号的基础上实现的，采用不同的电子门针对 A 扫描信号不同信号范围内进行信号提取成像成二维图形。

A 型显示（amplitude modulation display）是将超声信号的幅度与传播时间的关系以直角坐标的形式显示出来，横坐标为时间，纵坐标为信号幅度，是一种幅度调制型的波形显示。时间反映的是超声波传播的距离，而信号幅度则反映的是超声波声压大小。A 型显示表示的是超声探头固定在某点，激励超声波信号与试样相互作用后的回波信号，如图 5-13（a）所示。

B 型显示（brightness modulation display）则是将超声探头在试样表面沿一条扫查轨迹扫查时的距离作为一个轴的坐标，另一个轴的坐标是超声传播的时间，是超声检测的一个纵向截面图，可以从图中看出缺陷在该截面的位置、取向与深度，如图 5-13（b）所示。

C 型显示（constant depth display）是超声波探头在试件表面做二维扫查，C 扫描图像的二维坐标对应超声波探头的扫查位置，将某一深度范围的 A 扫描信号用电子门选出，以电子门内的峰值或绝对值等参量进行超声扫查成像，得到的是试样内某一深度范围内情况的二维显示，可以直观地查看试样内部缺陷分布情况及大小情况，可以通过电子门的设置来改变关注的试样深度情况，如图 5-13（c）所示。

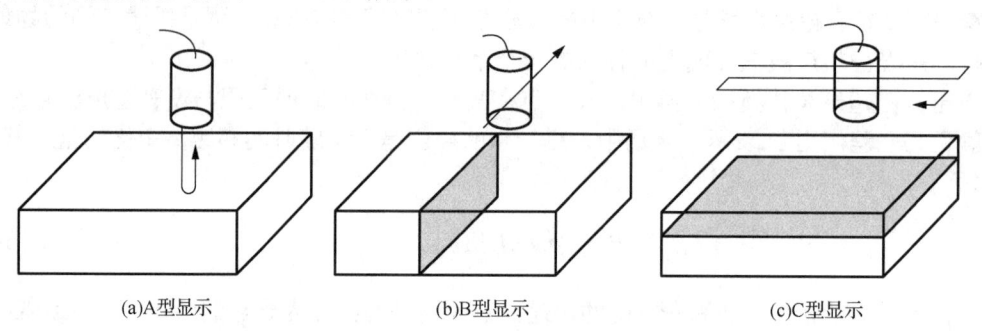

(a)A型显示　　　　　(b)B型显示　　　　　(c)C型显示

图 5-13　超声信号显示方式

## 5.3.3　超声检测设备及应用

**1. 超声检测设备简述**

通常情况下，针对所适用的检测对象进行超声检测仪器的设计和选择，特别是复合材料的超声检测，简单地选用那些传统的金属材料及其结构的超声检测仪器，往往是很难能满足复合材料超声检测要求的。因此，这里所指的超声检测仪器是指那些适用于复合材料检测的超声检测仪器。

不同的超声检测仪器的性能、功能、特点、用途、价格等存在不同，适用的检测对象会存在差别。因此，通常需要结合复合材料结构及其检测要求进行超声检测仪器的选择，较为有效的选型方法有：针对被检测复合材料及其结构特点和检测要求等，进行针对性的仪器设计；通过有效的检测工艺试验，选定合适的超声检测仪器等。根据超声检测信号的处理方式，目前可用于复合材料检测的超声检测仪器可以分为：模拟式超声检测仪器和数字式超声检测仪器。

不同的超声检测仪器，在用于复合材料检测时，其特点有所区别，如表 5-4 所示。其中模拟式复合材料超声检测仪器最大的优点是信号质量和保真度高，能够观察到来自复合材料内部的超声信号的时域细节信息，信号的响应速度快，有利于复合材料缺陷的定量定性分析；数字式复合材料超声检测仪器最大的优点是检测信号可数字化显示、读取、存储，体积小型化好，并有一些直接的超声测量功能、参数数值设置功能。表 5-4 展示了不同复合材料超声检测仪器的优点和特点对比。

表 5-4 复合材料超声检测仪器的优点和特点对比

|  | 主要优点 | 基本特点 |
| --- | --- | --- |
| 模拟式复合材料超声检测仪器（单通道） | ① 检测信号质量高；<br>② 检测信号的保真度高；<br>③ 表面检测盲区小，可以实现碳纤维复合材料无盲区检测（这里将超声检测仪器的表面盲区达到其单个复合材料铺层厚度，约 0.13mm 时，简称为"无盲区"）；<br>④ 能够观察到来自复合材料内部的超声信号的时域细节信息；<br>⑤ 信号的响应速度快，有利于复合材料缺陷的定性分析等 | ① 体积较大、质量较重；<br>② 通常需要外接电源工作；<br>③ 模拟器件长时间工作可能会出现影响仪器稳定的问题；<br>④ 携带和外出检测不方便等 |
| 数字式复合材料超声检测仪器（单通道） | ① 检测信号数字化显示、读取、存储；<br>② 表面检测区较小；<br>③ 体积小型化好；<br>④ 具有一些直接的超声测量功能、参数数值设置功能，有助于复合材料缺陷的定量分析；<br>⑤ 数字器件的长时间工作稳定性更好；<br>⑥ 携带和外出检测较为方便等 | ① 通常检测信号都存在一定的数字化丢失和失真；<br>② 检测信号的时域脉冲特性不如模拟式检测仪；<br>③ 表面检测盲区特性不如模拟式检测仪器；<br>④ 信号的响应速度不如模拟式检测仪器快等 |
| 多通道复合材料超声检测仪器 | 可分为模拟式多通道超声检测仪和数字式多通道超声检测仪。其中：<br>① 模拟式多通道超声检测仪<br>a. 具有单通道模拟式超声检测仪的优点；<br>b. 可并行工作，提高检测效率；<br>c. 可实现不同取向缺陷的并行检测等<br>② 数字式多通道超声检测仪<br>a. 具有单通道数字式超声检测仪的优点；<br>b. 可实现超声 B 扫描、C 扫描等可视化检测；<br>c. 可并行工作，提高检测效率；<br>d. 可实现不同取向缺陷的并行检测等 | ① 模拟式多通道超声检测仪<br>a. 具有单通道模拟式超声检测仪的基本特点；<br>b. 主要用于超声自动扫描检测设备中；<br>c. 成本较高等<br>② 数字式多通道超声检测仪<br>a. 具有单通道数字式超声检测仪的基本特点；<br>b. 可用于超声自动扫描检测设备中；<br>c. 成本较高等 |

续表

| | 主要优点 | 基本特点 |
|---|---|---|
| 相控阵超声检测仪器 | ① 曲面件检测与声学耦合较为困难；<br>② 可以实现声束电子聚焦、定向、扫描；<br>③ 检测信号数字化显示、读取、存储；<br>④ 体积小型化较好；<br>⑤ 具有一些直接的超声测量功能、参数数值设置功能，有助于复合材料缺陷的定量分析；<br>⑥ 数字器件长时间工作稳定性好；<br>⑦ 可实现超声B扫描、C扫描、扇扫描等可视化检测；<br>⑧ 扫描检测效率高 | ① 曲面件检测与声学耦合较为困难；<br>② 表面检测盲区与分辨率不如数字式复合材料；<br>③ 信号响应与处理速度较慢；<br>④ 参数设置与信号解读相对复杂；<br>⑤ 检出缺陷的标记与定位不如单通道方便；<br>⑥ 需要专门的培训；<br>⑦ 成本高等 |

**2. 超声检测应用举例**

**1）层压平板**

水浸式脉冲反射板法适用于平面薄板类试件，其检测原理如图5-14所示，其中S为始波，F为缺陷回波，B为底波，W为反射板回波，以检测回波的幅值大小来对试件中有无缺陷和缺陷大小进行判定。当试件内部没有缺陷时，超声波穿透试件之后衰减量减小，则接收信号较强；如果试件内部有小缺陷存在，超声波被缺陷部分遮挡，在始波与底波之间会出现幅值较小的缺陷波；若试件中存在较大缺陷，缺陷面积大于声束面积，缺陷波明显增大，底波消失，接受探头收不到反射板回波信号。

在360mm×320mm的碳纤维复合材料层压板中，在不同厚度上均匀布置大小分别为 $\phi$12mm、$\phi$9mm、$\phi$6mm、$\phi$4mm、$\phi$3mm、$\phi$2mm 的一组预埋聚四氟乙烯模拟缺陷对其进行超声检测研究，分别采用频率为1MHz和10MHz的水浸聚焦探头对材料试件进行检测，检测结果如图5-15所示。图5-15（a）和（b）分别为采用1MHz探头和10MHz探头对厚度为2mm的碳纤维复合材料试件用脉冲反射板法检测的结果，图5-15（c）和（d）为4mm的碳纤维复合材料试件的检测结果，图5-15（e）和（f）为8mm的碳纤维复合材料试件的检测结果。从图中可以看出，10MHz水浸聚焦探头检测结果缺陷边缘更清晰，对比度更高，尤其是对小缺陷的分辨能力更高，同时对碳纤维复合材料试件内部纤维铺层方向有一定反应，而由图5-15（f）可以看到，10MHz探头对试件表面的隆起、凹点比较敏感。

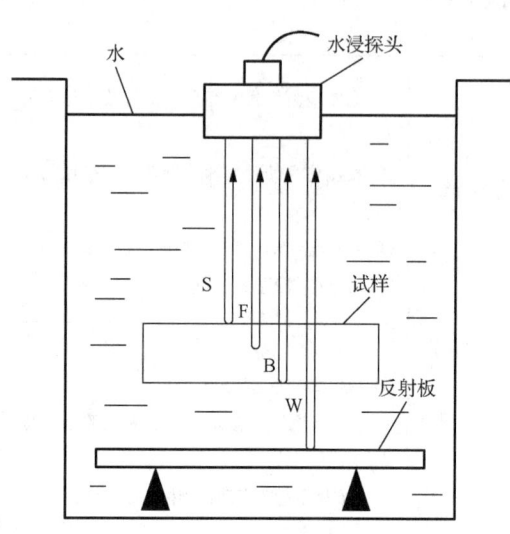

图5-14 脉冲反射板法

**2）大型结构件**

随着航空制造技术的发展，复合材料零部件的结构也变得越来越复杂，例如，C919后机身后段复合材料壁板采用了+L形剪切带壁板的结构形式，壁板的帽形梁变高度、变厚度、变角度、变斜度、变弧度，不仅成型难度大，给检测也带来了新的难题，右侧壁板结构如图5-16

所示。对右壁板试验件的超声检测步骤为：首先，对右壁板仿形，进行 C 扫描超声检测；然后，对检测结果发现的缺陷以及 C 扫描无法检测的部位使用接触式脉冲反射法检测，对缺陷的大小、形状及深度位置进行判定。采用穿透 C 扫描检测，发现 5 个较大的缺陷，A#缺陷位于 24 层蒙皮加筋处，B#、C#、D#、E#缺陷位于 18 层蒙皮加筋处，具体位置如图 5-16 所示。

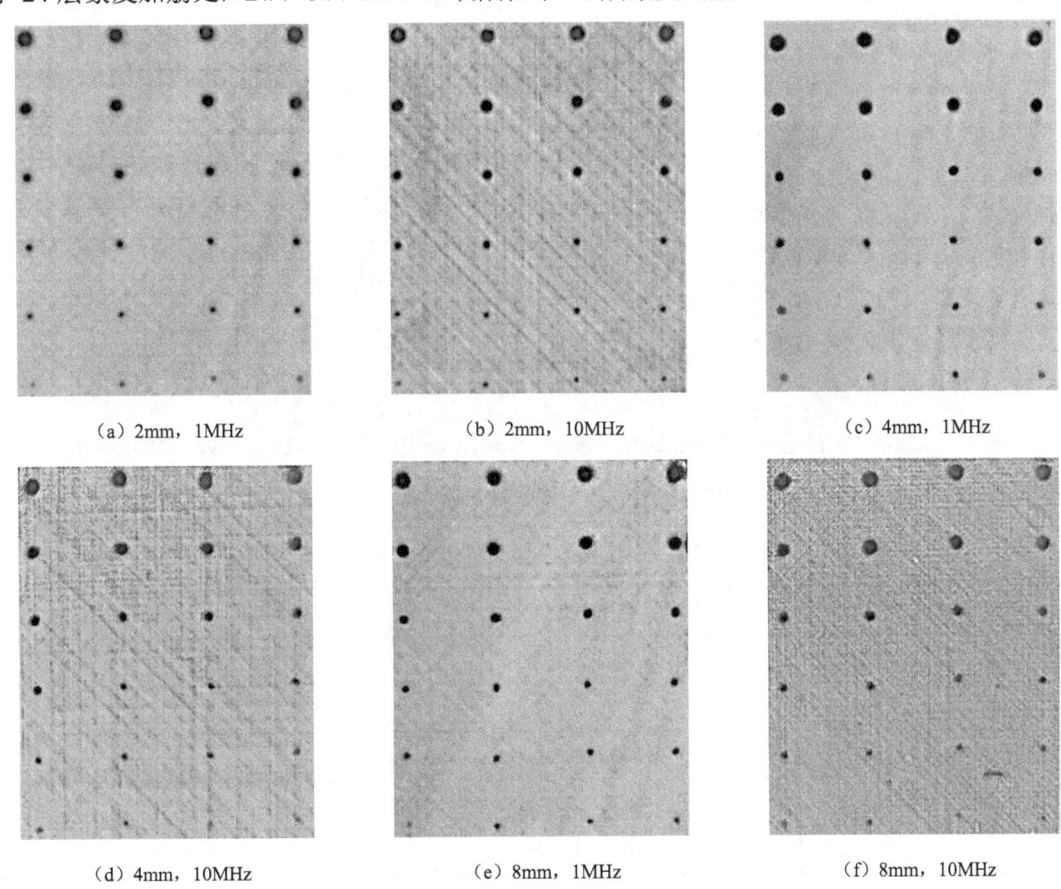

(a) 2mm，1MHz

(b) 2mm，10MHz

(c) 4mm，1MHz

(d) 4mm，10MHz

(e) 8mm，1MHz

(f) 8mm，10MHz

图 5-15 脉冲反射板法 C 扫描结果

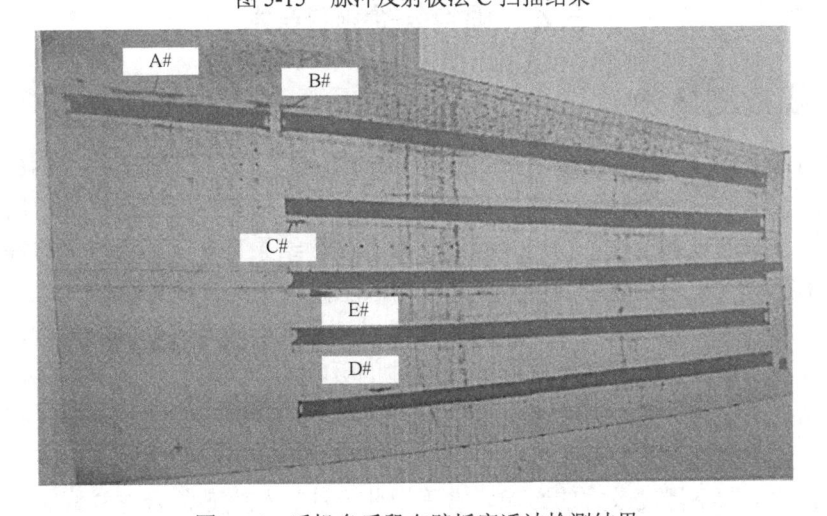

图 5-16 后机身后段右壁板穿透法检测结果

A#缺陷位于蒙皮加筋处,A#缺陷的电镜扫描结果如图 5-17 所示,可以发现明显的分层缺陷。相应的缺陷位置及缺陷尺寸如表5-5所示。

图 5-17  A#缺陷电镜扫描发现的分层缺陷

表 5-5  C 扫描检测缺陷的位置及尺寸

| 缺陷编号 | 缺陷位置 | 缺陷尺寸/(mm×mm) |
|---|---|---|
| A# | 24 层蒙皮加筋处 | 235×30 |
| B# | 18 层蒙皮加筋处 | 66×16 |
| C# | 18 层蒙皮加筋处 | 73×14 |
| D# | 18 层蒙皮加筋处 | 107×26 |
| E# | 18 层蒙皮加筋处 | 95×16 |

## 5.4  射线检测技术

### 5.4.1  射线检测概述

在过去的几十年里,射线检测(radiograph inspection)已成为工业无损检测的主要技术之一,在工业产品的结构检测缺陷监测和损伤评价等方面获得了广泛应用,显示出射线检测在现代无损检测领域的重要地位和作用。射线法具有检测结果直观、形象、可靠等优点。在实际检测中,X 射线检测以其适用性和良好的检测性能在航空复合材料检测中广泛应用。

X 射线检测方法的基本原理是:当 X 射线透过被检工件时,有缺陷的部位,如气孔、非金属夹杂物等和无缺陷部位的基体材料对 X 射线的吸收能力不同。以金属为例,缺陷部位所含空气非金属夹杂物对 X 射线的吸收能力远远低于金属的吸收能力,这样通过有缺陷部位的射线强度高于无缺陷部位的射线强度。当用感光胶片来检测射线强度时,内部有缺陷的部位就会在感光胶片上留下黑度较大的影像。常采用此方法进行夹芯复合材料蜂窝夹芯水分含量的测定。

X射线检测的优点为：几乎适用于所有材料，而且对工件形状及表面情况均无特殊要求，适用于飞机上结构件的原位检查；不但可以检测出材料表面的缺陷，还可以检测出材料内部的缺陷；对目视可达性差或被其他构件覆盖的结构件，如蒙皮覆盖下的桁条、框、肋等，都可以用X射线检测法来检查损伤情况；能直观显示缺陷影像，便于对缺陷进行定性、定量分析；感光胶片能长期存档备查，便于分析事故原因；对被检工件无破坏、无污染等。

X射线检测的局限性为：X射线在穿透物质的过程中因被吸收和散射而衰减，使得用它检测工件的厚度有一定的限制；X射线检测设备一次性投资大，检测费用高；X射线对人体有伤害，检测人员应作特殊防护等。

## 5.4.2 射线检测原理

X射线检测是利用物质在密度不同、厚度不同时对X射线的衰减程度不同，如果物体局部区域存在缺陷或结构存在差异，它将改变物体对X射线的衰减，使得不同部位透射射线强度不同，从而使零件下面的底片感光不同的原理，实现对材料或零件内部质量的检测。

**1）透照布置**

射线照相的基本透照布置如图5-18所示，考虑透照布置的基本原则是使透照区的透照厚度小，从而使射线照相能更有效地对缺陷进行检验。在具体进行透照布置时，主要应考虑的方面有：射线源、工件、胶片的相对位置；射线中心束的方向和有效透照区（一次透照区）。此外，还包括防散射措施像质计和标记使用等方面的内容。

在图5-18中，射线源与工件表面的距离一般记为 $f$，有效透照区一般记为 $L$，射线源与工件胶片侧表面的距离一般记为 $F$，并称为焦距，射线束中心线与透照区边缘射线束的夹角一般记为 $\theta$，并称为照射角。$T$ 是工件厚度，对于一个具体工件，通常所说的透照厚度，即是指工件本身的厚度。

**2）基本透照参数**

射线照相检验的基本透照参数是射线能量、焦距、曝光量。它们对射线照片的质量具有重要影响。简单地说，采用较低能量的射线、较大的焦距、较大的曝光量可以得到更好质量的射线照片。在射线能量、焦距和曝光量中，射线能量是重要的基本透照参数，它对射线照片的影像质量和射线照相灵敏度都具有重要影响。随着射线能量的提高，线衰减系数将减小，胶片固有不清晰度将增大，此外还将影响散射比。选取射线能量的原则是在保证射线具有一定穿透能力的条件下，选用较低的能量。

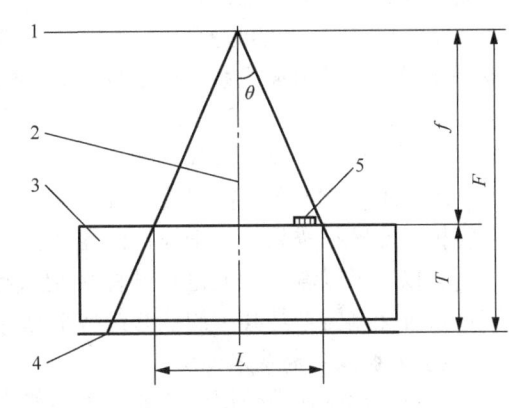

图5-18 射线照相的基本透照布置

1-射线源；2-中心束；3-工件；4-胶片；5-像质计

焦距是射线源与胶片之间的距离，通常以 $F$ 表示。焦距是射线照相另一个基本透照参数，确定焦距时必须考虑所选取的焦距必须满足射线照相对几何不清晰度的规定，同时所选取的焦距应给出射线强度比较均匀的适当大小的透照区，前者限定了焦距的最小值，后者指导如何确定实际使用的焦距值。

曝光量是射线照相检验的又一个基本参数，它直接影响底片的黑度和影像的颗粒度，因此，也将影响射线照片影像记录的细节最小尺寸。

## 5.4.3　X射线检测设备及应用

**1）X射线检测设备分类**

图 5-19 是目前可用于复合材料 X 射线检测的设备的基本分类，按 X 射线接收方式可分为以下方面。

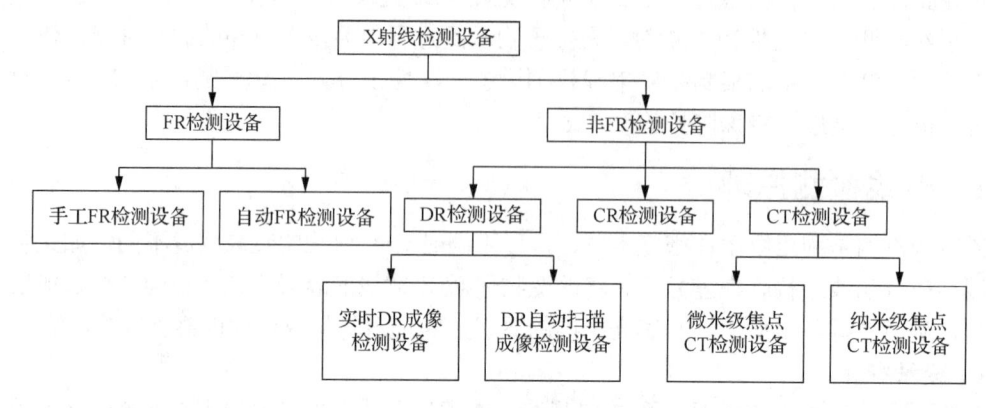

图 5-19　X 射线检测分类

（1）用于胶片法（film method，FM）检测的 X 射线检测设备，对于手工胶片法检测，主要包括 X 射线机、机械支撑机构、洗片机以及胶片、观片灯、像质计和辐射计等辅助器材等；对于自动胶片照相法检测，主要包括 X 射线机、放片、取片和洗片等自动操作机构，自动洗片机以及胶片、观片灯、像质计和辐射计等辅助器材。

（2）用于非 FR 检测的 X 射线检测设备，又可分为以下方面。

① CR 检测设备，主要包括 X 射线机、机械支撑机构、IP 板、激光扫描仪、计算机以及像质计和辐射计等辅助器材。

② 基于 DR 的实时数字 X 射线成像检测设备，主要包括 X 射线机、机械支撑机构、平板探测器、计算机成像系统以及像质计和辐射计等辅助器材。

③ 基于 DR 的 X 射线自动扫描成像检测设备，主要包括 X 射线机、平板探测器、自动扫描机械系统、计算机成像系统以及像质计和辐射计等辅助器材。

④ CT 检测设备，包括微米级焦点 CT 检测设备和纳米级焦点 CT 检测设备，主要包括 X 射线机、旋转扫描系统、平板探测器、计算机成像系统以及像质计和辐射计等辅助器材。

从以上可以看出，无论是哪种 X 射线检测设备，X 射线机以及用于接收透射射线强度的胶片或者探测器都是其中的核心组成部分，也是 X 射线机的关键器材。

**2）X射线机的基本结构**

工业射线探伤中使用的低能 X 射线机大致由四部分组成，其基本结构框图如图 5-20 所示，当各部分独立时，高压发生器与射线发生器之间应采用高压电缆连接。

X 射线机可以从不同方面进行分类。例如，按照 X 射线机的工作电压可分为恒压 X 射线机和脉冲 X 射线机；按照加在 X 射线管上的电压脉冲频率可分为恒频 X 射线机和变频 X 射线机；按照所使用的 X 射线管可分为玻璃管 X 射线机和陶瓷管 X 射线机；按照 X 射线管的辐射角可分为定向 X 射线机和周向 X 射线机；按照 X 射线管的焦点尺寸可分为微焦点 X 射线机、小焦点 X 射线机和常规焦点 X 射线机等，但目前较多采用的是按照结构进行分类。按照 X 射线机的结构，X 射线机通常分为 3 类：便携式 X 射线机（图 5-21）、移动式 X 射线机和固定式 X 射线机。

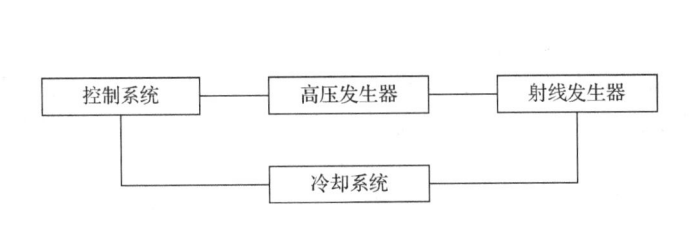

图 5-20  X 射线机基本结构　　　　图 5-21  便携式 X 射线机

X 射线机的主要组成部分如下。

(1) 射线发生器：单独的射线发生器主要由 X 射线管、外壳和充填的绝缘介质构成。X 射线管是 X 射线机的核心部分。外壳由具有一定强度的金属制作，外壳上有一系列的插座，包括可能有的高压电缆插座和冷却循环用的接管等。在外壳内应有一定厚度的铅屏蔽层，使漏泄辐射量降低到规定的要求。

(2) 高压发生器：高压发生器提供 X 射线管的加速电压阳极与阴极之间的电位差和 X 射线管的灯丝电压。在高压发生器中主要有高压变压器、高压整流管和灯丝变压器，它们共同装在一个机壳中，里面充满了耐高压的绝缘介质。高压发生器中注满的高压绝缘介质，目前主要是高抗电强度的变压器油。

(3) 冷却系统：对常用的低压 X 射线机，X 射线管只能将电子能量的 1%左右转换为 X 射线，绝大部分的能量在阳极靶上转换为热量，加热阳极靶和阳极体。因此，为了使 X 射线管能正常工作，X 射线机必须有良好的冷却系统，否则，阳极靶将被高热损坏。

X 射线机采用的冷却方式可简要分为 3 种。

(1) 油循环冷却。这种方式采用油循环系统，冷却油从油箱泵进入射线发生器（X 射线管的阳极端），从射线发生器的另一端（X 射线管的阴极端）离开，带走热量，返回油箱。为了增强冷却效果，常又采用流动水冷却循环油。这种方式主要应用在固定式 X 射线机中。

(2) 水循环冷却。这种方式采用循环水直接进入射线发生器中 X 射线管的阳极空腔，水流出时带走热量。这种冷却方式只能用于阳极接地电路的情况，主要应用在移动式 X 射线机中。

(3) 辐射散热冷却。这种方式是在射线发生器的阳极端装上散热器，一般还装备风扇。通过散热器辐射和射线发生器外壳散热冷却。这种方式主要应用在便携式 X 射线机中。

**3）X 射线检测技术的应用**

非金属材料与复合材料不同于金属材料，一方面是它们主要由低原子序数物质构成，物质密度小，对射线的吸收能力弱；另一方面是它们本身的材料特性与金属材料也具有很大的不同，它们的加工成型工艺、缺陷等都与金属材料具有很大的差异，这些使得在非金属材料与复合材料中存在的缺陷与金属材料相比发生了变化，而要求检验的缺陷也发生了变化。因此，在确定非金属材料与复合材料的射线照相检验技术时，应考虑胶片与透照电压、散射线防护和透照方向等差别。

对非金属材料与复合材料工件进行透照一般都应选用较好的胶片，从根本上保证得到的影像具有较高的对比度和较小的颗粒度,这样才可以保证缺陷的检验能力。对非金属材料与复合材料工件进行透照应选用低电压 X 射线机;如果工件的厚度比较小,则还必须选用铍窗口软 X 射线机;要求检验的缺陷尺寸很小时,应选取小焦点或微焦点 X 射线机。下面以蜂窝复合材料为例进行讲解。

复合材料蜂窝夹芯结构件作为航空工业重要的新型零件之一,具有一般金属制件难以比拟的优越性。正因如此,其在结构上和检测方法上也就有其独特性。蜂窝夹芯结构件的检测方法很多,仅射线照相法通常就有常规照相法、渗透高密度液体(如二碘甲烷等)照相法和动态照相法等。

针对芯子缺陷,包括节点脱开、芯格破裂、芯子收缩、芯子皱折、芯子压皱、泡沫胶接芯内的孔洞、芯子内有外来物、芯子积水和芯子腐蚀,常见的影响特征如表 5-6 所示。

表 5-6  蜂窝夹芯零件常见缺陷的影像特征

| 缺陷类型 | 影像特征 |
| --- | --- |
| 芯格破裂 | 白色芯格呈黑色直线或缺陷 |
| 节点脱开 | 规则的白色芯格破坏,呈不规则淡黑色线 |
| 芯子收缩、皱折 | 规则的白色芯格扭曲、变形 |
| 泡沫胶不足或空胶 | 呈不规则黑色斑点或斑块 |

(1) 平板蜂窝的射线检测。

模拟副翼蜂窝蒙皮的结构,设计制作与其结构类似的人工缺陷模拟试块,采用射线检测技术对人工缺陷试块的检测所获得的数字图像,如图 5-22 所示。通过对复合材料蜂窝结构件的射线检测,获得数字图像,并通过一系列试验,对射线检测工艺进行优化,确定出合适的射线焦距、管电压、曝光量的最佳参数组合。通过大量的试验摸索,最终确定出合适的工艺参数用于检测,典型的工艺参数如表 5-7 所示。

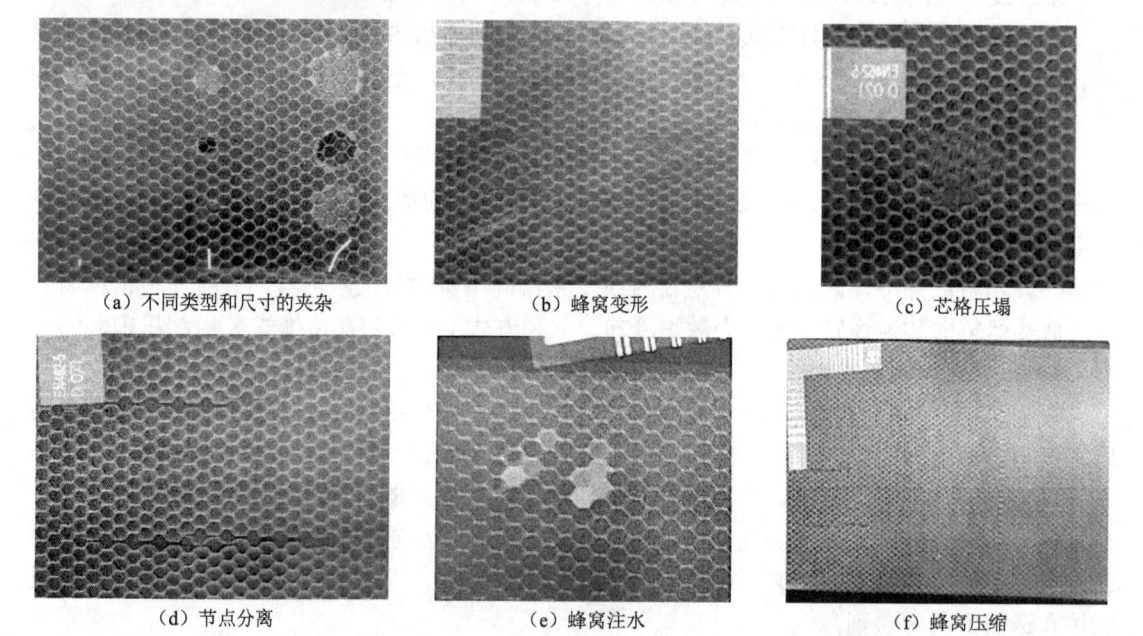

(a) 不同类型和尺寸的夹杂　　(b) 蜂窝变形　　(c) 芯格压塌

(d) 节点分离　　(e) 蜂窝注水　　(f) 蜂窝压缩

图 5-22  蜂窝结构人工缺陷对比试块

表 5-7 典型的工艺参数

| 参数名称 | 参数数值 | 参数名称 | 参数数值 |
| --- | --- | --- | --- |
| 管电压 | 根据不同材料和不同厚度进行选择 | 管电流 | 13.5mA |
| 焦点尺寸 | 1.0m | 焦距 | 1.2m |
| 曝光时间 | 6.5min | 透照方向 | 0° |

（2）复杂结构件。

对于平尾前缘，也可采用射线检测技术进行检测。受到外形限制的因素，射线检测划分区域进行。结合平尾前缘的结构特点及胶片法与实时成像法各自的利弊，把结构划分为三个区域进行检测：A面、B面、R区域，如图 5-23 所示。R 区域为 R 角位置，大约 6 排蜂窝的距离。

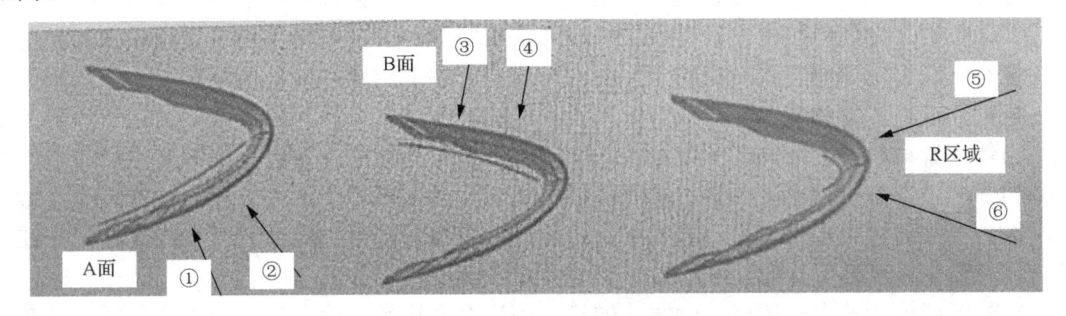

图 5-23 平尾前缘的射线检测区域划分

A 面、B 面采取传统的胶片法进行检测，调整摆放角度，尽可能让更多面积与射线源垂直、胶片边缘贴近 R 角的过渡区，曲率变大，蜂窝壁会出现一些重叠。

对 2#、3#平尾前缘试件进行了射线检测。其中 A 面、B 面使用胶片法检测，各面 5 张胶片。其中较平缓的区域（接近于平板）基本垂直于射线源，拍摄的蜂窝格清晰且没有明显的蜂窝内的缺陷或变形。靠近 R 区域的曲率增大，蜂窝由于受到拉扯（U 形外侧）和压缩（U 形内侧）可见到一定程度的蜂窝变形，但无明显缺陷。

## 5.5 红外检测技术

### 5.5.1 红外检测概述

**1）红外检测基本概念**

对航空复合材料的无损检测也可采用红外检测方式，其基本技术是红外热成像技术，指通过电子仪器设备将来自物体表面或近表面的红外辐射产生的温度分布转换成人眼可见的图像，并以不同颜色或灰度显示物体表面温度分布的技术，简称红外热像技术。

航空复合材料红外检测是利用红外热成像技术，通过建立来自复合材料结构表面或近表面的红外热像与被检测复合材料结构表面或内部变化（如缺陷的存在）之间的数理联系，对其进行缺陷或者损伤的无损检测。由于红外辐射可以通过空气传播，因此，红外检测属于一种非接触的无损检测方法；同时，由于红外辐射通过被检测复合材料表面或近表面向外传递，当位于物体内部深处缺陷引起的红外辐射变化传递到其表面时，会变得不明显，因此，红外检测方法主要对被检测复合材料结构的表面或者近表面缺陷有较好的敏感性。对于工业无损检测而言，必须使被检测物体产生可识别的红外辐射，目前主要有两种方式可使被检测物体或者结构产生红外辐射：一种是来自被检测物体自身发热产生的可识别的红外辐射；另一种则是通过外部热源，即热加载，使被检测物体或结构产生可识别的红外辐射。由于通常复合材料结构自身并不会产生可识别的红外辐射，因此，目前主要是采用外部热加载的方法，基于被检测复合材料结构在热加载过程中产生的红外辐射形成的温度场及其变化，通过热像仪接收这种温度场及其变化，并将其转换为热像，进行检测结果的评定和缺陷判别。

**2）红外热成像检测方法的基本特点**

红外热成像检测方法，又称红外热像方法，简称红外检测方法（infrared detection method），是基于物体表面产生的红外辐射行为，而这种红外辐射行为，在一定程度上与物体表面和近表面的材质均匀性、微结构特性等有关。例如，在相同的物理条件下，当物体表面或近表面某个部位由于存在缺陷或者其材质连续性出现突变时，在相同的红外辐射条件下，该部位的红外辐射特性（如温度场）会表现出与相邻的其他部位的红外辐射特性不一样的情况，当通过红外接收器（如红外热像仪）提取这种红外辐射特性，并将它转化为可目视识别的温度或者图像时，即可用于材料或产品的无损检测与监测。由此可见，红外检测有三个非常重要的前提条件：被检测物体或者材料或者结构必须能够产生被红外探测器接收到的红外辐射；被检测物体或者材料或者结构表面或者近表面缺陷或者不连续引起的红外辐射变化，与被检测物体相邻的正常部位相比，要有足够明显的不一样，且在所使用的红外探测器的接收灵敏度范围内；必须通过合理信号显示方式将所检测到的来自被检测物体或者材料或者结构的红外辐射特性转化为目视可见的显示形式，如图像或温度等。

红外无损检测技术与超声、射线、磁粉、涡流及渗透常规检测技术相比，主要特点有：适用范围较广；可用于存在主动或被动热加载效果的金属材料制件和非金属材料结构检测；检测装置（红外热像仪）不需要与被检测零件接触，不会影响被检测零件；对于只需进行单次获取红外热像的检测应用场合，红外检测的速度较快，因为单次热图的测量时间可以在几十秒甚至更短的时间内完成；单次检测面积甚至可达平方米量级，且不需要复杂的扫描结构与控制系统；检测结果成像显示实时性强，可对缺陷进行快速定性检测；不需要耦合剂，无环境污染；对于外场、现场以及在线、在役检测有一定的适用性；检测灵敏度会随缺陷深度的增加而迅速下降，检测零件厚度小；检测结果图像中缺陷边缘模糊，清晰度差等。

## 5.5.2 红外检测原理

复合材料结构红外检测是基于来自其表面的热波量引起的温度场变化与缺陷之间的热物理联系进行的无损检测。当被检测复合材料结构表面下的材料组织、物理结构、连续性（如存在缺陷）等发生变化时，会改变其周围热物理特性的均匀性，使透射热波反射/透射加强或减弱，从而改变被检测复合材料结构表面（包括前表面和底表面）的温度分布；利用光电红外探测器，如红外热像仪，将来自被检测复合材料结构表面温度场分布转换为热图像，在计算机屏幕进行成像显示，通过对图像的分析，进行检测结果和缺陷的评定。

复合材料结构通常都有一定的厚度，且导热性不好，透射热波传播到被检测复合材料结构的底表面的热能非常微弱，甚至难以探测到可识别的无损检测用的热波信号，因此目前主要是利用来自热加载侧的热波能量引起的表面温度场的分布进行复合材料结构红外检测。

在多数情况下，复合材料结构自身不会产生可识别的红外辐射，因此，复合材料红外无损检测通常需要对其进行有效的热加载。复合材料结构红外检测的系统基本构成主要包括热加载装置、红外热像仪、计算机成像系统和分析软件等。利用计算机控制的高能闪光灯、热风、超声、微波、电磁等热激励方法和激励装置对被检测复合材料结构进行热加载,在被检测复合材料结构表面形成具有一定能量的热波,热能向材料内部传播。如果材料内部均匀,不存在非连续性缺陷,则热能在被检测复合材料结构中均匀传播,其表面温度场分布也均匀。如果被检测复合材料内部或者结构内部存在热物理性能不同于零件材料的非连续性变化或缺陷,此时透射热波将会在其周围产生热波反射和散射,当这些反射热波传播到被检测复合材料表面时,会以某种方式,如叠加或者干涉,通过在被检测复合材料结构表面的温度场上反映出来;利用红外探测器,如热像仪,对被检测复合材料结构表面温度场实时捕捉后,通过图像采集特定算法处理后形成反映材料内部缺陷分布的灰度/彩色图像。因此,红外检测的根本是由于缺陷的存在影响物体表面温度场分布,利用红外探测装置对表面温度场进行捕捉成像,然后根据所获得的热图像对零件内部缺陷进行检测与识别。

## 5.5.3 红外检测设备及应用

**1)红外检测设备结构与参数**

红外辐射照射到物体上时,会由于热效应使物体产生温度和体积变化,也会由于电效应使物体的电学性质发生变化,凡是能把红外辐射能量转变成另一种便于测量的器件,就称为红外探测器。近代的测量技术,一般都是将红外辐射能量转变成电量来测量,这样比较方便和精确。判别一个红外探测器的优劣,主要受响应率、噪声电压、噪声等效功率和响应时间等参数影响。

响应率是指红外探测器的输出电压和输入电压的红外辐射功率之比,单位为 V/W,通常用 $\mu V/\mu W$。当测量红外探测响应率时,必须输入符合的红外辐射的强度,要进行"正弦调制",改造成按正弦变化的强度。

在红外探测器的输出端接一个电子类放大器,把它的输出接到示波器上以观察输出电压的波形。当辐射功率较大时,在示波器上显示按电压的正弦波形;当降低入射辐射的功率到某一数值以下时,放大器的放大倍数纵然增加,电压的正弦波形已模糊不清。再度降低辐射功率时,波形就杂乱无章了,电压的正弦波形也无法识别。

噪声等效功率(NEP)是指输出电压恰好等于探测器本身噪声电压的红外辐射功率。这仅仅是一个理论界限,因为如果掌握噪声是无规律的而入射信号是有规律的测试技巧,即使远小于 NEP 的辐射功率也能探测到。一般测试时,入射功率为 NEP 的 2~6 倍。设入射功率为 $P$,测得输出电压为 $S$,探测器的噪声电压为 $N$,噪声等效功率为

$$\mathrm{NEP} = \frac{P}{S/N} = \frac{N}{R}$$

把 $R = S/P$ 称为响应率。而噪声电压 $N$ 还和放大器的带宽 $\Delta f$ 的平方根成正比,即 $N \propto \sqrt{\Delta f}$。

当红外辐射照到探测敏感元的面上时,要经过一定的时间,探测器的输出电压才能上升到与辐射功率相对应的稳定值。同样,入射辐射去除后,输出电压也要经过一定时间才能降下来。一般来说,这段上升或下降的延滞时间是相等的,称它为探测器的响应时间。在实际使用时,红外探测器还和工作温度、工作时间的外加电压或电流、敏感元的面积和电阻有关。

按工作原理,红外探测器分为光电探测器和热敏探测器两大类。光电探测器是利用红外辐射的光电效应制成的,是一种对波长有选择性的探测器,仅对具有足够能量的光子有响应,也就是它的频率必须大于某一值才能产生光电效应。换成波长来说,光电效应的辐射有一个最长的波长限存在。因此一般来说,光电探测器的响应光谱不如热敏探测器宽。但因其采用

光敏元件，所以它有较高的灵敏度和较快的响应时间。另外，有些光电探测器为了保证其工作性能需要在低温下工作，在探测器之外还要配置制冷机一起工作。在红外探测中，光电探测器一般采用半导体的光电效应，有两种：一是辐射引起半导体的电导率增加的光电导效应；二是辐射引起半导体产生电动势的光生伏特效应。可以利用这两种效应制造光电类的红外探测器。

热敏探测器是利用红外辐射的热效应制成的。从光谱响应角度来看，可以对全部波长都有响应。因此，又称其为无选择性探测器。其采用热敏元件，所以它的响应时间要比光电探测器的长得多，并且探测率也较低。而就一般的热敏探测器来说，要同时取得高灵敏、快响应很难。然而，新型的热释电探测器的出现及发展初步揭示了解决这一矛盾的可能。

红外辐射照射物体会产生热效应，使物体温度升高，而半导体却因电子温度升高会降低它的电阻。热敏电阻型红外探测器与光电型红外探测器在应用电路中的作用类似，即同样把入射红外辐射信号转变成输出电压，但是它们两者之间的物理过程是不一样的。热敏电阻在受到辐射照射时，首先是温度升高，然后是电阻改变。因此在考虑热敏电阻型红外探测器的结构时，首先要考虑它的热传感问题。为使在一定功率的红外辐射照射下，探测器敏感元件能有较大的温度上升，应设法把敏感元件做得很薄。为使入射辐射功率能尽可能被薄片吸收，通常在薄片表面加一层黑色涂层。热敏电阻型红外探测器的结构如图 5-24 所示。

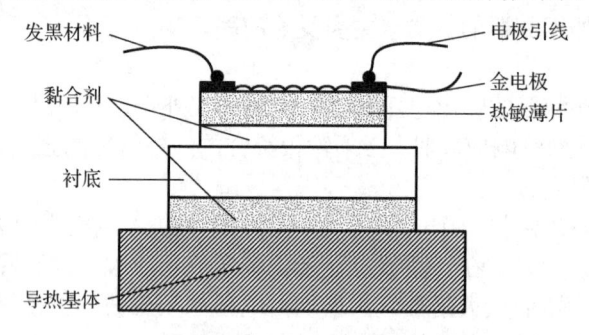

图 5-24 热敏电阻型红外探测器的结构

**2）红外检测的应用**

（1）复合材料层压结构红外检测。

复合材料层压结构是航空航天器采用的最基本的复合材料结构形式。在复合材料层压结构制造过程中，由于工艺偏离及其他偶然性因素会导致结构内部产生分层、脱黏、疏松及气孔等缺陷。此外，复合材料层压结构在服役过程中也可能会由于疲劳、外部撞击等因素产生缺陷。针对复合材料层压结构，必须建立有效的无损检测手段为其装机服役提供质量保证。

目前，复合材料层压结构主要是用超声方法进行无损检测，超声 C 扫描能可靠地检出复合材料中的分层、疏松、孔隙等缺陷，但通常需要耦合介质进行声波传播。特别是对于大型复合材料结构外场检测和在役检测，其检测效率越来越难以满足快速检测的需求。理论上，红外检测可以实现复合材料结构的面扫描，从而实现复合材料结构外场非接触快速检测。

（2）蒙皮-蜂窝芯脱黏缺陷红外检测。

复合材料蜂窝夹芯结构是航空航天领域中非承力部件中大量采用的一类轻质结构。例如，飞机天线雷达罩、整流罩、副翼、平尾等都采用了蜂窝夹芯结构形式。由于蜂窝夹芯结构的蒙皮较薄，其单层蒙皮的厚度一般在 2mm 以内，从缺陷深度分布角度来说，比较适于采用红外检测技术进行蒙皮-蜂窝芯之间的脱黏、蒙皮分层/损伤等缺陷的检测。图 5-25 是采用脉冲红外热图像检测方法对石英玻璃纤维复合材料蒙皮-Nomex 蜂窝芯-蒙皮夹芯结构进行检测得到的典型结果。石英玻璃纤维蒙皮的厚度为 1.0mm，蜂窝芯高 16mm，采用主动式脉冲红外热成像检测方法，灯光加热，在被检测复合材料蒙皮-Nomex 蜂窝芯间接界面预置了上下两排不同大小的模拟脱黏。第一排蒙皮-胶膜之间的脱黏（即膜上脱黏）从左到右，其大小依次约为$\phi$13mm（图中 $F_1$ 位置）、$\phi$10mm（图中 $F_2$ 位置）、$\phi$13mm（图中 $F_3$ 位置）；第二排蒙皮下胶膜-蜂窝芯之间的脱黏，从左到右，其大小依次约为$\phi$5mm、$\phi$9mm、$\phi$12mm，复合材料蒙皮的厚度约为 1mm。从图中的检测结果可以非常清晰地看出：复合材料蒙皮-蜂窝芯脱黏缺陷（即胶膜上脱黏）都被检出，如图中上部分白色箭头所标示的圆形深色灰度区（第一排脱黏位置）；胶膜-蜂窝芯区分层也能被检出，如图中下部分白色箭头所标示的圆形浅色灰度区（第二排分层位置，即胶膜下脱黏）；此外，还能看出在复合材料夹芯结构表面用白色记号软笔写的标识字母"$F_1$""$F_2$"和"$F_3$"。检测结果表明，采用这种红外检测方法对于复合材料蒙皮中的分层和蒙皮-蜂窝芯脱黏有较好的检出能力，当复合材料蒙皮较薄（如小于 1.0mm）时，红外检测还可以清晰检出蜂窝芯格的大小及其分布。

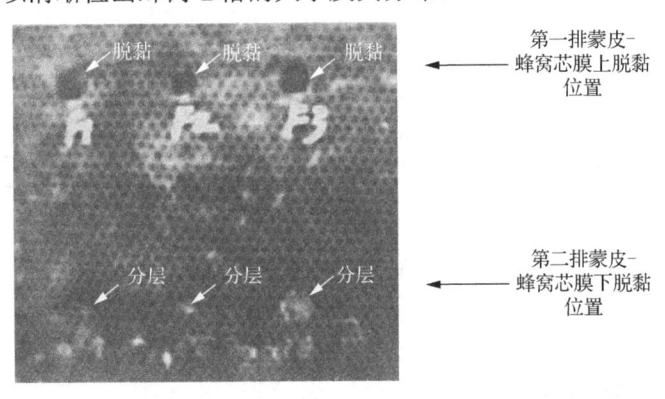

图 5-25 典型复合材料蒙皮-Nomex 蜂窝芯脱黏红外检测结果

## 5.6 激光干涉检测技术

### 5.6.1 激光干涉检测概述

基于激光干涉法的复合材料无损检测方法属于一种非接触方法，检测时，需要选择合理有效的加载方法和加载装置，使被检测复合材料结构中存在的缺陷引起的形变传递到其表面，缺陷才能被检出。因此，这种方法主要用于表面及近表面缺陷的检测。总体上，激光干涉法检测对被检测复合材料结构有一定的隔振要求，其中基于激光全息干涉法的无损检测方法，对隔振要求最高；激光电子剪切干涉法无损检测方法对隔振要求最低，一般不需要专门的隔振措施和隔振条件。

激光干涉法（laser interferometry，LI）无损检测是基于光波的干涉现象，利用被检测物体在加载前后，其表面或近表面缺陷对干涉条纹及其分布规律的影响，进行缺陷的检测。缺陷的检出深度取决于加载条件下，其内部缺陷的存在所引起的物体变形能否传递到其表面，进而引起干涉条纹的畸变，根据干涉条纹的畸变或者将干涉条纹转换为二维、三维图像后的灰度变化，即可进行缺陷的判别和无损检测。因此，利用激光干涉法进行复合材料检测，需要满足以下基本条件。

（1）相干光源：针对被检测复合材料结构，构建合适的激光相干光源，包括相干光路，产生相干光。只有当两束光的频率、振动方向相同时才能构成相干光，通常是利用能产生单色激光的激光器作为相干光源。

（2）加载方法：通过有效的加载方法和加载装置，对被检测复合材料结构进行有效的应变加载，使被检测复合材料结构内部表面或内部缺陷在加载条件下，在其表面产生激光干涉可识别的条纹变化，目前可用于复合材料结构激光干涉法检测的加载方法主要有机械加载方法、热加载方法、真空加载方法等。

（3）干涉条纹接收与记录：建立有效的激光干涉条纹记录方法和记录装置，干涉条纹记录方法包括基于干涉条纹的图像处理方法和显示方法等，记录装置包括记录干涉条纹的干板或记录胶片等。

根据相干光的构成不同，复合材料激光干涉法检测可分为：激光全息干涉法、激光电子散斑干涉法和激光电子剪切法，参见图 5-26。尽管都是基于激光干涉原理，但不同的激光干涉法，其激光干涉形成的方法和检测特点不同，其中，激光电子剪切法是目前为止，在复合材料结构中应用效果最为明显的一种激光干涉法无损检测方法。

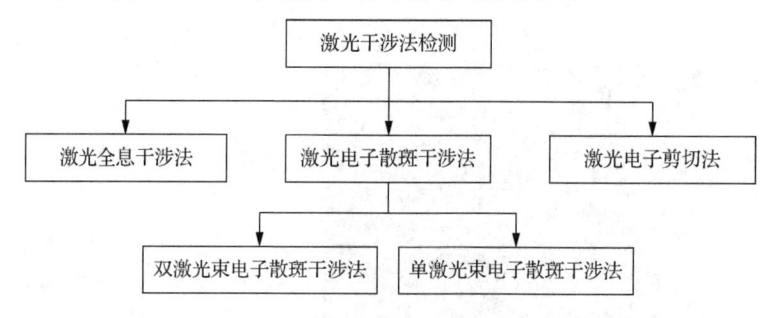

图 5-26 复合材料激光干涉检测方法

## 5.6.2 激光电子散斑检测

激光电子散斑干涉法检测（electronic speckle pattern interferometry，NDT-ESPI）又称为TV 全息法（TV holography）；基于相干激光束照射到光学粗糙的被检测物体表面，激光束在其表面的散射或者漫反射形成的随机分布的干涉图（interference pattern），即"散斑"（speckle），而且这种呈现随机分布的激光散斑图的相位、幅值、强度与被检测物体照射区的微结构和表面形变有关。当来自被检测物体没有表面形变的散斑与来自存在表面形变的散斑叠加在一起时，会产生图像干涉，得到一幅新的干涉图像。此图像中的条纹分布与被检测物体表面的形变有关，而缺陷的存在会在一定的加载条件下，引起被检测物体表面的形变。因此，基于这种激光散斑的图像干涉方法，可以用于复合材料结构表面及近表面缺陷的无损检测。由于通常是采用 CCD 记录方式记录和实现被检测物体加载前后的两幅散斑图像的干涉，因此，又称为激光电子散斑干涉法。根据激光散斑干涉图像的形成，它可以分为双激光束电子散斑干涉法和单激光束电子散斑干涉法。

双激光束电子散斑干涉法是基于来自同一相干激光器的两束激光，其中一束激光作为参考光，另一束激光作为物光，照射到被检测物体表面，通过将来自被检测物体表面的激光电子散斑图与已知的参考光进行比较，形成新的干涉图，当被检测物体中的缺陷等在加载条件下传递到其表面时，会引起物体表面对应部分的形变发生变化，从而引起激光电子散斑图的变化。当这种载有缺陷信息的散斑图与来自参考光的图进行叠加时，会产生新的电子干涉图。将这一检测原理用于复合材料检测时，通过比较和计算分析被检测复合材料在加载前后的两幅干涉电子散斑图中的条纹及其分布规律，即可实现复合材料的缺陷检测和变形分析。因此，双激光束电子散斑干涉法与激光全息干涉法检测非常相近，都是利用两束激光，只不过，这里是利用 CCD 记录的来自被检测物体表面的激光散斑图与来自已知的参考光进行比较，形成新的电子干涉图。因此，双激光束电子散斑干涉法具有激光全息干涉法的基本特点，但检测灵敏度不如激光全息干涉法高；同时对隔振要求不如激光全息干涉法高。

单激光束电子散斑干涉法是基于来自相干激光器的激光束经过一定扩束后，照射到被检测物体表面，将来自被检测物体在加载前后的 CCD 记录的两幅电子散斑图进行叠加，形成新的干涉图。由于被检测物体中的缺陷等在有效的加载条件下，会传递到其表面，引起物体表面对应部分的形变发生变化，从而使激光电子散斑图的相位、幅值和光强分布发生变化。据此，通过比较和计算分析被检测复合材料在加载前后的两幅电子散斑图形成的干涉图中的条纹及其分布规律，即可实现复合材料的缺陷检测和变形分析。因此，单激光束电子散斑干涉法的检测原理与双激光束电子散斑干涉法的检测原理非常相近，都是利用来自被检测物体表面的电子散斑图。因此，单激光束电子散斑干涉法具有双激光束电子散斑干涉法的基本特点，但检测灵敏度不如双激光束电子散斑干涉法高；同时对隔振要求非常低，通常不要特殊的隔振条件。

激光电子散斑干涉法一般被认为是一种过渡的激光干涉法。从技术上来看，当初主要是为了解决激光全息干涉法需要严格的隔振条件、胶片或干板记录过程较复杂和耗时等不足。在激光电子散斑干涉法检测中，采用 CCD 记录方式实现干涉条纹图的电子记录和条纹图的处理及干涉图像的相干处理。与激光全息干涉法检测相比，对隔振条件要求有所降低，但仍然需要隔振。因此，激光电子散斑干涉法的检测主要还是用于室内中小尺寸的复合材料零件或者试样、试件的无损检测，或者用于复合材料冲击损伤、分层、脱黏等缺陷的检测分析，其检测应用方向与激光全息干涉法相同，不过它的检测灵敏度一般不如激光全息干涉法高。

## 5.6.3 激光电子剪切成像检测

激光电子剪切法(shearography)，又称激光散斑图剪切干涉法(laser speckle pattern shearing interferometry)，有时简称激光电子剪切法，也是属于激光全息干涉法检测的一种。散斑是指相干激光束照射到光学粗糙的物体表面，产生的一种被 CCD 记录显示的光强随机分布的干涉图。激光电子剪切法也是利用单激光束照射到被检测物体表面，并以来自物体自身表面的干涉光作为已知的参考光，通过剪切得到两幅 CCD 记录的干涉图像，其中一幅图像来自被检测物体在加载前形成的剪切干涉图像，另一幅图像是来自被检测物体在加载后形成的剪切干涉图像。两幅剪切图像叠加后，形成新的干涉图像。当被检测物体中的缺陷在加载条件下传递到其表面时，会引起加载后的剪切干涉图像中的条纹畸变，通过预先构建的剪切干涉图像处理算法，将加载状态时 CCD 记录的剪切干涉图像与加载前的 CCD 记录的剪切干涉图像进行比较，即得到新的剪切干涉图像，根据新的剪切干涉图像中的条纹分布，即可进行缺陷的判别。利用预先构建的剪切干涉图像处理算法，还可以将所得到的含有缺陷信息的剪切干涉图像转换为二维、三维灰度分布图像，可通过更直观的成像方式，实现被检测物体中的缺陷或变形的成像显示与判别。据此，即可进行缺陷判别，用于复合材料的无损检测。

由于激光电子剪切法利用单束相干激光束，且利用来自被检测物体自身的激光作为已知的干涉参考光，对外部振动和振动噪声不敏感；另外剪切干涉图可以通过二维、三维灰度图像显示，检测结果非常直观，因此，激光电子剪切法又可称为激光电子剪切成像法。在激光电子剪切法中，干涉图像的剪切量非常重要，目前主要是采用相移（phase-shift）技术，通过压电反射镜，通过编程控制压电反射镜，实现实时相移处理，以提高检测灵敏度。其检测灵敏度比激光全息干涉法低，但比激光电子散斑法高，工程适用性更强。鉴于此特点，目前在外场或者结构件激光干涉法无损检测应用中，主要是采用激光电子剪切成像法。

激光电子剪切无损检测方法的主要特点有：非接触，检测距离可达 1m；检测时，需要对被检测零件进行加载；无须参考光束，对环境要求低，仪器结构简单，造价低；适合检测近表面缺陷或者通过对被检测零件进行有效的加载所引起的形变能够有效地传递到其表面的内部缺陷；检测灵敏度较高；适用范围广，可以检测各种类型结构的复合材料；可检测超声不宜传播的复合材料夹层结构、胶接结构；操作简单，对于操作者没有专门的技能要求等。

目前在复合材料结构方面有一定实际应用的激光干涉无损检测方法，主要是激光电子剪切法，这主要得益于激光电子剪切法检测原理的改进和商用化检测仪器设备的发展。在激光电子剪切法中，两相干激光束都来自可能存在振动的被检测物体表面，经过对干涉图像的剪切和位移求导后，来自环境等因素引起的被检测物体的振动影响可以消去。而且，在激光电子剪切法中，还可以通过对电子干涉条纹图像进行后续处理后，以二维、三维图像方式再现检测结果，缺陷显示非常直观。因此，激光电子剪切法目前已在航空航天等领域得到一定的应用，对一些复合材料结构，特别是复合材料夹芯类的结构、金属蜂窝类的夹芯结构以及橡胶-金属胶接等一些特殊结构，是一种可行的非接触快速无损检测方法的选择，而且也取得了一些较好的应用案例，在复合材料结构冲击损伤及外场损伤修理检测方面取得了一些实际检测应用验证。例如，空客公司曾将激光电子剪切法用于复合材料结构的修理缺陷的无损检测。激光电子剪切法对蜂窝夹层结构中的脱层、分层等有比较好的检测效果，是一种非常有效的橡胶-复合材料胶接结构的检测方法。另外，激光电子剪切法对涂层-基体脱黏、橡胶轮胎检测等也有比较好的检测效果。美国空军在 20 世纪 80 年代初研究将激光电子剪切法用于复合材料黏结质量的无损检测，先后采用激光电子剪切法检测 B-2 飞机蒙皮-蜂窝芯胶接缺陷以及 E-3 空中预警机雷达罩。与超声检测技术相比，激光电子剪切法总体上还处于技术研发和检测应用研发与积累期，作为超声、声振、X 射线等检测方法的一种补充，在复合材料结构外场损伤快速检测方法中有一定的发展和应用潜力。

## 5.7 复合材料智能检测技术

现代无损检测技术正向着智能化、自动化、图像化、数字化、巨/微型化、系列化、多功能化、信息化和交叉领域前沿方向发展，以实现复杂形状复合构件的无损检测，满足现代质量对无损检测的要求。以超声无损检测为例，由于无损检测原理和方法的复杂性，超声检测的对象多为形状简单的工件。实现复杂形状构件的智能化超声检测是近年来国内外复合材料构件无损检测领域研究的前沿课题。现阶段智能化超声检测技术方向可概括为以下三个方向：缺陷特征的智能识别、检测数据自动化判读与处理和结合现代化技术的超声无损检测。

### 5.7.1 超声无损检测三维可视化成像

与二维图像相比，缺陷三维图像能够展示缺陷的空间形态，更加全面、灵活、直观地对缺陷特征进行显示，在缺陷识别与评估方面具有更加明显的优势。

**1) 成像方法**

大型航空为对超声相控阵无损检测结果进行三维可视化表征，本节介绍一种基于缺陷深度信息的超声三维可视化成像方法。首先利用超声回波到达时间方法计算超声信号中的所有回波到达时间，然后利用缺陷识别方法筛选出缺陷回波到达时间，再根据缺陷回波飞行时间和声速计算缺陷深度，最后结合扫查位置信息对缺陷深度信息进行重组，并对深度信息进行颜色编码，实现缺陷的三维可视化成像。超声三维可视化成像方法流程图如图 5-27 所示，超声三维可视化成像方法的具体计算步骤如下：

（1）利用改进 EMD 算法（ICEEMDAN）对超声全波形数据进行经验模态分解，然后基于相关系数与模糊熵差值选择最优本征模态函数；

（2）将最优本征模态函数叠加获得重构信号，利用最大类间方差算法确定缺陷信号幅值阈值；

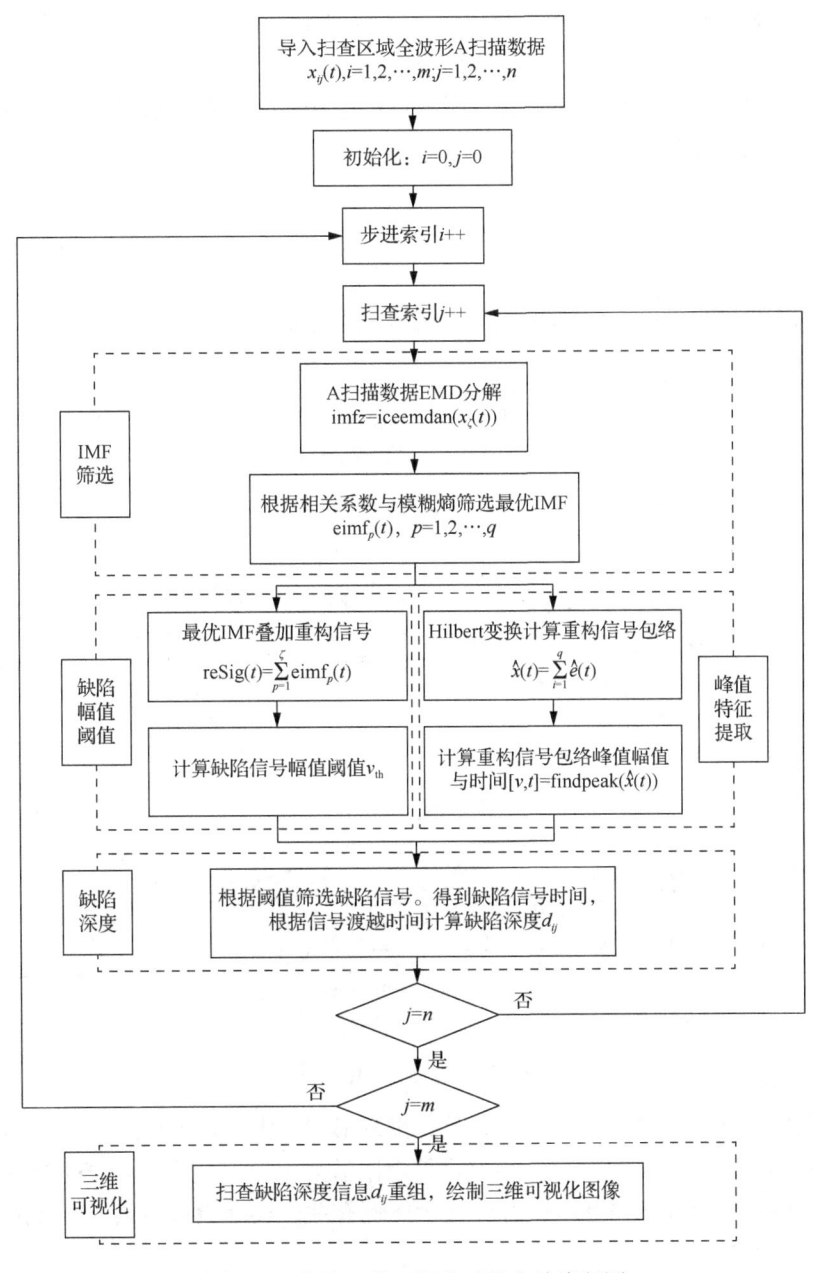

图 5-27 超声三维可视化成像方法流程图

（3）对各最优本征模态函数进行希尔伯特变换，获取其幅值包络谱，然后叠加得到重构信号包络，查找重构信号包络峰值，获取峰值幅值与峰值时间；

（4）根据缺陷信号幅值阈值筛选出缺陷信号回波到达时间；

（5）重复步骤（1）～（4），直到所有检测点处理完毕；

（6）计算缺陷深度，然后将所有检测点深度信息重组绘制三维图像。

**2）分层缺陷三维可视化表征**

利用超声三维可视化成像方法对分层缺陷试样的超声检测信号进行处理，通过 Matlab 编程实现超声相控阵检测结果的三维可视化成像。不同深度的分层缺陷三维可视化成像结果如图 5-28 所示。图 5-28（a）～（c）分别为近表面缺陷、中间缺陷和近底面缺陷，深度信息编码如图所示。由图中可以看出，不同尺寸及深度的全部 12 个缺陷均被检出，并且缺陷形状、深度信息与实际埋入缺陷基本一致。

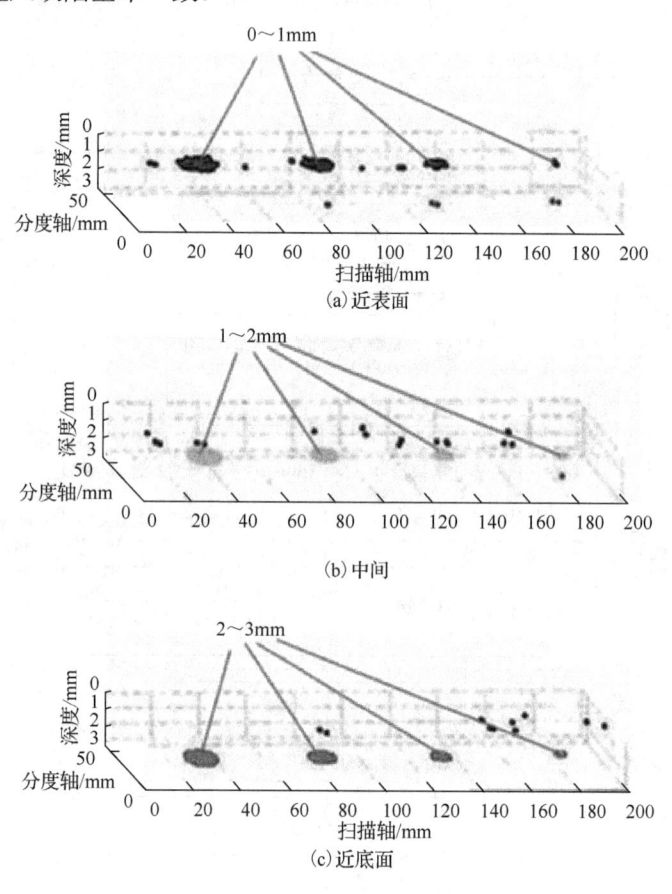

图 5-28　三维成像结果

俯视图能够直观显示缺陷在扫查平面上的投影形状与大小，可通过缺陷边界直接获取缺陷尺寸。在图 5-29（a）～（c）中，均有零星缺陷散点出现，且位于近表面位置，不影响分层缺陷评估。图中缺陷显示形状与坐标轴显示比例有关，实际检测结果近似圆形，与实际埋入的缺陷形状一致。

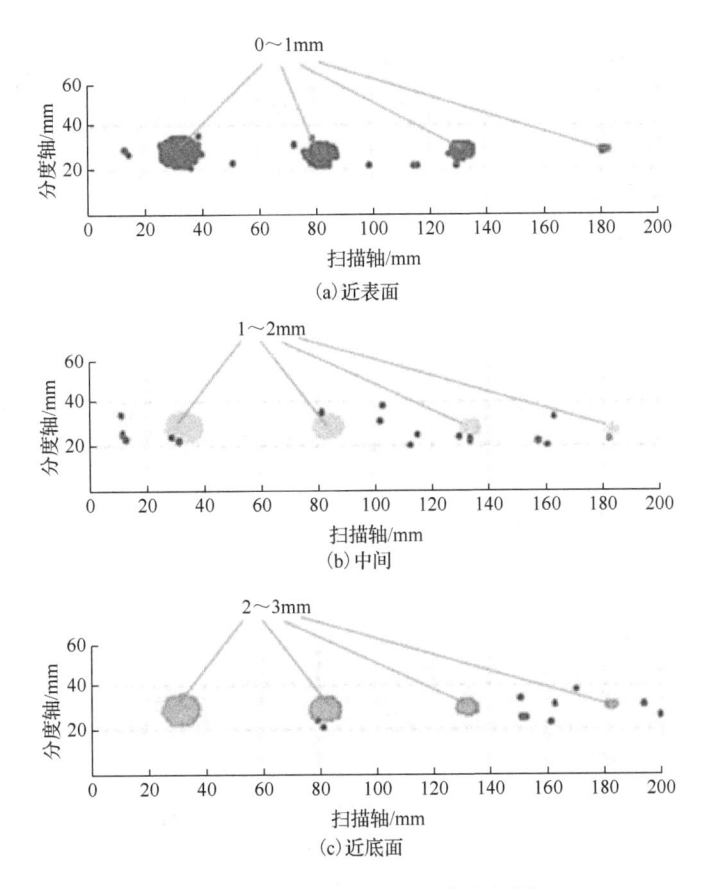

图 5-29 分层缺陷三维图像俯视图

与超声 S 扫描图像相比，三维图像正式图对缺陷的显示更清晰，更易分辨位置信息。由于近表面缺陷散点叠加，图 5-30（a）中实际近表面缺陷剖面形状发生畸变，中间及近底面缺陷投影形状为直线，与实际埋入的缺陷形状及深度一致。

**3）分层缺陷定量评估**

超声相控阵 C 扫描深度图像为基于缺陷深度信息的二维可视化表征方法，该方法利用闸门法获取缺陷深度信息，通过设置闸门范围与阈值来识别缺陷。当超声反射信号在闸门范围内，且信号幅值大于阈值时，反射信号被识别为缺陷信号。计算缺陷信号的飞行时间，通过飞行时间与声速计算缺陷深度，实现缺陷的识别与深度信息的获取。

分别利用超声三维可视化图像和超声 C 扫描深度图像对分层缺陷深度进行定量评估，计算缺陷深度检测误差，并将缺陷深度检测误差结果进行对比。在计算缺陷深度时，均选取缺陷中心位置附近 9 个点的平均值作为最终缺陷深度。图 5-31 为本节所提到的超声三维成像方法与传统闸法的分层缺陷深度检测误差分布图。

与传统闸门法的缺陷深度检测误差（>0.05mm）相比，图 5-31 中缺陷深度检测误差结果显示，本节所提到的超声三维可视化成像方法的缺陷深度检测误差相对较小（<0.05mm）。尤其对于近表面缺陷深度检测结果，超声三维可视化成像方法将缺陷深度检测平均误差由传统闸门法的 0.12mm 降低到 0.05mm。缺陷对比结果表明，超声三维可视化成像方法对缺陷深度的检测结果更准确，对于近表面缺陷深度检测效果更好，具有较高的分辨力和准确性。

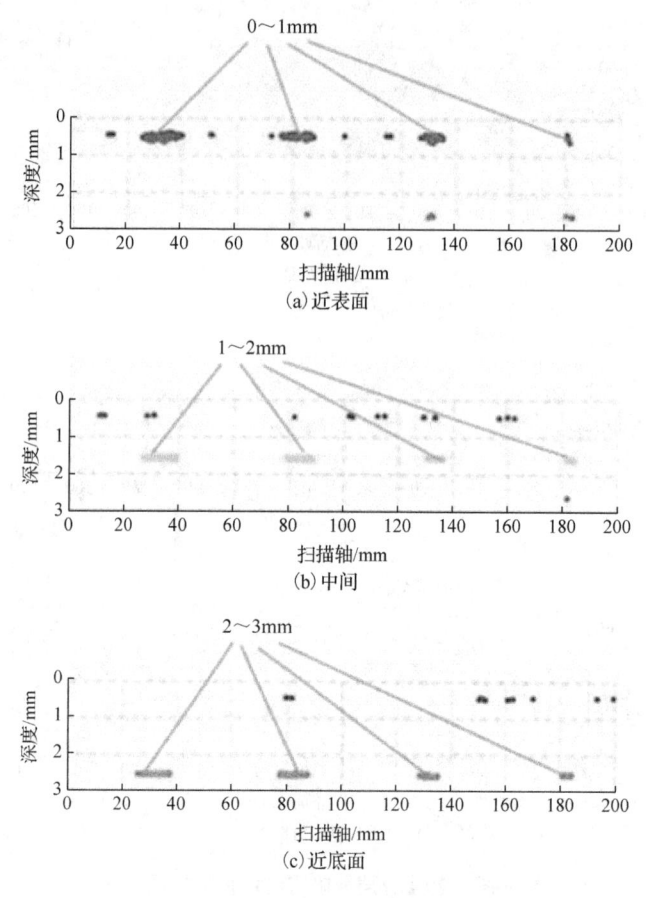

图 5-30　不同深度缺陷三维图像正视图

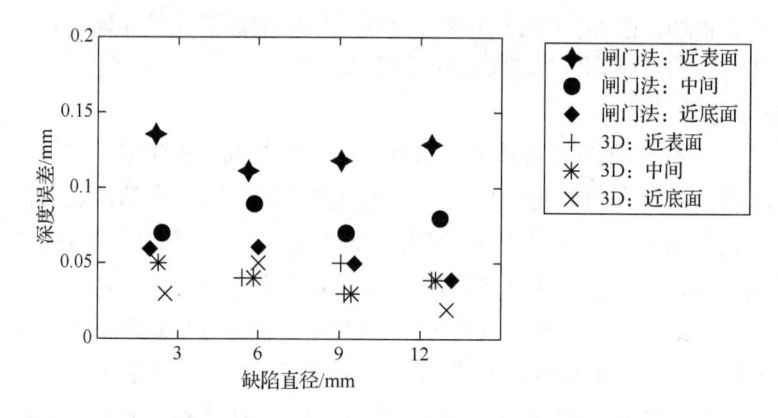

图 5-31　缺陷深度检测误差对比（3D 为三维成像）

## 5.7.2　超声无损检测数据自动化处理

判读超声无损检测数据是一项复杂烦琐的工作，此项工作要求数据判读者必须具有高度的技能水平，尤其是在航空航天类的大型工件超声无损检测过程中，得到海量的检测数据。在人工数据判读阶段出现了一个瓶颈问题，即数据判读者的疲劳导致了判读结果的不可靠、自相矛盾,重要的缺陷检测不出来。这样,利用计算机系统辅助数据判读就是一项很有潜力的任务。如果大量的数据判读工作由计算机系统圆满完成,那么既能得到可靠的检测结果,又能减少时间。

**1) 整体方案**

大型航空复杂形状复合构件自动化超声无损检测的整体方案如图 5-32 所示。该方案联系生产实际,综合考虑多方面因素,将被检测工件分为 CAD 模型未知构件和 CAD 模型已知构件。考虑到大型航空复杂形状复合构件的生产特殊性(由于加工方式的局限,允许一定的制造偏差存在),把 CAD 模型已知构件又分为与已知 CAD 模型精确符合构件和与已知 CAD 模型不符合构件两类。各类构件具体的检测策略如图 5-32 所示。

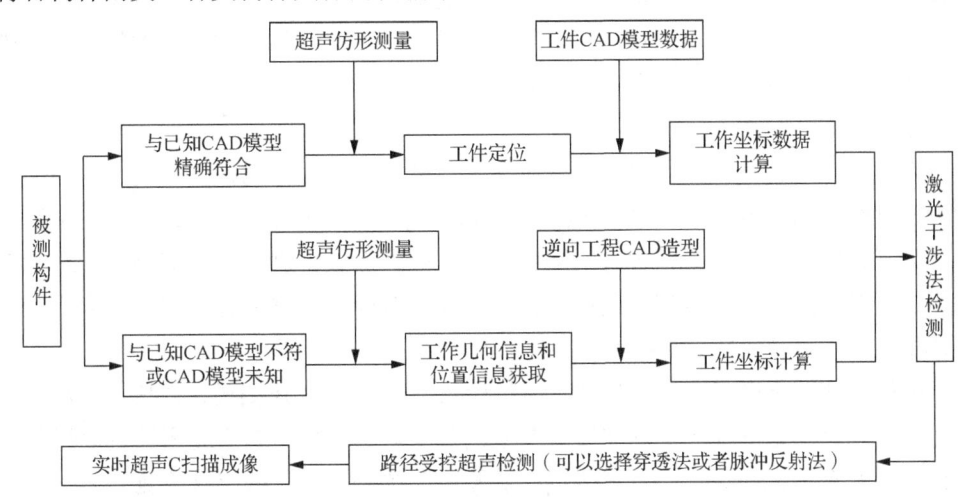

图 5-32 大型航空复杂形状复合构件自动化超声无损检测整体方案

**2) 步骤简述**

超声检测复杂形状工件的关键技术是产生一个对应于被测工件表面合适的三维坐标点和法矢量序列,用以控制检测探头跟踪被测工件轮廓。基于超声测距的仿形测量和超声检测编程策略,开发多自由度超声检测机器人系统来实现复杂形状工件的超声检测。系统采用单探头脉冲反射法对被测工件的外形进行示教,获得工件表面的形状特征数字化信息;再应用曲面反求建模技术进行工件表面模型重构,应用机器人运动学技术进行超声检测的路径规划,获得受控的检测路径;最后,采用脉冲反射法或穿透法进行路径受控超声检测,得到 C 扫描图像。大型复杂形状复合构件自动化超声无损检测的具体步骤如图 5-33 所示。

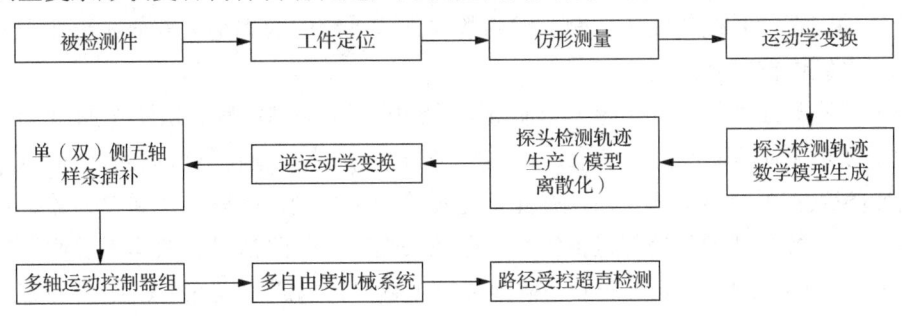

图 5-33 大型复杂形状复合构件自动化超声无损检测的具体步骤

**3）自动化超声无损检测数据处理**

现代无损检测技术的研究主要体现在两方面：一是检测方法；二是对检测所得数据信息的处理和分析。随着超声检测方法研究不断取得成就，如何利用既得信息，采用成熟的数据计算机可视化技术、信号处理技术、图像处理技术和先进的人工智能技术，对超声无损检测数据信息进行后处理，从而改善超声检测数据的显示方法，提高缺陷模式识别的准确性和可靠性，进而对材料进行评价显得更加重要。

计算机辅助超声无损检测数据后处理主要包括两个方面：一方面改善并丰富超声检测数据的显示方式方法，加强人机交互，有利于无损检测人员对超声检测结果的直观形象的认识。另一方面，由于超声检测所获得的数据还不能满足对缺陷进行进一步的分析识别、分类、定量的要求，因此，利用应用声学技术、数字信号处理技术、计算机图像处理技术和先进的人工智能模式识别技术等对检测数据进行处理。

（1）数据判读。

检测数据判读是超声无损检测中一个重要的环节，它直接影响检测结果的准确性。超声无损检测提供给我们的数据形式包括一维信号（A 扫描）、二维图像（B 或 C 扫描）及其三维图像等。为了确定数据中是否包含有缺陷的迹象，必须对数据进行判读解释。计算机系统能够在两个方面辅助无损检测数据的判读：其一，通过对检测数据后处理进行判读；其二，通过提高数据显示的可视化效果进行判读。

超声无损检测结果得到的数据形式主要包括 A 波形信号，B 扫描、C 扫描图像（灰度图或伪彩色图）以及三维图像等，这些数据普遍受到噪声的干扰。超声无损检测数据判读所面对的数据是受噪声干扰的波形信号和灰度、伪彩色图像等。为了确定被检测物体是否包含这些形式的危险缺陷，必须对这些数据进行判读分析。判读分析工作往往很复杂，原因是数据的非可逆性、数据带有噪声、大量的检测对象的特征、缺陷和噪声之间可能的相互作用等。

（2）数据判读研究框架。

超声无损检测数据判读有以下特殊性：超声无损检测数据形式复杂，由波形信号、图像等组成，因为噪声问题需要对数据进行前处理以提取出相关的信息；存在缺陷回波和干扰回波（如工件几何形状反射回波、迟到波等）的辨别；缺陷类别的多样性，以及缺陷与可疑缺陷回波的非一对应性等，所以必须进行缺陷分类识别；检测对象的特征变化很大；收集可靠的检测实例用于缺陷分类器的训练和测试是一件很困难的事情；缺陷几何尺寸定量判读是一项复杂的逆向工程工作；判读错误得付出高昂的代价，判读可靠性是关键；是否接受判读系统的决定性的因素是系统的成本问题。因为数据判读系统的成本绝大部分在于知识的获取阶段和将来的系统维护费用问题。

超声无损检测数据判读，在超声无损检测过程中处于关键位置。从图 5-34 中可以看到，第一阶段是超声无损检测数据的获取过程；第二阶段是超声无损检测数据的显示，包括 A、B、C 型三维超声数据显示等；第三阶段是超声无损检测判读阶段，主要包括数据判读预处理和数据判读。数据判读预处理包括信号、图像去噪声，缺陷信号、缺陷图像增强等；数据判读主要包括缺陷检测、缺陷分类和缺陷定量等。超声检测通常以 B、C 扫描的方式显示。为了给系统操作人员在分析评定检测结果时提供直观的缺陷图像，需要将构件曲面及构件超声扫描成像结果以三维彩色图像的方式在计算机屏幕上显示出来，并能通过适当的几何变换方法实现其平移、旋转、自转、缩放等功能，达到从不同的角度观察缺陷的目的，从而使对检测对象的认识更深入、全面和细致。超声无损检测数据三维可视化过程见图 5-35，处理过程经历了建模、三维几何变换、投影、三维裁剪、视口变换、着色、显示以及后续处理等。

图 5-34　超声无损检测—数据显示—检测数据判读关系图

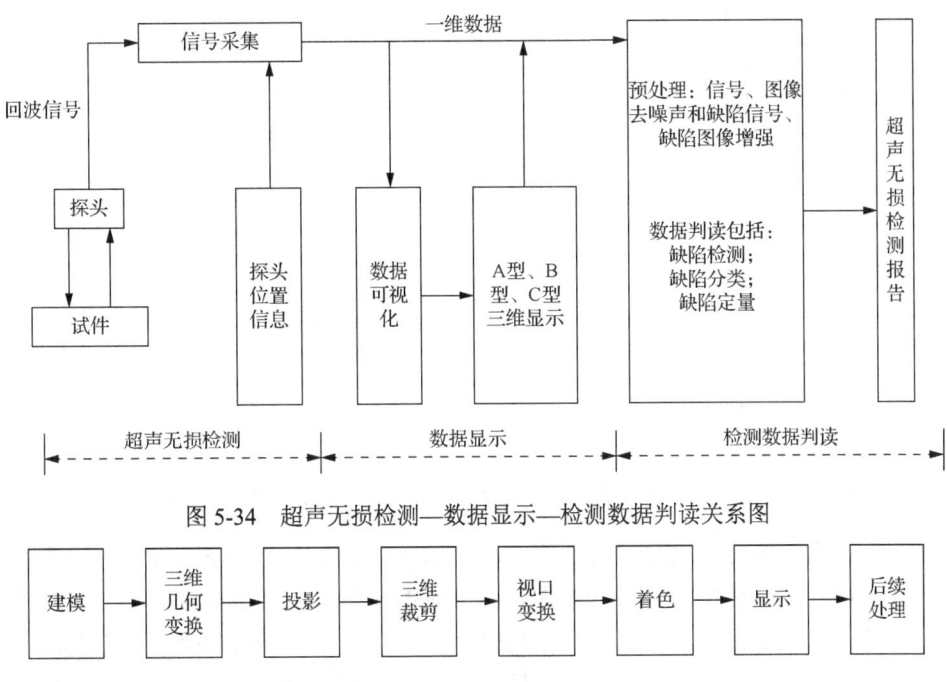

图 5-35　工件三维超声扫描图像的处理过程

## 5.7.3　基于双机械手的自动化超声无损检测技术

实现复杂曲面工件的超声自动成像检测，必须将现代化的机器人技术、自适应技术、自动控制技术、计算机技术、信号处理技术、CAD/CAM 等技术领域的前沿研究与无损检测技术有机结合；在信息处理、缺陷识别和检测结果再现方面，则是在传统 C 扫查检测的基础上，同时以三维扫查图像再现被测构件内部质量，如缺陷信息，以满足现代产品质量对无损检测的要求。目前国内对于大型曲面复合材料构件的自动检测基本上是利用传统框架式的多轴扫查系统来实现，在扫查速度、效率和灵活性等方面有一定的局限性，结合机器人技术的超声无损检测具有明显优势。

**1）检测系统硬件组成**

双机械手超声自动检测系统结构如图 5-36 所示，硬件部分主要包括机械手运动控制系统、超声信号收发采集系统、喷水耦合循环系统及机械结构系统。机械手运动控制系统是整个检测系统的核心运动单元，主要指高性能机械手及其控制器；超声信号收发采集系统主要负责超声信号的收发、采集及处理，包括脉冲收发仪、高速数据采集卡、超声换能器及工控机等；喷水耦合循环系统负责供给检测系统压力流量稳定的耦合水柱，包括离心水泵、流量控制阀及前端喷头等；机械结构系统是支撑整个检测系统的基础，包括底座、直线运动导轨、工件支架等。

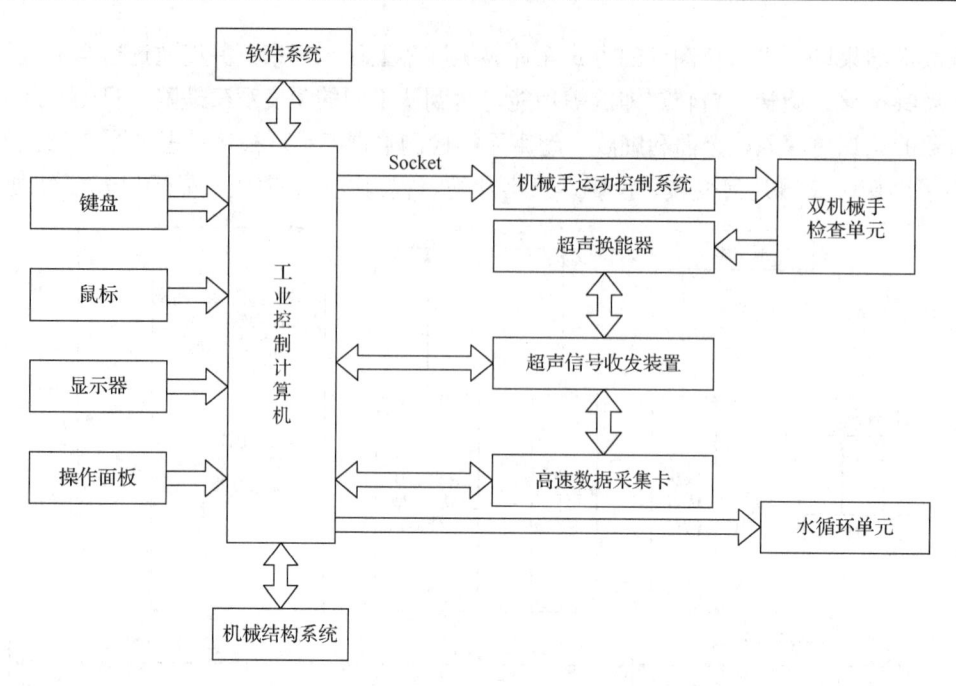

图 5-36 双机械手超声自动检测系统结构框图

软件部分用于操作者实现对检测系统各部分功能的控制，包括系统管理、超声收发及信号采集、轨迹规划、运动控制、信号处理、图像显示和参数设置等模块。为了实现机械手的实时控制和较高的控制精度，系统软件结构采用上位机和下位机联合控制的方式，上位机为一台工控机，主要负责超声信号的采集存储及成像、机械手的路径规划、任务分配、系统监视等任务，下位机为多关节机械手的运动控制器，负责接收上位机的指令来具体控制机械手各关节的运动。

**2）检测系统软件设计**

（1）软件总体设计。

机械手超声检测系统软件采用模块化设计，是一个计算复杂、实时性高、多任务的数字信号处理系统，检测时不仅要控制扫查机构按照预定运动轨迹进行扫查，还要实时触发和采集超声信号，并对采集的信号进行波形分析、成像和数据存储等。

（2）数据采集。

系统选用的 AL12250 高速数据采集卡提供了基于 NET Framework 的 API，用于计算机与数据采集卡之间的软件连接，封装在动态链接库 ALNET2.dll 中。ALNET2.dll 中提供了 nsAcqLog.nsAPI 命名空间，包括采样参数设置、闸门设置以及获取采集数据的方法。在程序设计时，通过添加对 nsAcqLog.nsAPI 命名空间的引用，即可调用 AD 卡的 API 类及函数，从而控制 AD 卡进行数据采集。

AL12250 高速数据采集卡要正常工作，须先设置诸如触发模式、采样频率、电压范围、延迟时间、采样长度、同步闸门等参数，然后将采集的 A 扫波形数据绘制出来，这些可以在 A 扫波形控制窗体来进行控制，具体的参数设置界面如图 5-37 所示。

系统所用到的数据采集卡支持高速采集和外部触发功能，外部触发可以保证超声信号与位置信号一致，提高检测精度。具体所采取的方法是机械手在运动到指定轨迹点的时候，同时发出一个 TTL 电平的触发信号触发数据采集卡的采样，采集卡的高速采集功能能够开启一个先入先出的堆栈，用于存储采集到的检测信号。计算机在后台读取高速数据采集卡的数据，由于这些数据与轨迹规划中的点位序列是对应的，因此，可以保证扫查的位置信息和超声检测结果是严格同步的。系统数据自动采集及成像的工作流程如图 5-38 所示。

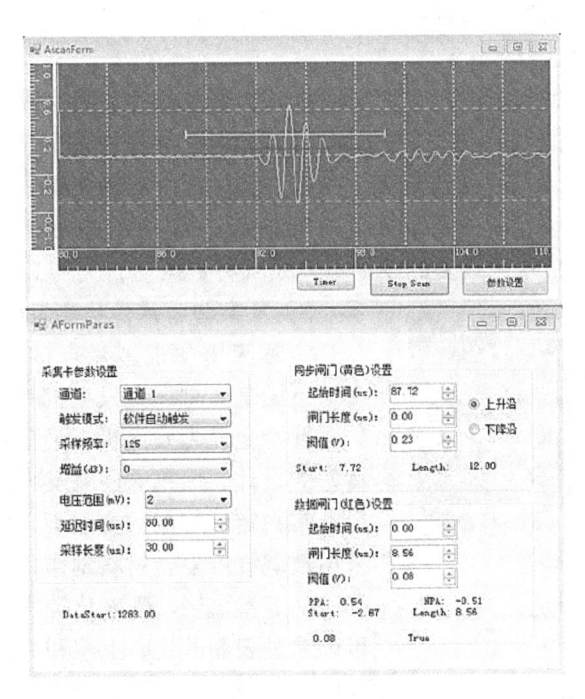

图 5-37　超声 A 扫波形显示及参数设置界面

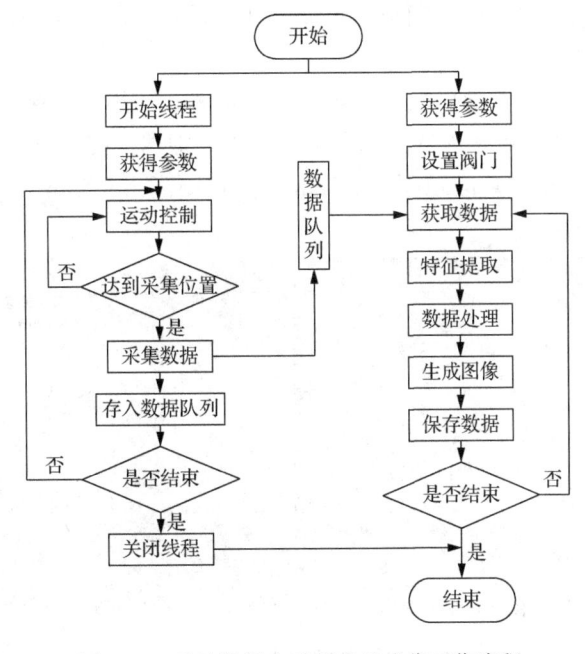

图 5-38　系统数据自动采集及成像工作流程

(3) 机械手运动控制。

机械手运动控制是检测系统的重要组成部分，其主要功能及参数设置包括主手回零、从手回零、同步运动开始（停止）、轨迹点初始化、工件旋转等。

同步运动开始（停止）功能是在给出机械手的运动轨迹之后测试两机械手的运动状态是否同步。在上述测试完成后，将运动轨迹初始化到轨迹的第一个点，然后主手、从手回零，等待系统扫查命令发出时开始运动扫查，运动完成后清空点库。

(4) 自动扫查成像。

为了直观地显示超声检测的结果，需要将各扫查点的检测数据以图像的方式显示，该软件系统提供了超声图像的 C 扫描显示。在扫查开始时，软件先根据需要扫查的点数创建相应比例的实时扫查图像窗体，并创建标尺，在扫查的过程中，每获得一点扫查数据结果，即将其波形数据保存到对应窗体的成员变量中，同时按照事先指定的成像算法计算每个扫查点数据闸门内峰值数据，然后根据设置的图像着色模式将数据值转化为 RGB 颜色值。

**3) 复杂曲面试件检测实例**

实际应用中很多复合材料构件的形状要复杂得多，下面是大型风力发电机叶片检测实例。

叶片是风力发电机中最基础和最关键的部件，其良好的设计、优越的性能及可靠的质量是保证发电机组正常稳定运行的决定因素。目前大型风力发电机常采用玻璃纤维复合材料制作，如图 5-39 所示，其具有强度高、重量轻、耐老化等优点，玻璃纤维的质量还可以通过表面改性、上浆和涂覆加以改进，且成本较低。在实际制作和使用过程中，需要检测叶片工作面、非工作面的中间垫布区域大梁结构胶及叶片前缘、后缘黏接区域结构胶的黏接情况，是否存在空胶、结构胶开裂等问题。由于叶片的外部形状为变化较为复杂的曲面形廓，无法使用常规的超声检测技术进行检测，下面给出采用本系统检测的结果。

图 5-39 大型风力发电机叶片

首先对叶片结构梁的上壳部分采用超声透射法检测，使用中心频率为 1MHz、晶片直径为 12.7mm 的超声液浸非聚焦换能器作为发射和接收换能器，扫查方式如图 5-40 所示，检测区域为 120mm×80mm，采样点间距离为 0.2mm，步进距离为 0.5mm。

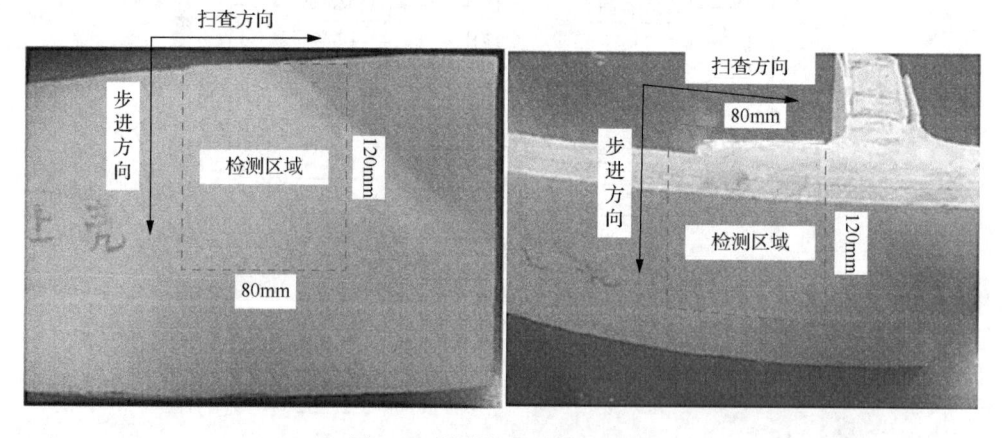

图 5-40 结构梁上壳检测区域

得到的 C 扫描图如图 5-41 所示，从图中可以看出：①左侧由于没有结构胶，因此透射能量较大；②进入结构胶部分以后，胶的密度不一致，即高、低密度区；③从 C 扫描图判断进入结构胶部分，始终能接收到透射声能量，因此可以判断所检测区域无脱胶情况。

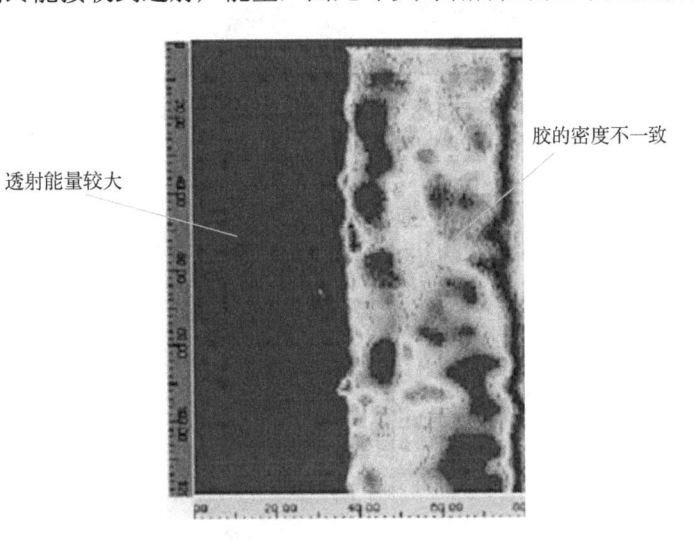

图 5-41　结构梁上壳检测 C 扫描图

对叶片前缘部分进行检测，同样使用中心频率为 1MHz、晶片直径为 12.7mm 的超声液浸非聚焦换能器，扫查方式如图 5-42 所示，检测区域为 160mm×80mm，采样点间距离为 0.2mm，步进距离为 0.5mm。

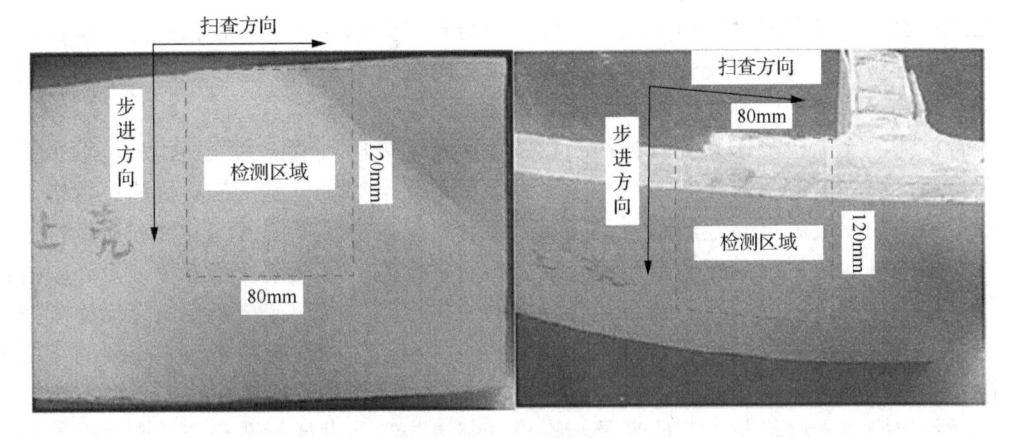

图 5-42　叶片前缘检测区域

检测结果如图 5-43 所示，左侧的区域是未进入结构胶部分接收的透射能量，因此数值很大；进入结构胶部分，同样可以看到胶的密度不一致；右侧部分透射能量逐渐减小，由于右侧的结构胶逐渐变厚；从 C 扫描图上可以看到 $x$ 轴坐标为 50～60mm、$z$ 轴坐标为 80～95mm 的区域无透射能量，因此可判断该部分结构胶存在孔洞或脱黏等缺陷。

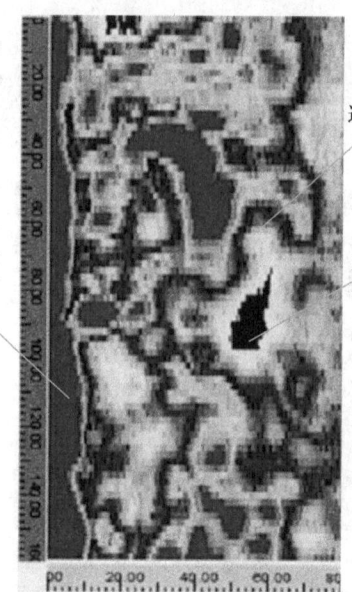

图 5-43　叶片前缘检测 C 扫描图

## 5.8　本章小结

　　本章介绍了复合材料无损检测技术，对其无损检测特征、技术内涵与方法进行了讲解，从概念原理和设备应用等方面对声振检测技术、超声检测技术、射线检测技术、红外检测技术及激光干涉检测技术在复合材料中的应用进行了讲解。同时对航空复合材料智能检测技术，尤其是超声检测技术在复合材料中的智能化应用进行了介绍与分析，包括超声无损检测的智能应用，如超声检测三维可视化成像和数据自动化处理等，最后对基于双机械手的自动化超声无损检测技术案例进行了分析与讲解。

　　复合材料的无损检测作为复合材料制备及生产链中最后一道检测工序，承担着质量保障的重要作用，因为复合材料在制备过程中产生的任何缺陷都会引起结构质量的不合格，都可能会酿成巨大的损失。但与金属材料不同，因复合材料自身具备的各向异性和层叠特征，要保障其无损检测的效果，不能简单沿用金属材料无损检测的思维惯性和方法，而必须根据复合材料结构的特点，研究和采用适合复合材料的无损检测技术和方法。目前无损检测技术已广泛应用于航空航天等领域，在材料评估、工艺检测和结构评估中起着非常重要的作用，也是保障工业系统或者设施（如飞行器、火箭等）安全、可靠和低成本运行的重要支撑技术，已成为现代航空航天材料与工艺研究及结构设计制造与产品设计制造和产品服役中的核心技术组成。现阶段无损检测仍然亟须高效、高准确率的智能化检测方式与手段，未来无损检测在智能化应用方面仍具有极大潜力，其发展任重道远。

## 习　　题

　　1. 请简要叙述复合材料的常见损伤及产生原因。
　　2. 请简要叙述针对复合材料的无损检测的特点，为什么对复合材料通常要进行 100%无损测？

3. 请简要叙述复合材料无损检测与评估的方式。
4. 请简要叙述航空复合材料无损检测的主要手段。
5. 请简要叙述声振检测的优点及缺点。
6. 请搜索相关文献及论著，简要叙述现阶段声振检测的发展情况。
7. 谐振法检测方式具体有哪两种？简要叙述这两种方法的区别。
8. 声振检测仪器分为哪几种？请简要叙述其特点。
9. 请简述超声检测的一般步骤，其重要参数有几种？
10. 超声检测的显示方式有哪几种？请简述它们的关系。
11. 超声检测仪器具体有几种？请简述它们的特点。
12. 请简述选择超声检测仪器的方法。
13. 请简述 X 射线检测方法的基本原理以及优缺点。
14. X 射线检测设备具体有哪几种？
15. 请简述 X 射线机的主要组成部分及采用的冷却方式。
16. 请简述红外检测技术的基本特点。其优点有哪些？
17. 区别红外检测仪器的质量好坏需要对比哪些参数？
18. 若对复合材料进行激光干涉检测，需要满足哪些条件？
19. 请简述激光电子剪切成像检测法的优点。

# 参 考 文 献

阿兰·贝克, 斯图尔特·达特恩, 唐纳德·凯利, 2015. 飞机结构复合材料技术[M]. 2版. 柴亚南, 丁惠梁, 译. 北京: 航空工业出版社.
包建文, 2012. 高效低成本复合材料及其制造技术[M]. 北京: 国防工业出版社.
保罗·戴维姆, 2016. 复合材料加工技术[M]. 安庆龙, 陈明, 宦海祥, 译. 北京: 国防工业出版社.
北京航空制造工程研究所, 2013. 航空制造技术[M]. 北京: 航空工业出版社.
曹弘毅, 2021. 碳纤维复合材料超声相控阵无损检测技术研究[D]. 济南: 山东大学.
陈明, 徐锦泱, 安庆龙, 2019. 碳纤维复合材料与叠层结构切削加工理论及应用技术[M]. 上海: 上海科学技术出版社.
陈祥宝, 包建文, 娄葵阳, 2000. 树脂基复合材料制造技术[M]. 北京: 化学工业出版社.
陈祥宝, 2004. 先进复合材料低成本技术[M]. 北京: 化学工业出版社.
陈祥宝, 2017. 先进复合材料技术导论[M]. 北京: 航空工业出版社.
戴维姆, 2013. 复合材料制孔技术[M]. 陈明, 安庆龙, 明伟伟, 译. 北京: 国防工业出版社.
杜善义, 2007. 先进复合材料与航空航天[J]. 复合材料学报, 24(1): 1-12.
何胜强, 2013. 大型飞机数字化装配技术与装备[M]. 北京: 航空工业出版社.
胡保全, 牛晋川, 2006. 先进复合材料[M]. 北京: 国防工业出版社.
黄发荣, 周燕, 2008. 先进树脂基复合材料[M]. 北京: 化学工业出版社.
焦志伟, 于源, 杨卫民, 2020. "中国制造2025"出版工程——聚合物增材制造技术[M]. 北京: 化学工业出版社.
康永刚, 2018. 飞机装配工艺装备[M]. 西安: 西北工业大学出版社.
冷卫红, 罗大为, 2022. 先进复合材料热压罐成型工艺入门[M]. 北京: 化学工业出版社.
李家伟, 陈积懋, 2002. 无损检测手册[M]. 北京: 机械工业出版社.
李嘉宁, 巩水利, 2019. 复合材料激光增材制造技术及应用[M]. 北京: 化学工业出版社.
李龙彪, 2019. 复合材料结构适航验证与审定[M]. 北京: 北京航空航天大学出版社.
刘怀喜, 张恒, 马润香, 2003. 复合材料无损检测方法[J]. 无损检测, 25(12): 631-634, 656.
刘松平, 刘菲菲, 2017. 先进复合材料无损检测技术[M]. 北京: 航空工业出版社.
刘卫平, 2016. 民用飞机复合材料结构制造技术[M]. 上海: 上海交通大学出版社.
刘锡礼, 王秉权, 1984. 复合材料力学基础[M]. 北京: 中国建筑工业出版社.
潘利剑, 2016. 先进复合材料成型工艺图解[M]. 北京: 化学工业出版社.
单晨伟, 吕晓波, 2016. 碳纤维增强复合材料铣削和钻孔技术研究进展[J]. 航空制造技术, 59(15): 32-41.
沈建中, 林俊明, 2016. 现代复合材料的无损检测技术[M]. 北京: 国防工业出版社.
沈军, 谢怀勤, 2006. 航空用复合材料的研究与应用进展[J]. 玻璃钢/复合材料, (5): 48-54.
陶杰, 赵玉涛, 潘蕾, 等, 2007. 金属基复合材料制备新技术导论[M]. 北京: 化学工业出版社.
滕翠青, 孙泽玉, 董杰, 2021. 聚合物基复合材料[M]. 北京: 中国纺织出版社.
田小永, 2021. 纤维增强树脂基复合材料增材制造技术[M]. 北京: 国防工业出版社.
汪泽霖, 2017. 树脂基复合材料成型工艺读本[M]. 北京: 化学工业出版社.
王春艳, 2018. 复合材料导论[M]. 北京: 北京大学出版社.
王光秋, 2016. 民机先进技术汇编[M]. 北京: 国防工业出版社.
王洪博, 2014. 复合材料构件的超声无损检测关键技术研究[D]. 北京: 北京理工大学.
王自明, 2019. 航空无损检测概论[M]. 北京: 国防工业出版社.
肖力光, 赵洪凯, 2016. 复合材料[M]. 北京: 化学工业出版社.
谢富原, 2017. 先进复合材料制造技术[M]. 北京: 航空工业出版社.

谢富原, 2009. 先进树脂基复合材料制造技术[C] // 中国航空学会, 江门.

辛志杰, 2016. 先进复合材料加工技术与实例[M]. 北京: 化学工业出版社.

邢丽英, 2014. 先进树脂基复合材料自动化制造技术[M]. 北京: 航空工业出版社.

徐竹, 2017. 复合材料成型工艺及应用[M]. 北京: 国防工业出版社.

许家忠, 乔明, 尤波, 2013. 纤维缠绕复合材料成型原理及工艺[M]. 北京: 科学出版社.

薛红前, 2015. 飞机装配工艺学[M]. 西安: 西北工业大学出版社.

杨辰龙, 2005. 大型航空复杂形状复合构件自动化超声无损检测研究[D]. 杭州: 浙江大学.

杨国林, 董志刚, 康仁科, 等, 2020. 螺旋铣孔技术研究进展[J]. 航空学报, 41(7): 12-26.

于化顺, 2006. 金属基复合材料及其制备技术[J]. 机械制造, 44（12）: 32.

虞浩清, 刘爱平, 2010. 飞机复合材料结构修理[M]. 北京: 中国民航出版社.

张宝艳, 2017. 先进复合材料界面技术[M]. 北京: 航空工业出版社.

张海兵, 2020. 飞机复合材料无损检测技术[M]. 北京: 国防工业出版社.

张加波, 张开虎, 范洪涛, 等, 2022. 纤维复合材料激光加工进展及航天应用展望[J]. 航空学报, 43(4): 525735.

张以河, 2011. 复合材料学[M]. 北京: 化学工业出版社.

张园, 康仁科, 刘津廷, 等, 2017. 超声振动辅助钻削技术综述[J]. 机械工程学报, 53(19): 33-44.

赵浩峰, 卫爱丽, 游志勇, 等, 2008. 金属基复合材料: 制备及在力学环境中的作用[M]. 北京: 中国科学技术出版社.

赵玉涛, 戴起勋, 陈刚, 2007. 金属基复合材料[M]. 北京: 机械工业出版社.

中国航空工业集团公司复合材料技术中心, 2013. 航空复合材料技术[M]. 北京: 航空工业出版社.

周辽, 龙芋宏, 焦辉, 等, 2022. 激光加工碳纤维增强复合材料研究进展[J]. 激光技术, 46(1): 110-119.

朱和国, 王天驰, 李建亮, 等, 2021. 复合材料原理[M]. 3版. 北京: 清华大学出版社.

朱和国, 张爱文, 2013. 复合材料原理[M]. 北京: 国防工业出版社.

朱美芳, 朱波, 2017. 纤维复合材料[M]. 北京: 中国铁道出版社.

祖磊, 张桂明, 张骞, 2021. 先进复合材料成型技术[M]. 北京: 科学出版社.